职业技能等级认定培训教程

数字化解决方案设计师

（基础知识）

中国就业培训技术指导中心
人力资源和社会保障部职业技能鉴定中心　组织编写

中国劳动社会保障出版社

图书在版编目（CIP）数据

数字化解决方案设计师：基础知识 / 中国就业培训技术指导中心，人力资源和社会保障部职业技能鉴定中心组织编写. -- 北京：中国劳动社会保障出版社，2024. （职业技能等级认定培训教程）. -- ISBN 978-7-5167-6455-8

Ⅰ. TP3

中国国家版本馆 CIP 数据核字第 20242XD400 号

中国劳动社会保障出版社出版发行

（北京市惠新东街 1 号　邮政编码：100029）

*

北京市科星印刷有限责任公司印刷装订　　新华书店经销

787 毫米 ×1092 毫米　16 开本　18.75 印张　305 千字
2024 年 10 月第 1 版　　2024 年 10 月第 1 次印刷
定价：**52.00** 元

营销中心电话：400-606-6496
出版社网址：http://www.class.com.cn

版权专有　　侵权必究

如有印装差错，请与本社联系调换：（010）81211666
我社将与版权执法机关配合，大力打击盗印、销售和使用盗版图书活动，敬请广大读者协助举报，经查实将给予举报者奖励。
举报电话：（010）64954652

职业技能等级认定培训教程编审委员会

主　任　吴礼舵　张　斌　韩智力
副主任　葛恒双　葛　玮
委　员　李　克　朱　兵　赵　欢　王小兵　贾成千　吕红文
　　　　　瞿伟洁　高　文　郑丽媛　陆照亮　刘维伟

本书编审人员

主　编　欧阳武　黄思齐
副主编　黄正平　吴卓平　丁银军
编　者　杨胜丰　周晓红　韩　静　罗　剑　罗兴宇　罗芳盛
　　　　　段永刚　解晓岩　郑建国　石休令　陈恒星　尹　根
　　　　　庄芳芳　王子衿　芮文璐　董箸琦　朱道萌
主　审　崔玉林　冯　征

前　言

为加快建立劳动者终身职业技能培训制度，全面推行职业技能等级制度，推进技能人才评价制度改革，进一步规范培训管理，提高培训质量，中国就业培训技术指导中心、人力资源和社会保障部职业技能鉴定中心组织有关专家在《数字化解决方案设计师国家职业标准（2024年版）》（以下简称《标准》）制定工作基础上，编写了数字化解决方案设计师职业技能等级认定培训教程（以下简称等级教程）。

数字化解决方案设计师等级教程紧贴《标准》要求编写，内容上突出职业能力优先的编写原则，结构上按照职业功能模块分级别编写。该等级教程共包括《数字化解决方案设计师（基础知识）》《数字化解决方案设计师（中级）》《数字化解决方案设计师（高级）》《数字化解决方案设计师（技师　高级技师）》4本。《数字化解决方案设计师（基础知识）》是各级别数字化解决方案设计师均需掌握的基础知识，其他各级别教程内容分别包括各级别数字化解决方案设计师应掌握的理论知识和操作技能。

本书是数字化解决方案设计师等级教程中的一本，是职业技能等级认定推荐教程，也是职业技能等级认定题库开发的重要依据，适用于职业技能等级认定培训和中短期职业技能培训。

本书在编写过程中得到中国通信学会、贵州电子信息职业技术学院、山东轻工职业学院、宁夏通信学会、中国联合网络通信有限公司人才发展中心、中国移动通信集团设计院有限公司、广东邮电职业技术学院、重庆电子科技职业大学、深圳市艾优威科技有限公司、浙江邮电职业技术学院、湖南邮电职业技术学院等单位的大力支持与协助，在此一并表示衷心感谢。

中国就业培训技术指导中心
人力资源和社会保障部职业技能鉴定中心

目 录 CONTENTS

职业模块 1　职业认知与职业道德 …………………………………………… 1
　培训课程 1　数字经济基础知识 …………………………………………… 3
　　学习单元 1　数字经济与发展特征 ……………………………………… 3
　　学习单元 2　数字化转型 ………………………………………………… 7
　　学习单元 3　数字化赋能 ………………………………………………… 10
　培训课程 2　职业认知 ……………………………………………………… 14
　　学习单元 1　认识数字化解决方案设计师 ……………………………… 14
　　学习单元 2　认识数字化解决方案设计 ………………………………… 15
　培训课程 3　职业道德与职业守则 ………………………………………… 18
　　学习单元 1　职业道德基本知识 ………………………………………… 18
　　学习单元 2　数字化解决方案设计师职业守则 ………………………… 24

职业模块 2　信息与通信基础知识 ………………………………………… 29
　培训课程 1　计算机应用基础 ……………………………………………… 31
　　学习单元 1　计算机系统 ………………………………………………… 31
　　学习单元 2　计算机内部语言 …………………………………………… 37
　培训课程 2　电子信息技术基础 …………………………………………… 45
　　学习单元 1　电子技术基础 ……………………………………………… 45
　　学习单元 2　微控制单元 ………………………………………………… 47
　　学习单元 3　传感器 ……………………………………………………… 51
　培训课程 3　基础软件 ……………………………………………………… 54
　　学习单元 1　网络操作系统 ……………………………………………… 54
　　学习单元 2　数据库 ……………………………………………………… 60
　　学习单元 3　中间件 ……………………………………………………… 63
　　学习单元 4　数据结构与算法 …………………………………………… 65

培训课程4　计算机网络技术基础 ··· 69
　　学习单元1　计算机网络 ··· 69
　　学习单元2　计算机网络数据通信 ······································· 74
　　学习单元3　信息综合布线 ·· 79
　　学习单元4　局域网技术 ··· 82
　　学习单元5　广域网技术 ··· 87
培训课程5　通信技术应用基础 ··· 92
　　学习单元1　通信技术 ·· 92
　　学习单元2　移动通信技术 ·· 99
培训课程6　新一代信息通信技术基础 ······································· 109
　　学习单元1　物联网 ··· 109
　　学习单元2　云计算 ··· 111
　　学习单元3　大数据 ··· 112
　　学习单元4　人工智能 ·· 114
　　学习单元5　区块链 ··· 118
培训课程7　信息与网络安全基础 ··· 121
　　学习单元1　信息安全 ·· 121
　　学习单元2　网络安全 ·· 123

职业模块3　安全生产与环境保护知识 ····································· 131

培训课程1　安全生产与环境保护基本知识 ································· 133
　　学习单元1　安全作业管理知识 ··· 133
　　学习单元2　防火、防爆、防水、防盗知识 ·························· 135
　　学习单元3　安全用电、防电磁辐射知识 ····························· 137
　　学习单元4　环境保护和可持续发展相关知识 ······················· 140
培训课程2　安全生产操作规范 ·· 143
　　学习单元1　通用作业安全操作规范 ··································· 143
　　学习单元2　工程实施安全操作规范 ··································· 146

职业模块 4　工作常用知识 ··· 151

培训课程 1　应用文写作规范 ··· 153
学习单元 1　应用文写作概述 ··· 153
学习单元 2　常用应用文写作 ··· 157

培训课程 2　文书与档案管理基础 ··· 177
学习单元 1　文书处理 ··· 177
学习单元 2　文件归档及档案管理 ··· 179

培训课程 3　办公设备及软件应用 ··· 182
学习单元 1　办公设备管理 ··· 182
学习单元 2　WPS 办公软件使用技巧 ··· 186
学习单元 3　CAD 制图 ··· 204

培训课程 4　企业数字化管理基础知识 ··· 238
学习单元 1　企业数字化管理概述 ··· 238
学习单元 2　企业数字化管理框架 ··· 239

职业模块 5　相关法律、行政法规知识 ··· 247

培训课程 1　法律相关知识 ··· 249
学习单元 1　《中华人民共和国民法典》相关知识 ··· 249
学习单元 2　《中华人民共和国劳动法》相关知识 ··· 251
学习单元 3　《中华人民共和国劳动合同法》相关知识 ··· 252
学习单元 4　《中华人民共和国安全生产法》相关知识 ··· 253
学习单元 5　《中华人民共和国招标投标法》相关知识 ··· 254
学习单元 6　《中华人民共和国知识产权法》相关知识 ··· 257
学习单元 7　《中华人民共和国网络安全法》相关知识 ··· 258
学习单元 8　《中华人民共和国保守国家秘密法》相关知识 ··· 259
学习单元 9　《中华人民共和国密码法》相关知识 ··· 261
学习单元 10　《中华人民共和国数据安全法》相关知识 ··· 262
学习单元 11　《中华人民共和国个人信息保护法》相关知识 ··· 264
学习单元 12　《中华人民共和国环境保护法》相关知识 ··· 266

培训课程 2　行政法规相关知识 ··· 269

学习单元 1 《中华人民共和国电信条例》相关知识 …………………… 269

学习单元 2 《中华人民共和国无线电管理条例》相关知识 …………… 271

学习单元 3 《中华人民共和国计算机信息系统安全保护条例》相关知识 … 272

学习单元 4 《关键信息基础设施安全保护条例》相关知识 …………… 273

学习单元 5 《计算机软件保护条例》相关知识 ……………………… 275

附录 信息、通信专业英语基本词汇 …………………………… 278

职业模块 ① 职业认知与职业道德

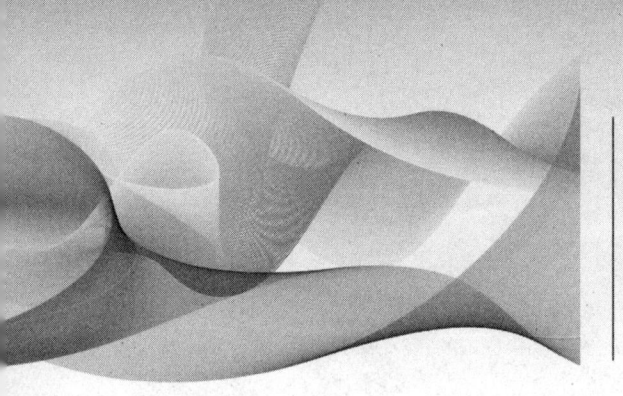

培训课程 1

数字经济基础知识

学习单元1 数字经济与发展特征

建设数字中国是数字时代推进中国式现代化的重要引擎，是构筑国家竞争新优势的有力支撑。加快数字中国建设，对全面建设社会主义现代化国家、全面推进中华民族伟大复兴具有重要意义和深远影响。习近平总书记在二十届中央政治局第二次集体学习时的讲话中指出："当前，互联网、大数据、云计算、人工智能、区块链等新技术深刻演变，产业数字化、智能化、绿色化转型不断加速，智能产业、数字经济蓬勃发展，极大改变全球要素资源配置方式、产业发展模式和人民生活方式。中国高度重视数字经济发展，持续促进数字技术和实体经济深度融合，协同推进数字产业化和产业数字化，加快建设网络强国、数字中国。"

要建设数字中国，就要做强做优做大数字经济。培育壮大数字经济核心产业，研究制定推动数字产业高质量发展的措施，打造具有国际竞争力的数字产业集群。推动数字技术和实体经济深度融合，在农业、工业、金融、教育、医疗、交通、能源等重点领域，加快数字技术创新应用。同时，要发展高效协同的数字政务，打造自信繁荣的数字文化，构建普惠便捷的数字社会和建设绿色智慧的数字生态文明。

一、数字经济的定义

数字经济是继农业经济、工业经济之后的主要经济形态，是以数据资源为关键要素，以现代信息网络为主要载体，以信息通信技术融合应用、全要素数字化转型为重要推动力，促进公平与效率更加统一的新经济形态。数字经济发展速度之快、辐射范围之广、影响程度之深前所未有，正推动生产方式、生活方式和治理方式深刻变革，成为重组全球要素资源、重塑全球经济结构、改变全球竞争格局的关键力量。

二、数字经济与新质生产力

数字经济以数字技术为基础，通过互联网、大数据、人工智能等技术手段进行生产、交换和消费的经济形态，具有高度信息化、高度智能化、高效便捷等特征，推动传统经济向新经济转型。数字经济作为一种新型经济形态，其核心特征与新质生产力高度契合，成为推动新质生产力发展的重要动力。

其一，数字经济使数据成为新的生产要素，与新质生产力的核心是新生产要素的形成和运用天然契合。数据作为一种新的生产要素，具有开放性、跨时空和共享特征，以5G、人工智能、区块链为核心的新型基础设施建设将加速信息流通，优化资源配置，提升生产效率，为新质生产力发展注入新的动力。

其二，数字经济孕育了大量新兴产业和创新型企业，与新质生产力的载体是新产业不谋而合。数字经济孕育了许多新兴产业，如共享经济、云计算、人工智能等，这些产业以其高度智能化、高效便捷的特点，成为推动经济增长的新引擎。同时，数字经济的发展也催生了大量的创新型企业，它们以技术创新为核心，通过数字技术的运用，不断推出具有差异化竞争力的产品和服务。

其三，数字经济促进传统产业高效绿色转型升级，与新质生产力高质量发展目标高度一致。传统产业通过数字化转型能够实现生产、管理、营销等各个环节的优化升级，提高效率，降低资源消耗和环境污染，从而获得更好的市场竞争力。同时，数字经济通过在线平台的构建，打破了传统产业的地域限制，实现全球范围内的资源配置和流动。这种资源的高效配置，不仅带来更加广阔的市场空间，也促进了不同地区、不同产业间的合作与融合，推动新质生产力的不断涌现。

其四，数字经济具有较强的规模收益递增特性，与新质生产力内在的高效能、低消耗要求高度匹配。数据要素是数字经济的核心生产要素，具有非竞争性、边际成本极低、规模经济等特征，在投入过程中能够加速资源流转，提高要素配置效率，并且在积累过程中愈加丰富，直接驱动数据要素实现规模收益递增。

三、数字经济的"四化"框架

以数据驱动为特征的数字化、网络化、智能化深入推进，数据化的知识和信息作为关键生产要素在推动生产力发展和生产关系变革中的作用更加凸显，经济社会实现从生产要素到生产力再到生产关系的全面系统变革。

1. 数据成为数字经济关键生产要素

数据重构生产要素体系，是数字经济发展的基础。生产要素是经济社会生产经营所需的各种资源。农业经济下，技术（以农业技术为主）、劳动力、土地构成生产要素组合；工业经济下，技术（以工业技术为引领）、资本、劳动力、土地构成生产要素组合；数字经济下，技术（以数字技术为引领）、数据、资本、劳动力、土地构成生产要素组合。

数据不是数字经济唯一生产要素，但作为数字经济全新的、关键的生产要素，贯穿于数字经济发展的全部流程，与其他生产要素不断组合迭代，加速交叉融合，引发生产要素多领域、多维度、系统性、革命性群体突破。

数据成为数字经济关键生产要素，如图 1-1 所示。

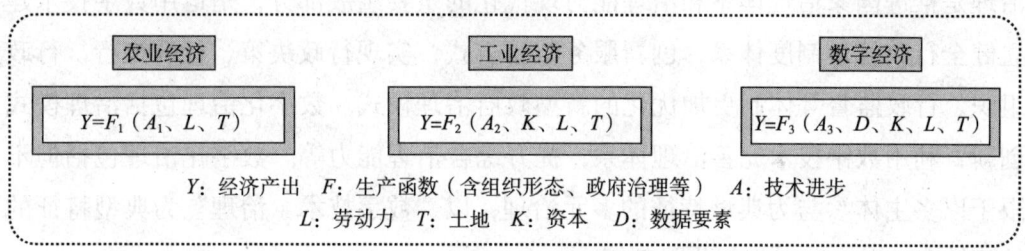

图 1-1 数据成为数字经济关键生产要素

2. 数字经济"四化"框架内涵

数字经济"四化"框架，如图 1-2 所示。

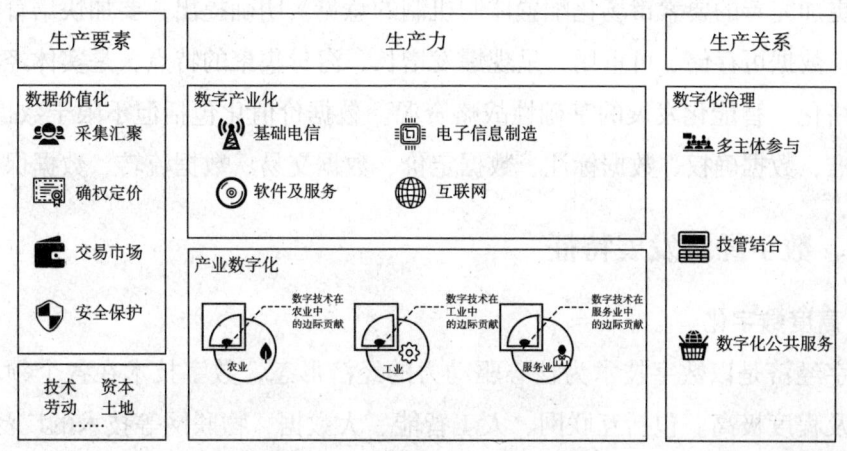

图 1-2 数字经济"四化"框架

（1）数字产业化。数字产业化即信息通信产业化，是数字经济发展的先导产业，为数字经济发展提供技术、产品、服务和解决方案等。数字产业化具体包括电子信息制造业、电信业、软件和信息技术服务业、互联网行业等。数字产业化涵盖了5G、集成电路、软件、人工智能、大数据、云计算、区块链等技术、产品及服务。

（2）产业数字化。产业数字化是数字经济发展的主阵地，为数字经济发展提供广阔空间。产业数字化是指传统产业应用数字技术所带来的生产数量和效率提升，其新增产出构成数字经济的重要组成部分。数字经济不仅仅是数字化的经济，而是数字技术与实体经济深度融合的经济，以实体经济为基础，以高质量发展为目标。产业数字化包括但不限于工业互联网、信息化与工业化融合、智能制造、车联网、平台经济等融合型新产业、新模式、新业态。

（3）数字化治理。数字化治理是数字经济创新快速健康发展的保障。数字化治理是推进国家治理体系和治理能力现代化的重要组成部分，是运用数字技术建立健全行政管理制度体系，创新服务监管方式，实现行政决策、行政执行、行政组织、行政监督等体制更加优化的新型政府治理模式。数字化治理包括治理模式创新，利用数字技术完善治理体系，提升综合治理能力等。数字化治理包括但不限于以多主体参与为典型特征的多元治理，以"数字技术＋治理"为典型特征的技管结合，以及数字化公共服务等。

（4）数据价值化。价值化的数据是数字经济发展的关键生产要素，加快推进数据价值化进程是发展数字经济的本质要求。党的十九届四中全会首次明确数据作为生产要素可按贡献参与分配。2020年4月9日，中共中央、国务院印发《关于构建更加完善的要素市场化配置体制机制的意见》明确提出，要加快培育数据要素市场。数据可存储、可重用，呈现爆发增长、海量集聚的特点，是实体经济数字化、网络化、智能化发展的基础性战略资源。数据价值化包括但不限于数据采集、数据标准、数据确权、数据标注、数据定价、数据交易、数据流转、数据保护等。

四、数字经济发展特征

1. 高度数字化

数字经济是以数字技术为核心驱动力的经济形态，数字技术在各个领域的应用和普及程度极高。包括互联网、人工智能、大数据、物联网等技术的广泛应用，使得传统经济活动数字化程度加深。

2. 创新驱动

数字经济具有快速创新的特点，数字技术的迅猛发展和日新月异的技术变革，推动了经济结构的转型和升级。创新成为数字经济发展的关键驱动力，促进了产业创新、商业模式创新和社会创新。

3. 数据驱动

数字经济以数据为核心，通过收集、分析和利用大数据，实现经济活动的智能化和精细化管理。大数据分析和挖掘为企业提供了更多的商机和竞争优势，同时改变了人们的生产、消费和生活方式。

4. 跨界融合

数字经济的发展促进了不同行业之间的融合和交叉，打破了传统行业壁垒，形成了新的经济形态和业态。例如，互联网与传统行业的融合，使得传统行业的经营模式和商业模式发生了巨大变化。

5. 高度连接

数字经济通过互联网和物联网技术，将人、物、机、网等连接在一起，实现信息的流动和共享，推动了产业链和价值链的重构和优化。

6. 社会影响

数字经济对社会生活产生广泛影响，改变了人们的消费方式、就业模式和生活方式，推动了社会平等和公平的发展，但也带来了一些社会问题和挑战，如数字鸿沟和信息安全等。

学习单元 2　数字化转型

一、数字化转型的定义

数字化转型是指政府、企业和社会组织利用数字技术和数字化工具，以数据为新生产要素，对现有的业务、流程和组织进行全面改造和升级，以提高运营效率，通过创新创造更多价值，并适应数字时代的变革和挑战。在数字化转型中，政府、企业和社会组织借助云计算、大数据、人工智能、物联网等技术，将传统的业务和服务数字化、智能化，实现信息的共享、交互和分析，同时加强与客户、合作伙伴和社会的连接和互动。数字化转型旨在提升竞争力、创新能力和适应力，促进可持续发展和社会进步。

二、数字化转型的特征

数字化转型具有以下特征：

1. 数据驱动

数字化转型以数据为核心，通过采集、分析和利用大数据优化决策和业务流程。政府、企业和社会组织需要建立数据中心，收集和管理各种数据，并通过人工智能和机器学习等技术进行分析和应用。

2. 技术创新

数字化转型要求政府、企业和社会组织不断创新，探索并实施新的业务模式和服务方式。通过引入新技术和创新理念，提高效率、降低成本、增加价值，实现服务优势和竞争优势持续增长。

3. 用户体验

数字化转型注重提升用户体验，使政府、企业和社会组织的服务和产品能够更好地满足用户需求。通过提供个性化、定制化的产品和服务，增加用户黏性和忠诚度，提高用户满意度和口碑。

4. 跨界合作

数字化转型促进政府、企业和社会组织之间的跨界合作和资源共享。通过建立开放平台和生态系统，实现信息共享、资源共享和价值共享，推动创新发展。

5. 组织变革

数字化转型不仅仅是技术层面的变革，也需要对组织结构、流程和文化进行调整和变革。政府、企业和社会组织需要建立灵活、创新、开放的组织文化，加强跨部门协作和沟通，提高组织的敏捷性和适应性。

6. 安全保障

数字化转型要求政府、企业和社会组织重视信息安全和隐私保护。加强网络安全防护，保护用户数据和机密信息，建立合规和信任机制，确保数字化转型的可持续发展。

三、信息化与数字化的区别

1. 业务侧重点不同

（1）信息化侧重业务信息的搭建与管理。信息化是对企业已形成的相关信息的记录,以及各个环节业务的管控;数字化促进业务和技术之间真正产生交互,改变传统的商业运作模式。

(2)数字化侧重产品领域的对象资源的形成与调用。数字化是信息化的高阶阶段,是信息化的广泛深入运用,是从收集、分析数据到预测数据、驱动数据的延伸。但是,数字化并不是脱离信息化单独存在的,数字化的目的是解决信息化建设中信息系统之间信息孤岛的问题,实现系统间数据的互联互通。

2. 思维模式不同

(1)信息化是支撑,是工具。例如,信息化时代的企业资源规划(ERP)系统就是把线下的规范文件、业务流程都线上化的过程,但部门之间、不同业务之间、系统之间的数据流转等,往往还需要线下的物理方式的介入。它是一种工具、一种手段,并没有改变业务本身,从思考模式上,还是用物理世界的思维模式。

(2)数字化是思维模式,是业务本身。数字化是对全时段的各种信息的采集,直接改变了传统的思维模式,达到重塑商业模式的目的。在数字化ERP系统中,所有的流程都是在"数字空间"完成的,不再需要"物理空间"的介入,在线办公形成的是全部员工全时段和全场景下的数字化记录。

3. 数据分析方式不同

(1)信息化是数据统计型。传统的信息化是基于简单的数据表记录,然后根据小数据量做统计和呈现,只有统计而没有分析。每一个信息化应用,基本上是系统内数据根据条件查询,再通过图形化呈现出来的。

(2)数字化是算法型。数字化则通过算法,发现数据之间的关联性,建立最优的输入输出模型,进而替代人脑进行管理和校优,实现了真正的数据分析。

4. 企业组织结构不同

(1)信息化是维持型发展。在信息化的建设过程中,企业的组织模式是不需要变化的,最多是增加了信息技术(IT)部门以及一些工作岗位,企业的整个架构和决策执行流程不变。中高层管理人员只是从看纸质数据变为从手机端看数据,但是决策在下达前还是要经过头脑判断的,整个流程实际上是没有变化的。

(2)数字化是变革型发展。数字化打破了传统的企业组织结构。因为大量的数据采集、运算、反馈过程是自动、扁平发生的,直接指令到事,指挥到人,绕开了传统的授权模式。

5. 企业转型路径不同

企业信息化建设相对简单。由IT部门立项和询价,由于办公自动化(OA)系统或 ERP 的基本需求是格式化的，所以选型工作并不复杂，即在通用产品的基础上加上适当的定制化。

但企业数字化却复杂得多，需要从调研企业的数字化战略开始，重建企业适应数字化生存的新商业模式及适应数字化员工的新管理模式，在此基础上，再构建出适合本企业的技术平台和数据平台等。

从这个角度而言，企业数字化转型更看重的是个性化、轻量化的自定义搭建类产品，拥有良好的开放性、可配置、低代码的平台类 ERP 产品将是企业数字化转型的首要选择。

学习单元 3　数字化赋能

在数字经济下，数字化赋能是通过应用数字技术和数字化手段，为政府、企业和社会组织提供更高效、创新、可持续的能力和机会，推动其在经济和社会领域的发展和转型。

对于政府来说，数字化赋能意味着利用数字技术和数据分析等工具，提升政府管理和公共服务的效率和质量，实现政府决策科学化、精细化和民主化。政府可以通过建立数字化平台和系统，提供更便捷的在线服务，推动数字政府建设，促进政务公开和透明度，增强政府与公众的互动和参与。

对于企业来说，数字化赋能意味着借助数字技术和数字化工具，提升组织管理、生产制造、市场营销和创新能力。企业可以通过数字化转型，实现生产过程的自动化和智能化，提高生产效率和产品质量，实现业务流程的优化和创新，提升运营效率、竞争力和市场地位。同时，数字化赋能还可以帮助企业拓展市场和客户群体，通过互联网和电子商务等渠道开展在线销售和服务。

对于社会组织来说，数字化赋能意味着利用数字技术和数字化平台，提升组织能力和影响力，推动社会公益和社会创新。社会组织可以利用数字化平台和工具，扩大宣传和传播范围，提高组织与成员之间的沟通和协作效率，促进组织内外的共享和合作。数字化赋能还可以帮助社会组织实现更好的监督和公益效果，增强社会组织的公信力和可持续发展能力。

综上所述，在数字经济下，数字化赋能是政府、企业和社会组织利用数字技术和数字化手段,提升管理效率、创新能力和社会影响力的过程。它可以促进各方合作共赢,推动经济增长和社会进步。

一、数字化赋能经济高质量发展涉及的主要方面

数字化赋能经济高质量发展是利用数字技术和数字化手段,提高经济发展和创新的能力。主要涉及以下几个方面:

1. 互联网基础设施建设

数字经济依赖于先进的互联网基础设施,包括高速宽带网络、移动通信网络等,这些基础设施的建设和完善是数字经济发展的基础。

2. 数据收集和处理

数字经济中大量的数据需要被收集、存储、处理和分析。数字化赋能数字经济需要建立数据采集和处理的机制和技术,包括大数据、人工智能等。

3. 电子商务和电子支付

数字化赋能经济高质量发展需要建立健全的电子商务和电子支付系统,包括建设电子商务平台、提供安全的在线支付服务等,以促进数字经济中的交易和支付。

4. 人才培养和技能提升

数字经济发展需要大量的专业人才,数字化赋能经济高质量发展需要加强人才培养和技能提升,包括提供相关的教育和培训,培养数字经济相关的专业人才。

5. 创新和创业环境

数字化赋能经济高质量发展需要提供良好的创新和创业环境,包括加强知识产权保护、提供创业孵化器和创业支持等,以激发创新和创业活力。

6. 法律和政策支持

数字化赋能经济高质量发展需要制定相关的法律和政策,包括制定数字经济相关的法律法规、推动数字化转型的政策措施等,以促进数字经济的健康发展。

二、数字化赋能经济高质量发展所带来的价值

数字化赋能经济高质量发展所带来的价值主要体现在以下几个方面:

1. 提高效率

数字技术可以通过自动化、智能化等手段,大幅提高生产、管理、交易等各环节的效率。例如,通过数字化的供应链管理系统,企业可以实现实时监控、智能调度,从而降低成本、提高生产效率。

2. 创新商业模式

数字经济为企业创造了新型商业模式。通过数字平台、大数据分析等技术，企业可以实现更精准的市场定位、个性化的产品和服务，开拓新的市场空间。例如，共享经济、互联网金融等新兴行业就是数字经济催生的创新商业模式。

3. 优化用户体验

数字技术助力企业更好地了解用户需求，提供更加个性化、便捷的产品和服务。通过大数据分析、人工智能等技术，企业可以实现用户行为分析、精准推荐等功能，提升用户体验，增强用户黏性。

4. 推动产业升级

数字经济可以帮助企业提升技术水平、加快创新速度，推动产业结构升级。例如，云计算、物联网等技术的应用，使得制造业可以实现智能制造等新兴生产方式，提高产能、降低成本。

5. 增加就业机会

数字化经济的发展为就业市场带来了新的机会。随着数字化技术的普及，需要大量的技术人才和相关岗位，例如软件开发、数据分析、网络安全等。数字化经济的发展也催生了一些新兴行业，为就业市场提供了更多选择。

三、数字化赋能数字经济面临的挑战和风险

1. 数据隐私和安全风险

数字化经济依赖于对大量数据的收集和处理，但这也增加了个人数据泄露和滥用的风险。保护数据隐私和确保数据安全成为非常重要的任务。

2. 技术风险

数字化经济依赖于各种技术，如人工智能、云计算和大数据分析等。然而，这些技术的发展和应用也带来了技术风险，如系统故障、网络攻击和数据泄露等。

3. 数字鸿沟问题

数字技术的应用和普及在不同地区、不同社群和不同人群之间存在差距，这种差距表现在互联网接入、数字技能和知识、经济机会和就业、社会和政治参与等方面，导致一部分人无法充分享受数字技术带来的便利和机遇。

4. 竞争和垄断问题

数字经济可能导致新的竞争格局和垄断问题。大型科技公司拥有庞大的数据资源和技术优势，可能会对市场竞争产生不利影响，限制其他公司的发展和创新。

5. 法律和监管挑战

数字经济的快速发展可能会超越现有的法律和监管框架。法律和监管的滞后可能导致数字经济面临更大的风险和不确定性。

6. 社会和伦理影响

数字经济对社会和文化产生广泛的影响。例如，自动化和人工智能可能导致大量失业，而数字技术的过度使用也可能对个人和社会关系产生负面影响。

针对这些挑战和风险，需要制定和实施相应的政策和措施，包括加强数据隐私和安全保护、制定适应数字经济的法律和监管框架、促进数字技术的普及和培训、鼓励创新和竞争等。同时，社会各界也需要共同努力，建立合作机制，共同应对数字经济带来的挑战和风险。

思考题

1. 什么是数字经济？
2. 简述数字经济"四化"框架的主要内容。
3. 数字经济发展的主要特征是什么？
4. 什么是数字化转型？
5. 数字化转型的主要特征是什么？
6. 信息化与数字化的区别是什么？
7. 数字化赋能经济高质量发展涉及哪些方面？
8. 数字化赋能经济高质量发展将带来哪些价值？
9. 数字化赋能经济高质量发展面临哪些风险与挑战？

培训课程 2

职业认知

学习单元1 认识数字化解决方案设计师

一、职业定义与内涵

1. 职业定义

数字化解决方案设计师是从事产业数字化需求分析与挖掘、数字化解决方案制定、项目实施与运营技术支撑等工作的人员。

2. 职业内涵

数字化解决方案设计师所提供的数字化解决方案是政府、企业和社会组织实现数字化转型不可缺少的重要环节,其职业内涵体现在应用数字技术和创新思维为政府、企业和社会组织等客户提供数字化解决方案,以帮助其提高效率、满足需求和实现目标。数字化解决方案设计师应具备以下能力:

(1)理解需求。深入了解客户的需求,包括业务流程、痛点和目标等,以便设计出具有针对性的解决方案。

(2)创新思维。能够从不同的角度出发,提出新的解决方案,并利用数字技术来实现创新。

(3)分析能力。能够对复杂的问题进行分解和分析,并将其转化为可行的解决方案。

(4)技术知识。要具备扎实的数字技术知识,包括各种软件、平台和工具的使用知识,以便设计和开发相应的解决方案。

(5)沟通能力。能够与客户和团队成员进行有效的沟通和协作,确保解决方案能够满足客户的需求。

（6）团队合作。数字化解决方案设计师通常需要与其他团队成员合作，包括开发人员、项目经理和销售人员等，以确保解决方案的顺利实施和交付。

（7）项目管理。能够有效地组织和管理项目，确保项目按时完成并达到预期的目标。

数字化解决方案设计师在数字经济中的作用位置，如图1-3所示。

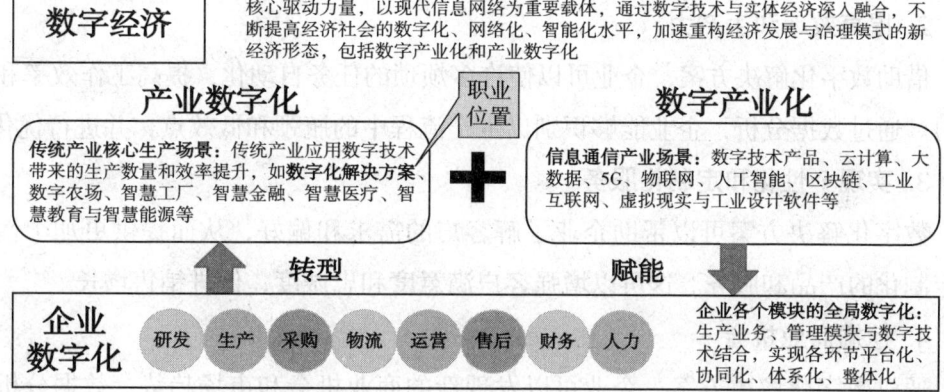

图1-3 数字化解决方案设计师在数字经济中的作用位置

二、主要工作任务

1. 收集、分析产业数字化需求，提供数字化技术咨询服务；
2. 运用新一代信息通信技术和数字化技术，设计数字化业务场景和业务流程；
3. 提出并制定数字化项目架构的技术解决方案；
4. 编写数字化项目招投标等技术文件；
5. 编写数字化项目技术交底提纲；
6. 监测、分析和解决数字化项目实施及运营中的技术问题；
7. 检查、验收数字化项目质量，撰写质量分析报告。

学习单元2　认识数字化解决方案设计

一、数字化解决方案对于企业的重要性

数字化解决方案在现代商业中变得越来越重要，通过采用数字化解决方案，

企业可以更好地适应快速变化的商业环境，并实现可持续发展。数字化解决方案对企业的重要性体现在以下几个方面：

1. 提供准确的数据分析

数字化解决方案可以帮助企业收集、存储和分析大量的数据。通过准确的数据分析，企业能够深入了解消费者需求、市场趋势、竞争对手动态等，从而做出更科学的决策。

2. 提高效率和生产力

借助数字化解决方案，企业可以使许多烦琐的任务自动化，提高工作效率和生产力。通过数据分析，企业能够识别出生产流程中的瓶颈和低效点，并进行优化。

3. 实现个性化和定制化服务

数字化解决方案可以帮助企业了解客户的需求和偏好，从而提供更加个性化和定制化的产品和服务。这可以增强客户满意度和忠诚度，促进销售增长。

4. 挖掘商业机会

通过数字化解决方案，企业可以发现新的商业机会和市场趋势。数据分析可以揭示潜在的市场需求和未开发的商业领域，帮助企业实现创新和发展。

5. 加强风险管理和预测能力

数字化解决方案可以帮助企业监控和管理风险。通过数据分析，企业可以识别潜在的风险和问题，并采取相应的措施进行预防和管理。

二、数字化解决方案主要内容

1. 数据分析

通过收集、整理和分析大量数据，从而提供全面的信息基础，帮助企业做出准确的决策。通过数据分析，企业可以了解市场趋势、消费者需求、竞争对手动态等，从而更好地调整业务策略，提高市场竞争力。

2. 数据决策

提供实时的数据反馈，帮助企业实现数据驱动决策。通过对数据的分析和挖掘，企业可以快速了解业务状况，并根据实际情况做出相应调整，从而提高决策的准确性和效率。

3. 业务设计

帮助企业进行业务流程的设计和优化。通过数字化技术的应用，企业可以实现业务流程的自动化和智能化，提高工作效率和质量。同时，数字化解决方案还可以提供实时的业务数据和指标，帮助企业进行业务监控和改进。

4. 客户关系管理

帮助企业建立有效的客户关系管理系统。通过数字化技术的应用，企业可以更好地了解客户需求，提供个性化的产品和服务。同时，数字化解决方案还可以提供客户数据和行为分析，帮助企业进行精准的客户营销和关系维护。

5. 技术应用

帮助企业应用先进的技术，提升生产效率和产品质量。通过数字化技术的应用，企业可以实现智能制造、物联网、人工智能等技术的应用，从而提高企业的竞争力和创新能力。

6. 供应商管理

数字化解决方案可以改善供应商管理流程和效率。这包括供应商信息的收集和管理、供应链协同和物流管理、供应商绩效评估和合作伙伴关系管理等。通过供应链网络的优化、供应链透明度的提升等手段，可以降低供应链风险和成本。

7. 协调沟通

帮助企业实现协同办公和沟通协调。通过数字化平台的建设，企业可以实现跨部门、跨地域的信息共享和协同办公，提高团队合作效率和沟通质量。

8. 安全和隐私保护

需要确保数据和系统的安全性，以及用户隐私的保护。这包括加密、访问控制、漏洞修补、隐私协议等措施，以防止数据泄露和安全威胁。

9. 创新发展

帮助企业实现创新发展。通过数字化技术的应用，企业可以开拓新的业务模式、产品和服务，实现企业的转型升级和创新发展。同时，数字化解决方案还可以帮助企业进行市场调研和用户反馈，提供创新的思路和方向。

❖ 思考题

1. 数字化解决方案设计师的职业内涵是什么？
2. 数字化解决方案设计师的主要工作任务有哪些？
3. 数字化解决方案对于企业的重要性体现在哪几个方面？
4. 数字化解决方案的主要内容是什么？

培训课程 3

职业道德与职业守则

学习单元1 职业道德基本知识

一、职业道德的定义、特点和社会作用

1. 职业的含义

所谓职业,是指由于社会分工而形成的具有特定专业和专门职责并以所得收入作为主要生活来源的工作。职业是在人类社会出现分工之后产生的一种社会历史现象。职业三要素包括:

(1)职业职责。即从业人员从事某个职业时所需要承担的责任和义务。它通常包括需要完成的工作任务、达成的目标,以及需要在工作中遵守的规则和制度。

(2)职业权利。即从业人员在从事职业活动时所享有的权利和利益。这些权利是由法律、法规和职业规范所赋予的,旨在保障从业人员在职业活动中的合法权益。职业权利可以包括很多方面,比如劳动报酬权、休息休假权、劳动保护权、社会保险权、职业培训权等。

(3)职业利益。即从业人员在从事某个职业时,所能获得的各种好处和利益。这些利益可以是物质的,比如工资、奖金、福利等;也可以是精神的,比如成就感、满足感、荣誉感等。

任何一种职业都是职业职责、职业权利和职业利益的统一体。

2. 职业道德的定义

简单来说,职业道德就是从事某一职业的人们在履行职责时,应遵循的道德规范和原则。它是社会道德在职业活动中的具体体现,也是从业者在职业活动中应该遵循的行为准则。要理解职业道德需要掌握以下四点:

（1）职业道德是职业活动的基石。每一个职业都有其特定的职业道德要求，这些要求规范了从业者的行为，确保了职业活动的正常进行。比如，医生要遵循救死扶伤的职业道德，教师要坚守教书育人的职业道德。

（2）职业道德是行业形象的代表。一个行业的职业道德水平，直接反映了该行业的整体形象和声誉。如果从业者缺乏职业道德，不仅会影响自身的职业发展，还会对整个行业造成负面影响。

（3）职业道德是社会责任的体现。从业者作为社会的一员，其职业行为不仅关乎个人利益，更关乎社会公共利益。因此，从业者应当遵循职业道德，积极履行社会责任，为社会做出贡献。

（4）职业道德是不断发展的。随着社会的进步和职业的发展，职业道德的内涵和要求也在不断变化。从业者应当不断学习、更新自己的职业道德观念，以适应职业发展的需要。

总的来说，职业道德是职业活动的基石、行业形象的代表、社会责任的体现以及不断发展的规范。从业者应当深刻理解并践行职业道德，以维护职业活动的正常进行，提升行业形象，履行社会责任，并推动职业道德的不断发展。

3. 职业道德的特点

（1）行业性。职业道德的内容与职业实践活动紧密相连，反映着特定职业活动对从业人员行为的道德要求。不同的职业有不同的职业道德标准，这些标准是根据该职业的特点、职责和使命来制定的。

（2）继承性。职业道德是在长期实践过程中形成的，具有历史继承性。即使在不同的社会经济发展阶段，同样一种职业的道德要求的核心内容也会被继承和发扬，形成被不同社会发展阶段普遍认同的职业道德规范。如"有教无类""学而不厌，诲人不倦"，从古至今始终是教师的职业道德。

（3）实践性。职业道德是在职业实践中形成、发展和完善的。职业行为过程就是职业实践过程，只有在实践过程中，才能体现出职业道德的水准。职业道德的作用是调整职业关系，对从业人员职业活动的具体行为进行规范，解决现实生活中的具体道德冲突。

（4）多样性。由于各种职业的职业责任和义务不同，因此形成各自特定的职业道德的具体规范。职业道德的表达形式也是多种多样的，既有成文的规章制度，也有不成文的传统习惯；既有正面激励，也有负面惩戒。

（5）自律性。职业道德具有自我约束控制的特征。从业者通过对职业道德的学习和实践，逐渐培养成较为稳固的职业道德品质。这种自律性不仅体现在对职业规范的遵守上，还体现在对职业精神的追求上。

4. 职业道德的社会作用

职业道德在社会发展中起着极其重要的作用，主要体现在以下几个方面：

（1）维护公共利益和社会秩序。职业道德规范了从事某一职业的人们的行为准则，要求他们为了公共利益而行事，不利用职权谋私利，不违法乱纪。这种规范有助于维护社会的公平和正义，保持社会的稳定和有序。

（2）保护个人权益和尊严。职业道德保护个人的权益和尊严，确保每个从事某一职业的人和受其服务的人都能够得到公平和尊重。它要求从业者尊重他人，提供优质的服务，不侵犯他人的权益。

（3）促进商业诚信和公平竞争。在商业领域，职业道德促使商业活动在公平、诚信的基础上进行。它要求商家遵守商业道德，不欺诈、不虚假宣传，保护消费者的权益，维护市场的公平竞争。

（4）提高职业素质和整体形象。职业道德的遵守和践行有助于提高从业者的职业素质和整体形象。一个具备良好职业道德的从业者往往能够获得他人的尊重和信任，从而在职场上取得更好的成绩。

（5）推动社会文明进步。职业道德是社会道德的重要组成部分，它的践行有助于推动社会文明进步。通过培养从业者的职业道德意识，提高他们的道德素质，可以促进整个社会的道德风尚的提升，推动社会向更加文明、和谐的方向发展。

二、职业道德基本规范

1. 爱岗敬业

（1）爱岗敬业的含义。爱岗敬业是指对自己的职业和工作岗位非常热爱和敬重，愿意为之付出努力和奉献的精神状态。这种精神状态是职业道德的核心内容之一，也是每个从业者应该具备的基本素质。

（2）如何做到爱岗敬业

1）热爱自己的工作。这是做到爱岗敬业的前提。只有对自己的工作充满热情，才能投入更多的精力去学习和提高，从而在工作中不断取得进步。

2）明确工作目标。一个明确的工作目标可以帮助我们更好地规划自己的职业生涯，明确自己的发展方向。在工作中，应该不断调整自己的目标和规划，以适应不断变化的市场需求和个人发展。

3）持续学习。在竞争激烈的职场环境中，持续学习是保持竞争力的关键。应该不断学习新知识、新技能，提高自己的综合素质和专业能力，以更好地适应工作需求。

4）尽职尽责。在工作中，应该尽职尽责，尽心尽力地完成每一项工作任务。无论遇到什么困难和挑战，都应该保持积极的态度，努力克服困难，确保工作质量和效率。

2. 诚实守信

（1）诚实守信的含义。所谓诚实，就是忠诚老实，不讲假话。诚实的人能忠实于事物的本来面目，不歪曲，不篡改事实，同时也不隐瞒自己的真实思想，光明磊落，言语真切，处事实在。所谓守信，就是信守诺言，说话算数，讲信誉，重信用，履行自己应承担的义务。诚实和守信两者含义是相通的，是互相联系在一起的。诚实是守信的基础，守信是诚实的具体表现，不诚实很难做到守信，不守信也很难说是真正的诚实。

（2）如何做到诚实守信

1）树立诚信意识。认识到诚信是做人的基本原则，是职业道德的核心。时刻提醒自己，在任何情况下都要坚守诚信的底线。

2）言行一致。要说到做到，不轻易承诺自己无法完成的事情。如果因为某些原因无法履行承诺，要及时向相关方说明情况并道歉。

3）保持真实。在工作和生活中，不夸大、不虚构、不隐瞒事实。要坦诚面对自己的不足和错误，勇于承担责任。

4）建立信任。在工作和生活中，通过实际行动建立和维护与他人的信任关系。在团队中，积极履行自己的职责，为团队的成功做出贡献。

5）抵制诱惑。在面对利益和诱惑时，要保持清醒的头脑，坚守诚信的底线。不因一时的利益而违背自己的道德和原则。

6）接受监督。愿意接受他人的监督和评价，及时改正自己的不足和错误。在团队中，积极参与讨论和决策，共同维护团队的诚信形象。

3. 遵纪守法

（1）遵纪守法的含义。遵纪守法指的是每个从业人员都要遵守法律、法规、规章，遵守纪律，不违法乱纪，按照法定的社会规范来约束、规范自己的行为。从业人员遵守法纪是职业活动正常进行的基本保证，也是市场经济的客观要求，它直接关系到企业的发展和个人的前途，是职业道德的一条重要规范。

（2）如何做到遵纪守法

1）了解法律法规。学习和了解国家的法律、法规和企业的规章制度、纪律要求，明确自己的权利和义务。

2）树立法治观念。认识到法律是维护社会秩序和公平正义的基石，尊重法律、信仰法律。

3）自我约束。自觉遵守法律法规和纪律要求，不违法乱纪，不做出危害社会和他人的行为。在面对诱惑和冲动时，保持冷静和理智，不做出冲动的行为。

4）以身作则。在工作单位等场合中，以身作则，遵守法律、法规和纪律要求。鼓励和支持他人遵守法律法规和纪律要求，共同营造良好的法治氛围。

4. 办事公道

（1）办事公道的含义。所谓办事公道是指从业人员在办事情处理问题时，要站在公正的立场上，按照同一标准和同一原则办事的职业道德规范。公道与公平、公正的含义大致相同，意指坚持原则，按照一定的社会标准实事求是地待人处事。

（2）如何做到办事公道

1）增强公正意识。认识到公正的重要性，明确公正不仅是职业道德的核心，也是社会和谐稳定的基础。在处理问题时，始终坚守公正原则，不偏袒任何一方。

2）了解并遵循相关准则。熟悉并理解所从事行业的职业道德准则和法律法规，确保自己的行为符合规范。在处理具体事务时，严格遵循相关准则和规定，确保公正、公平、合理。

3）保持客观中立。在处理问题时，保持客观中立的立场，不受个人情感、偏见等因素的影响。对待不同利益群体时，不偏袒任何一方。

4）提高识别能力。能够准确判断问题的性质和利害关系。在处理复杂问题时，能够深入了解和分析问题，确保自己的决策公正、合理。

5）廉洁奉公。坚守廉洁自律的底线，不接受任何形式的贿赂和利益输送。在处理公共事务时，始终将公共利益放在首位，不谋私利。

5. 团结互助

（1）团结互助的含义。团结互助是指在人与人之间的关系中，为了实现共同的利益和目标，互相帮助、互相支持、团结协作、共同发展。

（2）如何做到团结互助

1）平等尊重。指在社会生活和人们的职业活动中，不管彼此之间的社会地位、生活条件、工作性质有多大差别，都应一视同仁，平等相待，互相尊重，互相信任。

2）顾全大局。指在处理个人和集体利益的关系上，要树立全局观念，不计较个人利益，自觉服从整体利益的需要。

3）互相学习。就要做到谦虚谨慎，学人之长。要向师长、同行和社会各类有经验、有长处的人学习。

4）加强协作。指在职业活动中，为了协调从业人员之间，包括工序之间、工种之间、岗位之间、部门之间的关系，完成职业工作任务，彼此之间互相帮助、互相支持、密切配合、搞好协作。要正确处理好主角与配角的关系，正确看待合作与竞争。

6. 开拓创新

（1）开拓创新的含义。开拓创新是指在思维、行为或技术上创造新的东西，或者在已有的基础上进行改进，以寻求更高效、更先进或更有竞争力的解决方案。它体现了一种勇于探索、不断进取的精神。

（2）如何做到开拓创新

1）培养创新意识。意识到创新的重要性，并愿意尝试新的思路、方法和技术。保持对新事物的好奇心，不断探索和发现新的可能性。

2）拓宽知识领域。不断学习新知识，拓宽自己的知识领域。关注行业前沿动态，了解最新技术和趋势。

3）打破思维定式。勇于挑战传统观念和既定模式，不盲目跟随。学会从不同角度思考问题，培养多元化思维。

4）勇于实践探索。将创新想法付诸实践，通过实际行动验证其可行性。在实践中不断总结经验教训，完善自己的创新思路。

5）保持开放心态。保持开放和包容的心态，接纳不同的观点和想法。勇于接受挑战和变化，不断适应新的环境和要求。

7. 服务群众

（1）服务群众的含义。所谓服务群众就是为人民群众服务，为他们提供必要的帮助和支持，包括但不限于解决问题、提供信息、改善生活等方面。这种服务精神体现了对人民群众的尊重和关怀，是构建和谐社会的重要基石。

（2）如何做到服务群众

1）增强服务意识。树立"群众利益无小事"的观念，将服务群众作为自己的职责和使命。尊重群众的选择和意愿，倾听群众的意见和建议，积极回应群众关切。

2）提高服务能力。不断学习新知识、新技能，提高自己的专业素养和服务水平。善于运用现代科技手段，提高服务效率和质量。

3）提供优质服务。为群众提供热情、周到、细致的服务，解决他们的实际问题。在服务过程中，注重细节和人文关怀，让群众感受到温暖和关爱。

4）宣传服务精神。通过各种渠道和形式，宣传服务群众的重要性和意义。树立典型和榜样，激励更多的人积极参与到服务群众的行动中来。

8. 奉献社会

（1）奉献社会的含义。所谓奉献社会，就是全心全意为社会做贡献，是为人民服务精神的最高体现。所谓奉献，就是愿意为他人、为社会或为真理、为正义献出自己的力量。奉献社会不仅有明确的信念，而且有崇高的行动。奉献社会的精神既是一种崇高的道德境界、高尚的道德情操，又是一种基于对事业、对工作全身心投入的表现。发扬奉献精神有助于抑制极端利己主义和享乐主义的蔓延，有助于营造互助友爱、安定和谐的社会风气。

（2）奉献社会是职业道德中的最高境界。奉献社会是一种人生境界，是一种融在一生事业中的高尚人格。与其他七项规范相比较，奉献社会是职业道德中的最高境界，同时也是做人的最高境界。爱岗敬业、诚实守信、遵纪守法是对从业人员职业行为的基础要求，是首先应当做到的。做不到这三项要求，就很难做好工作。办事公道、团结互助、开拓创新、服务群众比前三项要求高了一些，需要有一定的道德修养做基础。奉献社会则是这八项规范中最高的境界。一个人只要达到一心为社会做奉献的境界，他的工作就必然能做得很好，这就是全心全意为人民服务了。

学习单元2　数字化解决方案设计师职业守则

一、遵纪守法，诚实守信，尊重知识产权

1. 遵纪守法是数字化解决方案设计师的基本职业守则。具体来说就是要了解和遵守相关的法律法规，应该熟悉与数字化解决方案设计工作相关的法律法规，以确保设计和操作符合这些法律法规的要求，避免违法行为。

2. 诚实守信是建立良好商业关系和维持职业信誉的基本原则之一，这意味着应该诚实地向客户和雇主交流信息，不隐瞒重要的事实或给予虚假陈述。

（1）保持信用，遵守合同和承诺，并按时交付工作成果。此外，尊重客户的隐私和机密信息，并采取必要的措施来保护数据的安全性。

（2）避免虚假宣传和欺骗行为，不夸大产品或服务的功能和效果。所提供的信息应该真实、准确、可靠，避免虚假宣传和欺骗用户的行为。

3. 尊重知识产权，就是要在数字化解决方案设计过程中，尊重他人的知识产权，包括专利、商标、版权等。不盗用他人的创意或知识产权，通过合法的方式进行创新和设计。

二、尊重客户，善于沟通，保守客户秘密

1. 尊重客户不仅是职业道德的要求，也是保持良好客户关系和实现共赢的基础。尊重客户包括以下几个方面：

（1）倾听客户的需求和期望，了解客户的业务目标和挑战。

（2）保持专业的态度对待每个客户。这意味着要尊重客户的意见和决策，不论是否完全同意，都应该提供诚实和客观的建议，帮助客户做出最终决策。

（3）提供个性化服务。每个客户都是独特的，有不同的需求和期望。应该根据每个客户的具体情况提供个性化的解决方案，这意味着需要根据客户的业务模式、目标和预算等因素来设计解决方案。

（4）提供持久的支持。数字化解决方案设计师不仅仅要设计和交付解决方案，还应该提供持久的支持。这包括培训客户的工作人员、解决技术问题、提供升级和维护服务等。

2. 善于沟通。沟通不仅影响与客户和团队成员的合作，同时，还影响项目的成功实施和结果。沟通技能包括以下几个方面：

（1）倾听和理解。与客户、团队成员沟通时，要注意倾听和理解对方的需求和意见。这样可以确保设计出符合需求的解决方案。

（2）清晰表达。善于用简洁明了的语言表达自己的想法和设计理念。这有助于与不同背景和专业知识的人进行有效的沟通。

（3）适应不同的沟通方式。不同人有不同的沟通偏好和风格，数字化解决方案设计师需要灵活地适应并调整自己的沟通方式，以确保信息的准确传达和理解。

（4）及时沟通和反馈。在保持与客户良好沟通的基础上，及时回复他们的问

题和反馈。客户希望了解项目的进展和结果，应该主动提供相关信息，并在必要时进行调整。

（5）团队合作。数字化解决方案设计师通常需要与其他团队成员合作，包括开发人员、测试人员等。良好的沟通能力可以促进团队的合作和协作，提高项目实施的效率和质量。

（6）解决冲突。在工作中，可能会出现意见不合或冲突的情况。善于沟通的数字化解决方案设计师可以通过有效的沟通技巧解决冲突，以达成共识和合作。

（7）提供反馈和接受反馈。数字化解决方案设计师需要能够提供有建设性的反馈，并且愿意接受他人的反馈，以改进和优化设计方案。

3. 保守客户秘密就是要保护用户隐私和数据安全，在数字化解决方案设计、实施过程中，用户的隐私和数据安全至关重要。在数据管理和数据保护法律法规、个人信息保护法等制度的约束下，确保用户的个人信息不被非法获取或滥用。同时，应该保守商业机密和客户信息，不泄露客户的商业机密，也不利用客户信息谋取不正当利益。尊重客户的权益，维护良好的职业声誉。

三、爱岗敬业，忠于职守，钻研技术方案

1. 爱岗敬业

对于自己的职业，要有强烈的热情和责任心。努力学习和提升自己的技能和知识，保持对新技术和趋势的关注，并且积极参与相关的培训和继续教育。

2. 忠于职守

对于工作任务和职责要有清晰的认识，并且全力以赴地完成工作。准时完成任务，尽力保证工作质量，确保交付的数字化解决方案能够满足客户的需求和期望。

3. 钻研技术方案

要对技术方案进行深入研究和分析，了解其原理、特点、应用范围和优缺点，以及如何在实际项目中应用和实施。在技术方案的研究中，要关注技术方案的可行性、可靠性、安全性、可维护性、可扩展性以及成本效益等方面，同时需要关注技术方案的应用场景、技术发展趋势以及未来发展方向等。

四、善于学习，勇于创新，提升数字素养

数字化解决方案设计师是一个具有高度技术性和创造性的职业，要胜任这个

职业，从业人员就应该具有坚持学习的态度和勇于创新的精神。

1. 坚持学习

数字化技术的发展非常迅速，作为数字化解决方案设计师，要不断学习新技术和工具，保持与行业趋势同步。

2. 勇于创新

勇于创新是数字化解决方案设计师的核心能力。通过与客户和团队成员的合作，打破思想的桎梏，善于从不同的角度思考问题，挑战传统思维模式，发掘创新的解决方案，并将其转化为实际的设计和开发工作。

3. 提升数字素养

数字素养包括数字意识、计算思维、数字化学习与创新、数字社会责任。其指对数字、数据和数字化技术的一种敏感度和认知能力。它不仅仅是对数字技术的了解和掌握，更是对数字背后所代表的信息、趋势和价值的敏锐洞察。计算思维包括分析问题和解决问题时，主动抽象问题，构造解决问题的模型和算法，形成高效解决同类问题的范式。数字化学习与创新包括在工作、学习和生活中，积极利用丰富的数字化资源、广泛的数字化工具和泛在的数字化平台，开展探索和创新。数字社会责任包括形成正确的价值观、道德观、法治观，遵循数字伦理规范。

五、团结协作，顾全大局，善于解决问题

数字化解决方案设计师需要在工作中秉持团结协作和顾全大局的原则，以实现优秀的解决方案设计和项目管理。

1. 团结协作

团结协作需要与团队成员密切合作，共同推动项目的顺利进行。数字化解决方案设计涉及软件开发、系统集成、用户体验等，因此需要不同专业背景的人员协同配合。团结协作意味着与团队成员保持良好的沟通和合作，共同解决问题，促进项目成功。

2. 顾全大局

顾全大局需要考虑整体利益，而不仅仅是自身的利益或某个特定部分的利益。在数字化解决方案设计过程中，可能会涉及不同利益相关方的需求和利益冲突，设计师需要全面考虑各方面因素，并做出符合整体利益最大化的决策。

3. 善于解决问题

善于解决问题是指要具备高效、系统地解决各种问题的能力。这种能力包括

对问题的准确判断、深入分析、合理规划、有效执行和及时反馈。

要提高解决问题的能力，第一要学习解决问题的方法和技巧，了解并掌握常见解决问题的方法和技巧，如分析法、综合法、归纳法、演绎法等；第二要培养逻辑思维，通过学习和实践逻辑思维，提高对问题的分析和判断能力；第三要通过阅读、交流等方式扩大知识面，提高对问题的理解和解决能力；第四要多角度思考问题，尝试从不同角度思考问题，打破思维定式，提出新的解决方案；第五要实践解决问题，通过实际解决问题，提高解决问题的能力。

思考题

1. 什么是职业道德？
2. 职业道德的基本规范是什么？
3. 在职业守则中尊重客户、善于沟通有哪些内容？

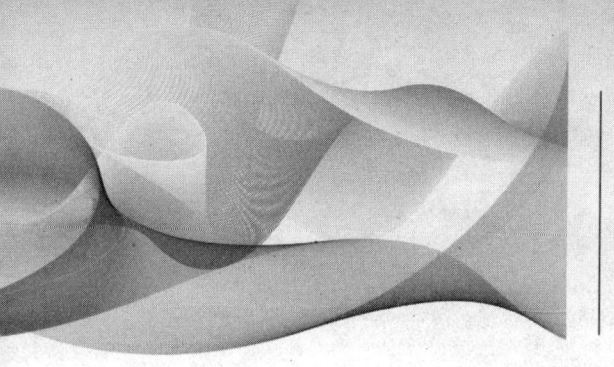

职业模块 2
信息与通信基础知识

培训课程 1 计算机应用基础

学习单元 1 计算机系统

一、计算机体系结构

计算机体系结构是计算机的逻辑结构和功能特征,包括其各个硬件和软件之间的相互关系。其中,冯·诺依曼体系结构、哈佛体系结构是最为常见的计算机体系结构。

1. 冯·诺依曼体系结构

冯·诺依曼体系结构是由物理学家冯·诺依曼于1945年提出的。冯·诺依曼体系结构的计算机主要由中央处理器(CPU)、存储器、输入/输出设备、总线组成,如图2-1所示。其中,中央处理器负责执行各种算术和逻辑运算、控制计算

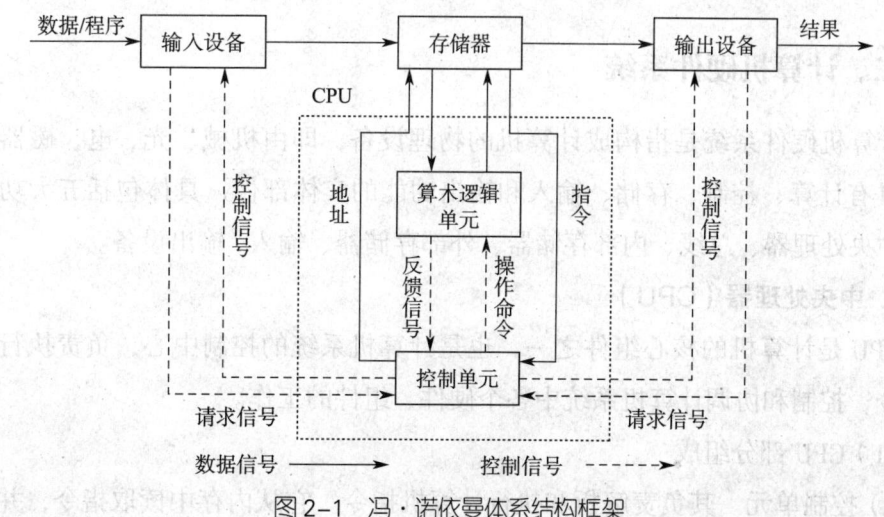

图2-1 冯·诺依曼体系结构框架

机的操作；存储器用于存储程序和数据；输入/输出设备用于计算机与外部设备的数据交换；总线是计算机各个组件之间传输数据和控制信号的通道。冯·诺依曼体系结构采用统一的存储器来存储指令和数据，具有灵活性、通用性、易于编程等特点，适用于通用计算任务，如个人计算机、服务器和超级计算机等。

2. 哈佛体系结构

哈佛体系结构主要由指令存储器、数据存储器、算术逻辑单元、控制单元、输入/输出设备等组成，如图2-2所示。采用分离的存储器来存储指令和数据，指令存储器和数据存储器是独立的，分别使用不同的总线进行访问。由于指令和数据可以同时进行访问，提高了计算机的并行性和效率。哈佛体系结构具有平行性、高性能、实时处理的特点，常用于嵌入式系统、微控制单元（MCU）、数字信号处理器（DSP）和高速网络路由器等。

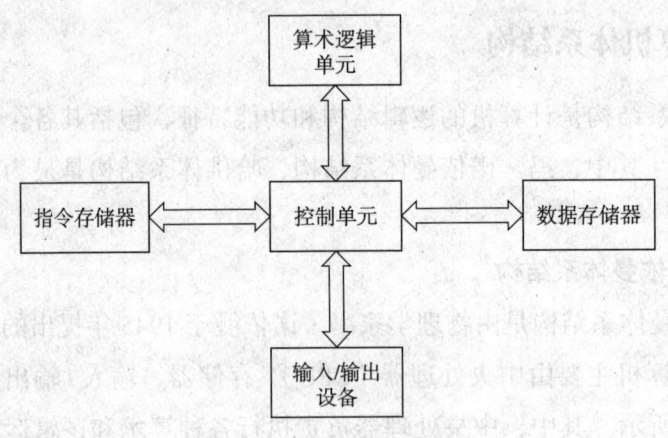

图2-2　哈佛体系结构框架

二、计算机硬件系统

计算机硬件系统是指构成计算机的物理设备，即由机械、光、电、磁器件构成的具有计算、控制、存储、输入和输出功能的实体部件，具体包括五大功能部件：中央处理器、总线、内部存储器、外部存储器、输入/输出设备。

1. 中央处理器（CPU）

CPU是计算机的核心组件之一，也是计算机系统的控制中心，负责执行计算机指令，控制和协调计算机系统中各个硬件、组件的工作。

（1）CPU部分组成

1）控制单元。其负责解析和执行计算机指令。它从内存中读取指令，并根据指令的操作码来确定执行的操作。控制单元还负责控制和协调计算机系统中的其他硬件组件,如存储器、输入/输出设备等。

2)算术逻辑单元(ALU)。其是 CPU 中负责执行算术和逻辑运算的部分。它可以执行加、减、乘、除等算术运算以及与、或、非等逻辑运算。ALU 通常由一组逻辑门电路和寄存器组成。

3)寄存器。其是 CPU 中用于存储和处理数据的高速存储器。它位于 CPU 内部,与 ALU 和控制单元紧密连接。寄存器用于存储指令、数据和中间结果,以及保存 CPU 的状态信息。

4)数据通路。其是 CPU 中负责数据传输和处理的部分。它由一组数据线和数据选择器等组件组成,用于将数据从寄存器、存储器等地方传输到算术逻辑单元(ALU)进行运算,并将运算结果传回到寄存器或存储器中。

(2)CPU 的性能

CPU 的性能通常通过以下指标来衡量。

1)时钟频率。其是 CPU 的主频,表示每秒钟执行的时钟周期数。它以赫兹(Hz)为单位,通常以兆赫兹(MHz)或千兆赫兹(GHz)表示。较高的时钟频率意味着 CPU 可以在单位时间内执行更多的指令,从而提高计算机的运行速度。

2)核心数。现代 CPU 通常有多个核心,每个核心都可以独立地执行指令。多核 CPU 可以同时处理多个任务,提高计算机的多任务处理能力。核心数越多,计算机的并行处理能力越强。

3)缓存大小。缓存是一种高速存储器,用于临时存储 CPU 频繁访问的数据。较大的缓存可以减少 CPU 访问内存的次数,提高数据的读取和写入速度。

4)指令集。其是 CPU 支持的指令集合。不同的 CPU 可以支持不同的指令集,如 x86、ARM 等。

5)浮点运算性能。浮点运算是一种用于执行科学计算和图形处理等计算任务的运算。

6)热设计功耗(TDP)。其是 CPU 在正常工作状态下产生的热量。较高的热设计功耗(TDP)意味着 CPU 在工作时会产生更多的热量,需要更好的散热系统来保持 CPU 的正常运行。

2. 总线

总线作为计算机硬件系统的重要组成部分,被视为计算机内部的信息高速公路,承担着数据、地址和控制信号的传输。

总线通常分为以下几种类型：数据总线、地址总线和控制总线。

（1）数据总线用于传输数据信号。它负责将数据从一个组件传输到另一个组件。数据总线可以是单向的，只能按一个方向传输数据；也可以是双向的，可以在两个方向上传输数据。数据总线的宽度决定了每次传输的数据量。

（2）地址总线用于传输内存或设备的地址信息。它负责将指令和数据的地址传输给内存或设备。地址总线的宽度决定了计算机可以寻址的内存空间大小。

（3）控制总线用于传输控制信号。它负责传输各种控制信号，如读写信号、时钟信号、中断信号等。控制总线的速度和带宽决定了计算机内部各个组件之间的协调和同步能力。较快的控制总线可以提高计算机的响应速度和操作效率。例如，一个高速的控制总线可以使 CPU 和内存之间的读写操作更加快速和高效。

3. 内部存储器

内部存储器也称内存，主要由只读存储器（ROM）、随机存储器（RAM）组成。

（1）只读存储器。其是一种非易失性存储器，只能被写入一次，之后无法被修改。它的读取速度较快，但无法进行随机写入操作。常用于存储固化的程序和数据，如系统的启动程序、固件和操作系统的初始化代码。它的内容无法被修改，提供了计算机系统最基本的功能和数据，例如计算机的基本输入输出系统（BIOS）。

（2）随机存储器。其也称主存，是一种易失性存储器，它是 CPU 直接访问的存储器，具有较快的读写速度，当机器电源关闭时，存于其中的数据就会丢失。常用于存储正在运行的程序和临时数据，为 CPU 提供数据和指令，使计算机能够高效运行，分为动态随机存取存储器（DRAM）和静态随机存取存储器（SRAM）两种，DRAM 适用于对存储密度要求较高的场景，SRAM 适用于对速度要求较高的场景。

（3）内部存储器性能指标主要包括以下几个方面：

1）容量。其指可以存储的数据量大小。通常以字节（Byte）为单位表示，如 1 GB、2 TB 等。内部存储器的容量决定了计算机能够存储的程序和数据的数量和规模。

2）读写速度。其指从内部存储器中读取数据或向内部存储器写入数据的速度。通常以数据传输速率来表示，如 MB/s、GB/s 等。读写速度决定了 CPU 能够快速获取和写入数据的能力。

3）延迟。其指从发出读写指令到实际开始读取或写入数据之间的时间间隔。

通常以纳秒（ns）为单位进行表示。较低的延迟意味着数据可以更快地被CPU访问，从而提高计算机的响应速度。

4）带宽。其指在单位时间内可以传输的数据量大小。通常以字节每秒或位每秒来表示，如 MB/s、GB/s 等。较高的带宽意味着可以更快地传输数据，从而提高计算机的数据传输速度。

5）可靠性。其指内部存储器的稳定性和耐用性。一个可靠的内部存储器应该具有较低的故障率和较长的使用寿命，以确保数据的安全存储和系统的稳定运行。

4. 外部存储器

外部存储器是指与计算机主机相连的用于存储数据和程序的设备。它与内部存储器（如内存）相对应，通常具有较大的存储容量和较慢的数据传输速度。

（1）常见外部存储器

1）硬盘驱动器。其是一种机械式存储设备，通过旋转的磁盘和移动的读写头来读取和写入数据。它具有较大的存储容量和较低的成本，是存储大量数据和长期保存数据的主要选择。

2）固态硬盘。其是一种基于闪存存储技术的存储设备，没有机械部件，具有更快的数据访问速度和更高的耐用性。相比于传统的硬盘驱动器，固态硬盘的读写速度更快，但价格也相对较高。

3）USB 闪存驱动器。其是一种便携式存储设备，通过 USB 接口与计算机连接。它具有小巧轻便的特点，可随身携带，用于数据的传输和备份。

4）光盘。其是一种通过激光读取数据的存储介质，具有较大的存储容量。CD和 DVD 主要用于存储音频、视频和软件等数据，蓝光光盘具有更高的存储容量，适用于高清视频和大型文件的存储。

5）网络存储。其指通过网络连接的存储设备，可以提供数据存储和访问的功能，主要有网络附加存储（NAS）、直接附加存储（DAS）、存储区域网（SAN）和磁盘阵列（RAID）等形式或技术，通常具有较大的存储容量和灵活的扩展性。

（2）外部存储器的性能指标

外部存储器的性能指标包括存储容量、数据传输速度、响应时间和可靠性等。

1）存储容量。其指外部存储器可以存储的数据量大小。常见的存储容量单位包括字节（Byte）、千字节（KB）、兆字节（MB）、千兆字节（GB）、太字节（TB）等，较大的存储容量意味着可以存储更多的数据和程序。它们的换算关系如下：1 KB=1 024 B、1 MB=1 024 KB、1 GB=1 024 MB、1 TB=1 024 GB。

2）数据传输速度。其指外部存储器与计算机之间传输数据的速度。通常以字节每秒或位每秒来表示，如 MB/s、GB/s 等。较高的数据传输速度意味着可以更快地读取和写入数据，从而提高计算机系统的整体性能。

3）响应时间。其指外部存储器对计算机请求的响应速度。较低的响应时间意味着外部存储器可以更快地响应计算机的读写请求，从而提高计算机系统的响应速度和用户体验。

4）可靠性。其指稳定性和耐用性。一个可靠的外部存储器应该具有较低的故障率和较长的使用寿命，以确保数据的安全存储和系统的稳定运行。

5. 输入／输出设备

输入／输出设备是计算机系统中用于与外部世界进行信息交换的设备。它们将数据、命令、信号等从外部输入到计算机系统，或将计算机系统处理的结果输出到外部。输入／输出设备通过不同的接口与计算机系统进行连接和通信，实现数据的输入和输出功能。

三、计算机软件系统

计算机软件系统主要包括系统软件和应用软件两种类型，系统软件是计算机中用于管理和控制硬件资源的软件，在计算机系统中起着重要作用，为用户提供操作计算机和使用应用程序的基础环境，同时为硬件设备的管理和控制提供支持。应用软件是指为满足特定任务和需求而开发的软件程序。

1. 系统软件

系统软件包括操作系统、驱动程序、实用工具和数据库管理软件等。

（1）操作系统。其是计算机系统中最基本的软件，它负责管理和控制计算机的硬件资源，提供用户与计算机之间的接口。常见的操作系统包括 Windows、macOS、Linux 及国产系统等。

（2）驱动程序。其是系统软件的一部分，用于管理和控制硬件设备，使其与操作系统和应用程序进行通信。每个硬件设备都需要相应的驱动程序来实现与计算机的连接和交互。

（3）实用工具。其是一类辅助性的系统软件，用于完成特定的任务或提供特定的功能。例如，防病毒软件、磁盘清理工具、文件压缩工具等都属于实用工具类别。

（4）数据库管理软件。其用于管理和操作数据库，包括创建、查询、更新和删除数据等操作。常见的数据库管理软件包括 Oracle Database、MySQL、Microsoft SQL Server 及国产系统等。

2. 应用软件

应用软件可以根据其功能和用途分为多个类别,以下是一些常见的计算机系统应用软件。

(1)办公软件。其用于处理文档、制作演示文稿、管理电子表格、发送电子邮件等办公任务的软件。常见的办公软件包括 Microsoft Office、Google Docs、LibreOffice、WPS 等。

(2)图像处理软件。其用于编辑、修饰、处理和管理图像文件。它们提供了各种功能,如裁剪、调整颜色、添加特效等。常见的图像处理软件包括 Adobe Photoshop、GIMP 及国产系统等。

(3)视频编辑软件。其用于编辑和处理视频文件,可以进行剪辑、合并、添加特效、调整音频等操作。常见的视频编辑软件包括 Adobe Premiere Pro、Final Cut Pro 及国产系统等。

(4)网页浏览器。其用于浏览和访问互联网上的网页和资源的软件。常见的网页浏览器包括 Google Chrome、Mozilla Firefox、Microsoft Edge 及国产系统等。

(5)多媒体播放软件。其用于播放音频和视频文件,支持各种格式和编解码器。常见的多媒体播放软件包括 VLC 媒体播放器、Windows Media Player 及国产系统等。

(6)设计和绘图软件。其用于创建和编辑图形、设计平面图、绘制艺术作品等。常见的设计和绘图软件包括 Adobe Illustrator、AutoCAD 及国产系统等。

除了上述的应用软件,还有许多其他类型的应用软件,如音乐播放软件、游戏软件、电子邮件客户端、虚拟化软件等,它们都是为满足特定的需求而开发的。

学习单元 2 计算机内部语言

一、数据编码表示

1. 数值数据编码表示

(1)进制数。常见的进制数有二进制、八进制、十进制、十六进制。在计算机中采用二进制数,为了书写和阅读的方便,引入了八进制数和十六进制数,而人们日常使用十进制数,见表2-1。

表2-1　常用数制表

进制数	基数	进位规则	位权	数码
二进制	2	逢二进一	2^i	0,1
八进制	8	逢八进一	8^i	0,1,2,3,4,5,6,7
十进制	10	逢十进一	10^i	0,1,2,3,4,5,6,7,8,9
十六进制	16	逢十六进一	16^i	0,1,2,…,8,9,A,B,C,D,E,F

进制数之间转换示例:

$1010_{(2)} = 12_{(8)} = 10_{(10)} = 10_{(16)}$

$23_{(8)} = 10011_{(2)} = 19_{(10)} = 13_{(16)}$

$23_{(10)} = 10111_{(2)} = 27_{(8)} = 17_{(16)}$

$2F_{(16)} = 101111_{(2)} = 57_{(8)} = 47_{(10)}$

二进制常用单位有位(bit)、字节(Byte)、字(Word),其中位是二进制的基本单位。字节是计算机中数据处理的基本单位,字是计算机中数据处理的固定长度单位。

(2)原码/反码/补码。计算机中的原码、反码和补码是表示有符号整数的三种常见方式,它们是计算机内部进行整数运算和表示负数的重要编码形式。

原码是最直接的表示法,它用二进制表示整数,并在最高位(最左边)保留符号位。正数的符号位为0,负数的符号位为1。

反码解决了原码的符号位问题。正数的反码与原码相同,负数的反码是对其绝对值的每一位取反(0变1,1变0)。

补码是最常用和推荐的表示有符号整数的方式。正数的补码表示与原码和反码相同,负数的补码是对其绝对值的反码再加1。

2. 非数值数据表示

随着现代计算机运用的深入,计算机不仅仅进行科学计算,实际上更大量的工作是用于处理人们日常工作和生活中最常使用的信息形式,也就是所谓的非数值型数据,包括字符、声音、图像、视频等非数值型数据,这些数据在计算机中使用了不同的编码来表示。

(1)字符的编码。字符指类字形单位或符号,包括字母、数字、运算符号、标点符号和其他符号，以及一些功能性符号。为了使计算机硬件能够识别和处理这些字符，需要对字符按一定规则用二进制进行编码，使得系统里的每一个字符都有唯一的编码。

美国最先制定了符合他们使用需要的美国标准信息交换代码，简称 ASCII 码（见表 2-2）。ASCII 码通常由 7 位或 8 位二进制数组合来表示 128 种或 256 种可能的字符。标准 ASCII 码也叫基础 ASCII 码，使用 7 位二进制数（剩下的 1 位二进制为 0）来表示所有的大写和小写字母，数字 0 到 9、标点符号，以及在美式英语中使用的特殊控制字符。

表 2-2 标准 ASCII 码编码表

ASCII 值	控制字符	ASCII 值	控制字符	ASCII 值	控制字符	ASCII 值	控制字符
0	NUL	22	SYN	44	,	66	B
1	SOH	23	ETB	45	-	67	C
2	STX	24	CAN	46	.	68	D
3	ETX	25	EM	47	/	69	E
4	EOT	26	SUB	48	0	70	F
5	ENQ	27	ESC	49	1	71	G
6	ACK	28	FS	50	2	72	H
7	BEL	29	GS	51	3	73	I
8	BS	30	RS	52	4	74	J
9	HT	31	US	53	5	75	K
10	LF/NL	32	（Space）	54	6	76	L
11	VT	33	!	55	7	77	M
12	FF/NP	34	"	56	8	78	N
13	CR	35	#	57	9	79	O
14	SO	36	$	58	:	80	P
15	SI	37	%	59	;	81	Q
16	DLE	38	&	60	<	82	R
17	DC1	39	'	61	=	83	S
18	DC2	40	(	62	>	84	T
19	DC3	41	)	63	?	85	U
20	DC4	42	*	64	@	86	V
21	NAK	43	+	65	A	87	W

续表

ASCII 值	控制字符	ASCII 值	控制字符	ASCII 值	控制字符	ASCII 值	控制字符
88	X	98	b	108	l	118	v
89	Y	99	c	109	m	119	w
90	Z	100	d	110	n	120	x
91	[	101	e	111	o	121	y
92	\	102	f	112	p	122	z
93	]	103	g	113	q	123	{
94	^	104	h	114	r	124	|
95	_	105	i	115	s	125	}
96	`	106	j	116	t	126	~
97	a	107	k	117	u	127	DEL（Delete）

（2）汉字字符编码。ASCII 码只适用于英文字符和一些常见的特殊字符，无法完整表示中国汉字字符。常见的汉字字符编码有 Unicode 编码、GB2312 编码等。

1）Unicode 编码。Unicode 是一种广泛使用的汉字字符编码，可以表示包括字母、数字、标点符号、符号、表情符号和各种语言的字符。常见的 Unicode 编码格式包括 UTF-8、UTF-16 和 UTF-32。UTF-8 是一种可变长度的编码方式，它使用 1 至 4 个字节来表示不同的字符；UTF-16 使用 16 位的编码方式，适用于大部分字符；UTF-32 使用 32 位的编码方式，适用于所有的 Unicode 字符。

2）GB2312 编码。GB2312 是一种汉字编码方案，也是中国国家标准的汉字字符集，总共包含了 7 445 个字符，其中包括了 6 763 个简体汉字和 682 个其他非汉字字符。GB2312 编码仅适用于简体汉字，对于繁体汉字则无法正确表示。对于包含繁体汉字的文本，通常需要使用大五码（Big5）。

（3）图像数据编码。图像数据在计算机中通常以像素为基本单位进行表示。每个像素都包含了图像中的一小部分信息，例如颜色或灰度值。图像的计算机表示可以采用以下两种常见方式：

1）灰度图像表示。灰度图像是一种只包含灰度值（亮度值）的图像，使用 8 bit 表示，每个像素的灰度值表示图像中对应位置的明暗程度，每个像素使用一个字节（8 bit）来存储，范围从 0（纯黑）到 255（纯白）或其他值，取决于使用的位深度。

2）彩色图像表示。彩色图像使用 RGB（红、绿、蓝，24 bit）或 RGBA（带有透明度通道，32 bit）来表示每个像素的颜色。在 RGB 表示中，每个像素有三个颜色通道，每个通道使用一个字节（8 bit）表示，每个通道的取值范围通常是 0 到 255。这三个通道的值组合起来形成一个颜色值，决定了像素的颜色。

（4）视频数据编码。其是将视频信号转换为数字格式的过程，以便在数字设备和计算机网络中进行传输、存储和处理。视频数据编码的主要目标是压缩视频数据，使其占用更少的存储空间和带宽，同时保持足够的视觉质量。常见的视频数据编码标准如下。

1）H.264/AVC。其也称高级视频编码，是目前广泛使用的视频编码标准之一。H.264 可以提供高质量的视频压缩，适用于各种应用，包括在线视频流、视频会议、蓝光光盘等。

2）H.265/HEVC。高效率视频编码，是 H.264 的"升级版"，可提供更高的压缩比和更好的图像质量。HEVC 可以在相同的画质下减少一半的比特率，因此适用于 4K 视频和高分辨率视频传输。

3）VP9。由 Google 开发的开放式视频编码格式，旨在提供高质量的视频压缩。VP9 广泛应用于 WebM 视频容器格式，用于在线视频播放和实时通信。

4）AV1。由 Alliance for Open Media（AOM）开发的开放式视频编码格式，旨在为网络视频提供高效的压缩，并提供免版税的视频编码方案。

5）MPEG-2。Moving Picture Experts Group 2，是早期广播电视和 DVD 标准所采用的视频编码格式，现在仍然在某些广播和传输应用中使用。

6）MPEG-4。其是一种多媒体压缩格式，支持视频、音频和图像压缩，广泛应用于互联网视频、流媒体和移动通信。

7）MJPEG。Motion JPEG，是将每一帧视频压缩为独立的 JPEG 图像的格式，适用于某些摄像机和实时视频传输应用。

二、计算机典型编程语言及开发工具

1. 机器语言

机器语言是计算机能够直接理解和执行的最底层的编程语言。它由二进制代码表示，其中使用 0 和 1 表示不同的指令和数据。机器语言是计算机硬件能够直接解析和执行的唯一语言。机器语言具有以下特点。

（1）可读性差。机器语言是以 0 和 1 二进制代码表示的，对于人类来说非常晦涩和难以理解。

（2）可直接执行。计算机硬件可以直接解释和执行机器语言指令，这是因为计算机内部的电路是根据机器语言指令设计和构造的。

（3）可移植性差。由于每种处理器和计算机体系结构都有自己的机器语言，因此机器语言代码不能在不同体系结构的计算机上直接运行。

（4）级别低。机器语言是计算机中最底层的编程语言，它与计算机硬件直接相关，可以对硬件资源进行精确控制。

2. 汇编语言

汇编语言是一种介于机器语言和高级编程语言之间的低级别编程语言。它使用助记符代替了机器语言中的0和1，使得编程更容易理解和编写，汇编语言直接映射到计算机的机器语言指令，并且每条汇编指令通常对应一条机器语言指令。汇编语言具有以下特点。

（1）高度可控。相比高级语言，汇编语言的执行过程更加可控。程序员可以精确控制每一条指令的执行步骤，并且可以直接操作CPU的寄存器和标志位。

（2）执行速度快。汇编语言允许程序员直接访问和操作计算机的硬件资源，对硬件进行底层操作时非常高效。

（3）适用底层开发。汇编语言广泛应用于底层开发领域，如操作系统、驱动程序、嵌入式系统等，适用于对程序性能要求较高的应用场景。

（4）可移植性差。汇编语言指令是机器指令的一种符号表，每种计算机体系结构都有自己的指令集，汇编语言程序在不同的体系结构上不能通用。

3. 高级编程语言

高级编程语言是相对于低级编程语言（如机器语言和汇编语言）而言的一类编程语言。高级编程语言更接近人类自然语言，使用更易读、易写的语法和抽象级别，使得开发者可以更方便地表达和实现复杂的算法和逻辑，而无须直接考虑底层硬件细节。

（1）高级编程语言特点

1）可读性强。高级编程语言使用具有意义的单词和符号，而不是0和1的机器码或汇编语言的助记符，使代码更易读写。

2）可移植性高。高级编程语言与特定计算机体系结构无关，其代码可以在不同的平台和操作系统上运行，只需重新编译或解释。

3）抽象性强。高级编程语言提供更高级别的抽象，使得开发者更专注于解决问题的逻辑，而不必过多关注底层的实现细节。

4）标准库丰富。高级编程语言通常有丰富的标准库和第三方库，提供了大量的预定义功能和模块，简化了常见任务的编码。

（2）常见的高级编程语言。常见的高级编程语言有C、C++、Java、Python、PHP、JavaScript、Swift、Kotlin、Ruby、Go、SQL、Scala、Solidity等语言。

4. 计算机开发工具

计算机编程开发工具是用于辅助计算机程序的开发、测试、调试和部署的软件或集成开发环境（IDE）。这些工具提供了多种功能和服务，帮助开发者更高效地编写代码、管理项目、进行版本控制、调试代码、优化性能等。以下是一些常见的计算机编程开发工具。

Microsoft Visual Studio。Microsoft的集成开发环境（IDE），支持多种编程语言，如C++，C#，Visual Basic等，适用于Windows平台应用程序的开发。

Eclipse。Eclipse是一个开放源代码的IDE，主要用于Java开发，同时支持多种编程语言的插件扩展，适用于跨平台开发。

IntelliJ IDEA。专注于Java和Kotlin开发的IDE，提供强大的智能代码编辑功能和大量插件。

Visual Studio Code（VSCode）。轻量级的代码编辑器，支持多种编程语言，并具有丰富的扩展插件。

Xcode。苹果公司开发的IDE，主要用于iOS和macOS应用程序的开发。

Android Studio。谷歌官方提供的Android应用开发环境，基于IntelliJ IDEA开发。

PyCharm。用于Python开发的专业IDE，提供强大的代码分析和调试工具。

NetBeans。开源的IDE，支持多种编程语言，特别适用于Java开发。

Sublime Text。简洁高效的代码编辑器，支持多种编程语言，也有丰富的插件支持。

Atom。开源的文本编辑器，具有丰富的插件和社区支持，适用于多种编程语言。

三、计算机典型编程语言应用场景

计算机编程语言被应用于数据科学研究、网络开发、自动化与脚本、应用开发、大数据处理、Web开发、游戏开发、嵌入式开发等场景，每种语言都可以在多个领域发挥作用。机器语言和汇编语言主要应用于编写底层系统软件，如操作系统、驱动程序、嵌入式系统开发等。C/C++语言主要应用于物联网设备和嵌入式系统开发、实时图像处理、大型软件系统等应用场景。Java语言主要应用于大型企业级云服务开发、大数据处理、物联网网关和中间件开发等应用场景。Python语言主要应用于数据科学研究、自动化与脚本、大数据处理、人工智能等应用场景。PHP/JavaScript是Web开发的脚本语言，适用于开发动态网站、Web应用等。Swift是苹果公司推出的编程语言，适用于iOS和macOS应用开发。Kotlin是适用于Android应用开发的编程语言，也可用于服务器端开发。Ruby是简洁灵活的编程语言，适用于Web开发、脚本编程等。Go是由Google开发的编程语言，适用于分布式系统、云服务开发、网络编程等。SQL是主要用于数据库管理的语言，适用于数据查询、数据操作等。Scala是一种多范式编程语言，适用于大数据处理、分布式计算等。Solidity是一种用于智能合约开发的语言，适用于区块链应用开发。R语言主要应用于数据科学研究、人工智能相关研究和项目等应用场景。

思考题

1. 计算机硬件系统主要是由什么构成的？
2. 计算机软件系统主要是由什么构成的？
3. 主存储器和辅助存储器的区别是什么？
4. 内部存储器的容量如何衡量？
5. 外部存储器的一个常见例子是什么？
6. USB闪存驱动器的主要特点是什么？
7. 如何将十进制数25转换为二进制、八进制和十六进制数？
8. 如何将八进制数72转换为二进制、十进制和十六进制数？
9. 请解释机器语言和汇编语言之间的区别。

培训课程 2

电子信息技术基础

学习单元 1　电子技术基础

一、电子技术概述

1. 电子技术的基本概念

电子技术是根据电子学的原理，运用电子元器件设计和制造某种特定功能的电路以解决实际问题的科学，包括信息电子技术和电力电子技术两大分支。电子技术是对电子信号进行处理的技术，处理的方式主要有信号的发生、放大、滤波、转换。

2. 基本电路元件

电路是现代电子设备中不可或缺的组成部分，而电路的基本元器件就是构成电路的基本单元。电路基本元器件包括电阻、电容、电感、二极管、三极管等。

二、信息电子技术

信息电子技术是一个跨学科的综合性领域，它将电子、信息、通信和计算机等多个领域融为一体，形成了一种强大的技术体系。这一技术体系在推动社会进步和发展的过程中发挥着至关重要的作用。

信息电子技术包括模拟和数字两种电子技术。

1. 模拟电子技术

模拟电子技术是一种以连续变化的信号为基础的电子技术，其处理的信号更接近自然界中的真实信号，如声音、图像等。模拟电子技术的关键电子器件是半导体器件，主要研究方向为运算放大电路、功率放大电路、电源稳压电路、反馈放大电路、信号产生电路等。

（1）半导体器件。其是电子电路的核心，半导体器件自诞生以来，经历了分立元件、集成电路、大规模集成电路和超大规模集成电路的发展历程。最基本的半导体器件是晶体二极管、双极型晶体管（三极管）和单极型晶体管（又称场效应管）等。

（2）基本电路

1）放大电路。其是电子技术中应用十分广泛的一种单元电路。所谓"放大"，是指将一个微弱的电信号通过某种装置，得到一个波形与该微弱信号相同但幅值却大很多的输出信号，如图 2-3 所示。

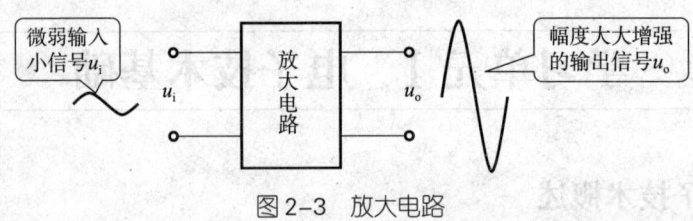

图 2-3 放大电路

放大电路的放大作用，实质是把直流电源的能量转移给输出信号。输入信号的作用则是控制这种转移，使放大电路输出信号的变化重复或反映输入信号的变化。

放大电路的核心元件是晶体管，因此，放大电路若要实现对输入小信号的放大作用，必须保证晶体管工作在放大区。

2）集成运算放大电路。在半导体制造工艺基础上，把整个电路中的元器件制作在一块硅基片上，构成特定功能的电子电路，称为集成电路（英文简称 IC）。集成电路的体积很小，但性能却很好。集成电路的技术目前已深入到工农业、日常生活及科技领域的产品中。

集成运算放大器简称集成运放，是一种多端集成电路。集成运放是一种价格低廉、用途广泛的电子器件。早期的集成运放主要用来完成模拟信号的求和、微分和积分等运算，故称为运算放大器。现在的集成运放的应用已远远超过运算的范围。它在通信、控制和测量等设备中得到广泛应用。常见集成运放的封装形式，如图 2-4 所示。

图 2-4 集成运放的封装形式

2. 数字电子技术

数字电路是对数字信号进行存储、运算、处理的电子电路。所谓数字信号，是指描述数字物理量的信号，而数字物理量是指在时间上和数量上都取离散值的物理量。在自然界中，这一类物理量的变化总是发生在一系列离散的瞬间，在时间上不连续；而它们的取值和相对的增减变化都是某一个最小计量单位的整数倍，小于该最小计量单位的数值没有物理意义。例如，统计通过某一路口的人数，得到的就是数字物理量，通过路口的人数在时间上是不连续的，在数量上总是最小计量单位 1 的整数倍，小于 1 的数值没有任何物理意义。

随着计算机技术和数字存储技术的飞速发展，用数字电路对信号进行处理体现出越来越突出的优势，利用数字的方法对海量数据进行存储、传输、运算和处理，可加速推动人类社会进入信息时代。为更好地发挥和利用数字电路在信号处理上的超强优势，通常可以将模拟信号按照一定规则转换为数字信号，然后利用包括通用计算机、专用数字信号处理器、并行可编程数字运算电路等在内的各种数字电路对其进行处理，最后再根据需要将处理结果按照一定规则转换为模拟信号输出。

在实际使用上，数字信号通常是由数码形式表示的。

思考题

1. 简述什么是数字信号。
2. 放大电路中，所谓"放大"指的是什么？

学习单元 2　微控制单元

一、微控制单元概述

微控制单元（Microcontroller Unit，MCU）是一种集成了中央处理器（CPU）、存储器（ROM、RAM）和外设接口等功能的单芯片微处理器。

1. 微控制单元特性

（1）小型化。微控制单元集成了多种功能于一个芯片上，尺寸通常只有几毫米，极大地节省了空间。

（2）低功耗。微控制单元通常采用低功耗技术，适用于电池供电的应用，如便携式设备、物联网设备等。

（3）低成本。由于集成了多种功能，微控制单元的制造成本相对较低，适合大规模生产。

（4）独立运行。微控制单元可以独立运行，不需要依赖其他设备，可作为完整系统的核心控制器。

2. 微控制单元的分类

（1）按用途分类

通用型：将可开发的资源（ROM、RAM、I/O、EPROM）等全部提供给用户。

专用型：其硬件和指令是按照某种特定用途设计的，例如录音机机芯控制器、打印机控制器、电动机控制器等。

（2）按基本操作处理的数据位数分类

根据总线或数据暂存器的宽度，单片机分为8位、16位、32位、64位。

1）8位MCU。8位MCU的工作频率在16~50 MHz，强调简单效能、低成本应用，主要用于一般的控制领域，如电表、马达控制器、电动玩具、变频式冷气机、呼叫器、传真机、来电辨识器（Caller ID）、电话录音机、CRT显示器、键盘及USB等。

2）16位MCU。16位MCU的工作频率在24~100 MHz，主要用于16位运算、16/24位寻址能力，部分16位MCU额外提供32位加、减、乘、除的特殊指令，应用于电话、数字相机及摄录放影机等。

3）32位MCU。32位MCU的工作频率大多在100~350 MHz，应用类型也相当多元，用于网络操作、多媒体处理等复杂处理的场合，一般要使用嵌入式操作系统。如Modem、GPS、PDA、HPC、STB、Hub、Bridge、Router、工作站、ISDN电话、激光打印机与彩色传真机。

4）64位MCU。大部分64位MCU应用在高阶工作站、多媒体互动系统、高级电视游乐器（如SEGA的Dreamcast及Nintendo的GameBoy）及高级终端机等。

（3）按内嵌程序存储器类型分类。根据存储器类型，单片机可分为无片内只读存储器型和带片内只读存储器型两种。

（4）按存储器结构分类。根据存储器结构，单片机可分为哈佛结构和冯·诺依曼结构。现在绝大多数单片机是基于冯·诺伊曼结构的，包括四个基本部分：中央处理器核心、存储器、定时/计时器、输入/输出端口，这些都被集成在单个集成电路芯片上。

（5）按指令结构分类。根据指令结构，单片机又分为复杂指令集计算机（Complex Instruction Set Computer，CISC）和精简指令集计算机微控制器（Reduced Instruction Set Computer，RISC）。

二、常见微控制单元

1. ARM 系列

ARM 架构的微控制单元具有 32 位处理器，性能强大，ARM Cortex-M 系列是最受欢迎的微控制单元之一，适用于各种嵌入式应用。

2. MSP430 系列

MSP430 是由德州仪器公司开发的低功耗、高性能的微控制单元，适用于电池供电的应用，如传感器、医疗设备、无线通信等。

3. LoongArch（龙芯）系列

龙芯系列芯片是中国自主研发的计算机处理芯片，目标是实现中国自主可控的信息技术产业发展，减少对国外芯片的依赖。龙芯芯片具有 RISC 架构，以及高性能、低功耗、可靠性强等特点。

2021 年，龙芯中科官网发布消息称，公司正式发布基于自主指令集架构研发的新一代国产 PC 处理器"龙芯 3A5000"，该芯片是首款采用 LoongArch 指令系统的处理器芯片。龙芯 3A5000 充分考虑兼容生态的需求，融合主流指令系统的主要功能特性，实现跨指令平台应用兼容。

龙芯 3A5000 包括了 CPU 核心、内存控制器及相关 PHY、高速 I/O 接口控制器及相关 PHY、锁相环、片内多端口寄存器堆等。

2023 年，"龙芯 3A6000"是龙芯第四代微架构 LA64 的首款产品，面向高端嵌入式计算机、桌面、服务器等应用，采用自主龙芯指令集，4 个物理核心，支持同时多线程技术（SMT2），有 8 个逻辑核心，主频为 2.5 GHz，内存还是双通道 DDR4-3200，而在安全方面集成可信模块，支持安全启动方案和 SM2、SM3、SM4 国密算法。

这些只是常见的微控制单元,在选择微控制单元时,需要考虑应用需求、性能要求、功耗需求以及成本等因素。

三、微控制单元应用场景

微控制单元(MCU)是一种集成电路,具有处理器核心、存储器、输入和输出接口等功能,主要用于控制和监测各种设备和系统。以下是一些微控制单元的应用场景。

1. 智能家居。实现家庭设备的智能控制和联动,可以通过无线通信和互联网连接各种智能设备,实现远程控制和监测,提高家居的舒适性和便利性,如冰箱、洗衣机、空调的控制等。

2. 汽车电子系统。可实时监测车辆的状态,控制引擎的运行,调节车辆的稳定性和安全性,并提供娱乐功能等,如引擎管理、车身控制、娱乐系统控制等。

3. 工业自动化。实现各种设备和系统的精确控制、调节,提高生产效率和质量,如机器人、生产线、仪器仪表等。

4. 医疗设备。监测人体的生理参数,控制和调节医疗设备的运行,确保设备的安全和有效性,如心脏起搏器、血糖仪、血压计等。

总之,微控制单元可以应用于各种需要控制和监测的设备和系统,通过实时响应和精确控制,提高效率、质量和安全性。

思考题

1. 微控制单元的特点有哪些?
2. 常见的微控制单元有哪些?
3. 微控制单元有哪些功能?

学习单元 3 传感器

一、传感器概述

1. 传感器的概念

传感器是一种检测装置，能感受到被测量的信息，并能将感受到的信息按一定规律变换成电信号或其他所需形式的信息输出，以满足信息的传输、处理、存储、显示、记录和控制等要求。传感器是实现自动检测和自动控制的首要环节。

2. 传感器的应用场景

随着科学技术的发展，各行业对传感器的需求量与日俱增。传感器应用已渗透到国民经济的各个领域以及人们的日常生活中。

（1）工业检测和自动控制系统的应用。在石油、化工、电力、钢铁、机械等加工工业中，根据需要完成对各种信息的检测，再把测得的大量信息传输给计算机进行处理，用以进行生产过程、产品质量、工艺管理与安全方面的控制。

（2）智能家居系统的应用。传感器在现代家用电器中得到普遍应用，如自动电饭锅、电子热水器、电视机等。随着物联网技术的发展，智能家居系统中增加监控用的红外报警、气体检测报警等设备，将各种家电联网，形成智能家居系统。

（3）医疗和医学上的应用。传感器可用于监测和记录人体的生理参数，如对人体表面和内部温度、血压及腔内压力、血液及呼吸流量、脑电波等进行精准检测。

（4）环境保护的应用。环境检测仪器在保护环境、防震救灾等方面发挥积极的作用，如可用于检测空气中的有害气体浓度。

（5）智能交通的应用。传感器用于交通流量监测、车辆检测和停车指引系统等，以提高交通的效率和安全性。

（6）智能手机和可穿戴设备的应用。加速度传感器、陀螺仪和光照传感器等常用于智能手机和可穿戴设备中，用于实现自动屏幕旋转、计步、环境亮度调节等功能。

二、传感器的分类及特性

1. 传感器的分类

传感器主要按其工作原理和被测输入量来分类,分类方法见表2-3。

表2-3 传感器的分类

分类法	型式	说明
构成基本效应	物理型、化学型、生物型	分别以转换中的物理效应、化学效应等命名
构成原理	结构性	以其转换元件结构参数特性变化实现信号转换
构成原理	物理型	以其转换元件物理特性变化实现信号转换
能量关系	能量转换型	传感器的输出量直接由被测量能量转换而得
能量关系	能量控制型	传感器输出量能量由外源供给,但受被测输入量控制
作用原理	应变式、电容式、压电式、热电式等	以传感器对信号转换的作用原理命名
输入量	位移、压力、温度、流速、气体等	以被测量命名(按用途分类法)
输出量	模拟式	输出量为模拟信号
输出量	数字式	输出量为数字信号

2. 传感器的特性

(1) 传感器的静态特性

1) 线性度。表征传感器输出-输入校准曲线与所选定的拟合直线之间的吻合(或偏离)程度的指标。

2) 灵敏度。传感器输出量与被测输入量增量之比。

3) 回差(滞后)。反映传感器在正(输入量增大)、反(输入量减小)行程过程中输出-输入曲线的不重合程度的指标。

4) 重复性。衡量传感器在同一条件下,输入量按同一方向做全量程连续多次变动时,所得特性曲线间的一致性程度的指标。

5) 分辨率。传感器在规定测量范围内所能检测出的被测输入量的最小变化量。

6) 阈值。能使传感器输出端产生可测变化量的最小被测输入量值。

7）稳定性。传感器在相当长时间内仍保持其性能的能力。

8）漂移。在一定时间间隔内，传感器输出量存在着与被测输入量无关的、不需要的变化。漂移包括零点漂移与灵敏度漂移。

9）静态误差。又称精度，是评价传感器静态性能的综合性指标，指传感器在满量程内任一点输出值相对其理论值的可能偏离（逼近）程度。

10）精确度。与精确度有关的指标是精密度和准确度。精确度是精密度和准确度两者的总和，精确度表示精密度和准确度都高。精密度表示传感器输出值与真值的偏离程度。

（2）传感器的动态特性。动态特性是反映传感器随时间变化的输入量的响应特性，用于分析其动态误差。动态特性包括两个部分：

1）输出量达到稳定状态以后与理想输出量之间的差别。

2）当输入量发生跃变时，输出量由一个稳态到另一个稳态之间的过渡状态中的误差。

思考题

1. 什么是传感器？
2. 传感器的特性主要有哪些？
3. 举2~3个例子说明您所了解的传感器主要有哪些应用场景。

培训课程 3 基础软件

学习单元 1 网络操作系统

一、网络操作系统概述

1. 网络操作系统基础概念

（1）操作系统定义。从第一台计算机诞生以来，计算机硬件系统和软件系统相互协同快速发展，其中计算机软件系统能提供用户接口，弥补硬件系统的差异性，合理地组织规范计算机工作流程，高效地分配计算机系统资源，提高计算机系统效率。计算机软件系统分为系统软件、支撑软件和应用软件，系统软件是能控制和协调计算机硬件系统以及支撑应用软件开发和运行的一类计算机软件，如图2-5所示。系统软件又分为操作系统、数据库、程序设计语言和网络管理。

```
应用软件
支撑软件
系统软件（操作系统）
计算机硬件
```

图 2-5 系统软件层次定位

操作系统是管理和控制硬件设备、软件资源以及提供公共服务的系统软件程序。操作系统是计算机软件的核心，是计算机系统的控制中心。操作系统位于计算机硬件层之上、应用软件层之下，给用户提供各项服务以及对各项资源板块开展调度工作。操作系统分类如下。

1）根据应用领域分类。根据操作系统应用领域划分可分为桌面操作系统、服务器操作系统、嵌入式（终端）操作系统。

2）根据处理方式分类

①批处理操作系统。将多个用户作业组成一批作业输入到计算机系统中执行，从而提高执行效率。

②分时操作系统。采用时间片轮转方式处理用户请求，由于每个时间片占用时间较短，用户并不能感知其他用户的存在，因此，可以支持多用户同时使用一台计算。

③实时操作系统。在规定时间内完成事件请求，并控制所有实时设备和实时任务协调工作。

④分布式操作系统。运行在大量互联在一起的计算机设备上而形成的一个分布式计算环境。分布式操作系统主要特性包括分布性、透明性、可拓展性、可靠性和安全性。

（2）网络操作系统的定义。网络操作系统是专门用于管理和控制网络资源的操作系统，具有网络资源管理、网络通信协议支持、远程管理与控制、故障检测与恢复等功能。网络操作系统能够有效地共享网络资源，为用户提供各类服务。

（3）网络操作系统功能

1）处理器管理。网络操作系统通过进程或线程来动态管理程序与处理器之间的执行过程，从而提高硬件和软件资源利用率。

2）存储管理。程序在执行时必须先映射成绝对地址并装入内存。网络操作系统可以高效管理存储，实现存储分配、存储共享、存储保护和存储扩展等。

3）设备管理。网络操作系统能够把硬件设备特质进行隐藏，用户可以简便控制与处理硬件设备。网络操作系统可以实现输入/输出管理、设备控制与处理、缓冲区管理、设备分配和驱动调度等。

4）文件管理。网络操作系统对存储设备的物理属性进行了抽象，定义了逻辑存储单元，并将文件映射到这些介质上。常见功能包括文件存储、文件管理、文件映射等。

5）用户接口管理。网络操作系统提供友好的用户接口，方便用户便捷调用操作系统功能，有效组织任务和处理流程。通常，网络操作系统用户接口包含命令接口和程序接口两大类。

6）提供网络服务。网络操作系统能提供高效、可靠的网络通信能力，以及提供多种网络服务功能，如远程作业录入并进行处理的服务功能、文件传输服务功能、电子邮件服务功能、远程打印服务功能等。

7）其他功能。除了传统功能，操作系统在发展中还不断融入新技术以满足用户特定需求，如迭代更新系统安全、网络通信、驱动程序等。

2. 主流网络操作系统产品

（1）Windows Server 操作系统。微软公司旗下的 Windows Server 系列网络操作系统产品在服务器领域中占有一定的市场份额，目前 Windows Server 系列版本有 Windows Server 2022、Windows Server 2019、Windows Server 2016、Windows Server 2012 等。除此之外，Windows 系列产品还包含个人操作系统版本（Windows 11 等）、手机版本（Windows Phone 等）、嵌入式版本（Windows CE）等。Windows Server 2022 操作系统界面如图 2-6 所示。

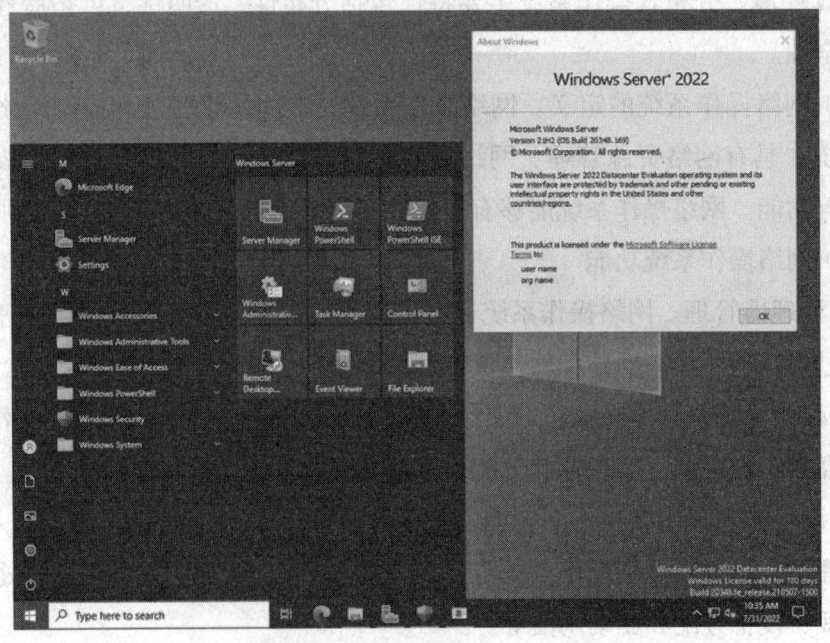

图 2-6　Windows Server 2022 操作系统界面

（2）UNIX 操作系统。UNIX 操作系统是一个多用户、多任务的操作系统，最早问世于 20 世纪 70 年代初。UNIX 系统在结构上分为核心程序（Kernel）和外围程序（Shell）两部分，UNIX 操作系统典型代表产品有 Oracle Solaris、IBM AIX、HP-UX 等。Oracle Solaris 操作系统界面如图 2-7 所示。

图 2-7 Oracle Solaris 操作系统界面

（3）Linux 操作系统。Linux 是一种类 UNIX 操作系统。目前 Linux 有上百种不同的发行版本，典型的 Linux 产品包括 Ubuntu、Red Hat Enterprise Linux、红旗 Linux 等。红旗 Linux 操作系统界面如图 2-8 所示。

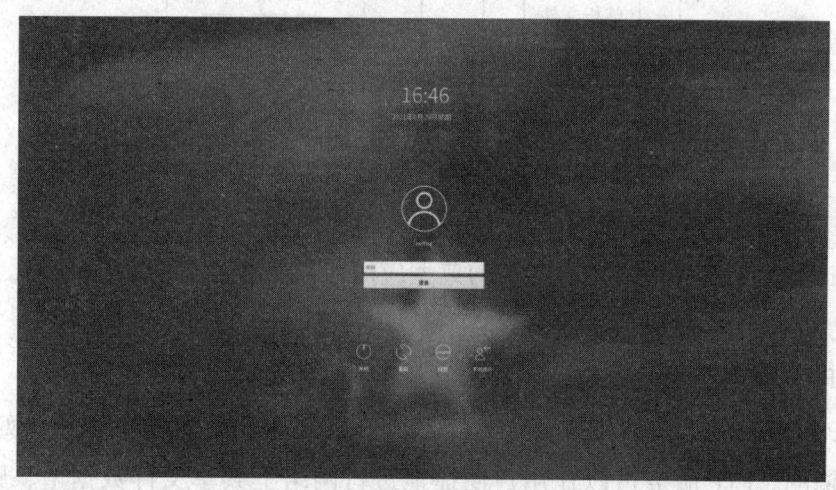

图 2-8 红旗 Linux 操作系统界面

二、网络操作系统典型应用

在数字化解决方案中，企业应用程序的部署形式是一个重要考虑因素，目前，大部分企业级应用程序都部署在网络操作系统之上。网络操作系统提供的典型服务包括 Web 服务、FTP 服务、DNS 服务、DHCP 服务等。

1. Web 服务应用

Web 服务是一种面向浏览器／服务器（Browser/Server）的应用程序架构技术。它采用 Internet 标准通信协议，用户可以使用浏览器等工具快速在网络间不同设备中相互提供数据交互和处理信息数据。客户机可以直接使用操作系统自带的浏览器与服务器进行数据交互，无须再安装客户端应用软件，这简化了应用程序的开发与维护。浏览器／服务器工作流程是客户端使用浏览器访问 Web 服务器地址，Web 服务器接收请求后解析请求服务内容，再返回 HTML 文件到客户机上，客户机解析 HTML 文件后在浏览器中显示服务器反馈内容，如图 2-9 所示。

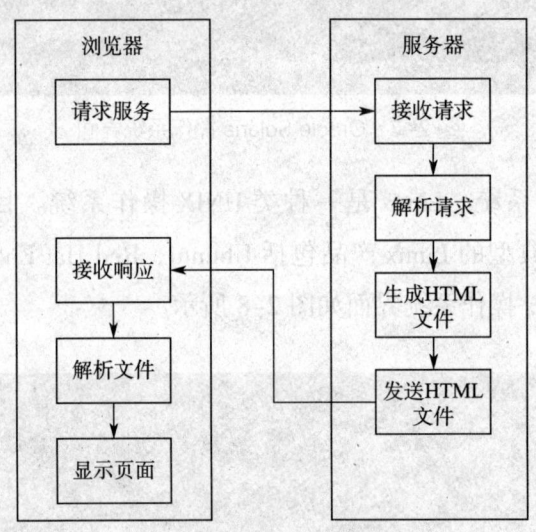

图 2-9 Browser/Server 工作结构

Web 服务在数字化解决方案中的典型应用包括为企业信息管理系统、设备管理系统、办公自动化等应用服务。

2. FTP 服务应用

FTP 服务是基于文件传输协议（File Transfer Protocol，简称 FTP）来实现网络文件传输的。FTP 服务可以让用户便捷地进行网络上共享文件数据增、删、改、查等操作，实现网络间不同设备目录管理和数据共享等功能。FTP 服务由客户端和服务器组成，客户端通过互联网连接技术在两者间建立两条连接，即传输连接和控制连接，如图 2-10 所示。当客户端发送请求到服务器时，服务器将确认是否能建立控制与传输连接，如果满足客户要求，客户端与服务器将建立交互会话。

在数字化解决方案中，FTP 典型服务包括文件共享、数据备份、网络存储等。FTP 服务能提高文件传输与管理效率，使用户管理数据信息更加便捷和高效。

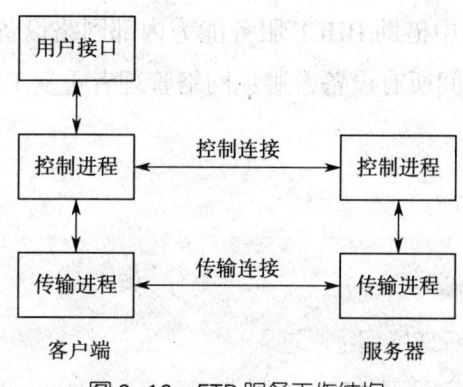

图 2-10　FTP 服务工作结构

3. DNS 服务应用

DNS 服务又称域名系统，是将网络域名与 IP 地址相互映射的一项服务。域名与 IP 地址之间的转换工作称为域名解析，域名解析过程是：用户先输入要访问的域名地址，然后域名服务器从数据库中找到该域名对应的 IP 地址，最后将用户重新定向到 IP 地址对应的服务器上并完成访问。

DNS 服务主要是为了方便用户用更加直观的标识符代替 IP 地址访问 Web 服务应用。例如，使用 IP 地址访问 Web 网站时用户很难记住 IP 地址，可借助网站域名地址访问 Web 服务。相比 IP 地址来说，域名系统能让用户直观地查看和记忆访问地址。

4. DHCP 服务应用

DHCP 服务是基于动态主机配置协议（Dynamic Host Configuration Protocol，简称 DHCP）来动态分配 IP 地址和配置信息，用于管理网络间设备的应用。DHCP 服务采用 UDP 协议作为传输协议，客户端发送消息到 DHCP 服务器的 67 号端口，服务器则返回消息给客户端的 68 号端口。DHCP 服务把要分配管理的 IP 地址存储在地址池中，如图 2-11 所示。为了提高 IP 地址利用率，DHCP 服务还提供了租约概念，也称计算机 IP 地址的有效期。租用时间是不定的，具体取决于 DHCP 服务器的配置。

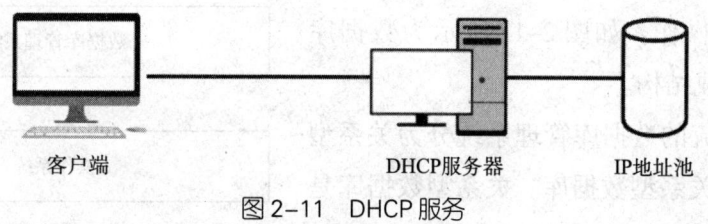

图 2-11　DHCP 服务

在数字化解决方案中借助 DHCP 服务能为内部网络设备分配 IP 地址，方便网络管理者统一管理网络间所有设备，避免网络管理者重复工作，提高资源利用率。

思考题

1. 什么是网络操作系统？
2. 网络操作系统功能包括哪些？
3. 常见服务器应用服务有哪些？

学习单元 2　数据库

一、数据库概述

1. 数据库基础概念

（1）数据库的定义。数据库是一个长期存储在计算机内、有组织、可共享、统一管理的数据集合。数据库管理系统是对数据集合进行管理的软件系统，它由一组计算机程序构成，数据库管理系统位于用户和操作系统之间。数字化解决方案中，信息数据大部分通过数据库管理系统进行存储与管理。这可以有效降低数据冗余度、提高数据独立性。

数据库管理系统主要由数据库、软件系统、用户三部分组成。数据库主要负责对数据存储、管理、共享；软件系统主要负责数据库管理系统、操作系统以及应用系统相互衔接；用户主要负责对数据进行使用、维护、重构等操作。如图 2-12 所示为数据库管理系统组成结构。

目前主流的数据库管理系统分为关系型数据库和非关系型数据库。关系型数据库是由二维表及其之间的关系组成的一个数据组

图 2-12　数据库管理系统组成结构

织。典型的关系型数据库产品有 Oracle、SQLServer、MySQL、华为 GaussDB 等。如图 2-13 所示为华为数据库管理系统。

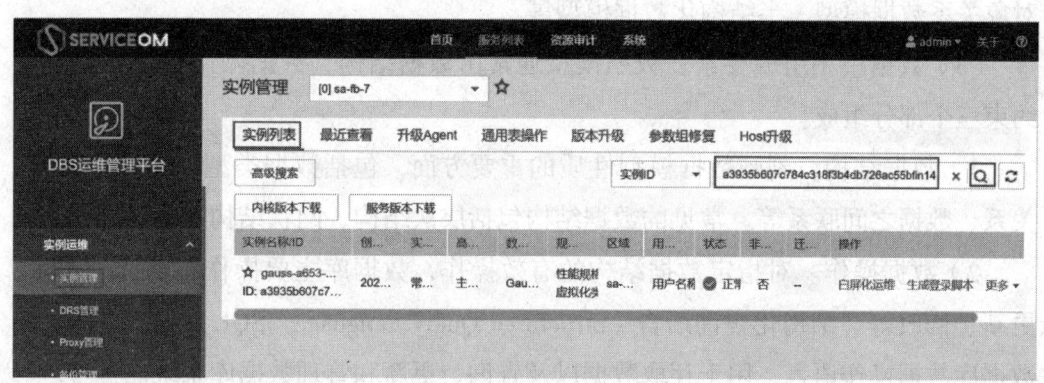

图 2-13 华为数据库管理系统

非关系型数据库是分布式的、非关系型的、不保证遵循数据库事务处理的四个基本原则（ACID）的数据存储系统。典型非关系型数据库产品有 Membase、MongoDB 等。

（2）数据模型。其是对现实世界数据特征的抽象，也是数据库管理系统的核心和基础。数据模型通常是由数据结构、数据操作和完整性约束三个要素组成的。数字化解决方案中，需要把具体事物转换成计算机能够存储的数据。这时就需要使用数据模型这个工具来抽象、表示和处理。根据数据模型应用不同，可将模型划分为概念模型和逻辑模型两大类。

1）概念模型。其又称信息模型，是按用户的观点对数据和信息建模，主要用于数据设计中。概念模型是对信息世界建模，能方便、准确地表示信息世界，把现实世界抽象为信息世界，主要内容包括：

①实体。客观存在并可相互区别的事物称为实体。如一个学生、一个部门、一门课程等。

②属性。实体所具有的某一特性称为属性。如学生实体可由姓名、年龄、学号等属性组成。

③码。唯一标识实体的属性集。如学号是学生实体的码。

④实体型。用实体及其属性抽象和刻画同类实体，称为实体型。

⑤实体集。同一类实体的集合称为实体集。如全体学生就是一个实体集。

⑥联系。不同实体集之间的联系，常见实体之间的联系有一对一、一对多和多对多等类型。

2）逻辑模型。其按计算机系统的观点对数据建模，主要用于数据库管理系统的实现。逻辑模型主要包括层次模型、网状模型、关系模型、面向对象数据模型、对象关系数据模型、半结构化数据模型等。

（3）数据模型组成要素。数据模型通常由数据结构、数据操作和数据完整性约束三个部分组成。

1）数据结构。刻画数据模型性质的重要方面，包括数据类型、内容、性质、关系、数据之间联系等。常见的数据结构包括层次结构、网状结构和关系结构。

2）数据操作。对指定数据结构的有效操作，数据库主要操作有查询、删除、更新、修改等。结构化查询语言（Structured Query Language，SQL）是一种关系型数据库数据操作语言，用于存取数据以及查询、更新和管理数据库系统。

3）数据完整性约束。数据完整性规则的集合，定义了数据模型中数据的所有制约和规则，从而保证数据库中数据的正确性、有效性和相容性。

2. 数据库系统结构

主流的数据库产品种类繁多，但大多数数据库系统采用三级模式结构，分别是模式、外模式和内模式，如图2-14所示。

（1）模式。对数据库中数据的整体逻辑结构和特征的描述，能定义数据的逻辑结构、安全性、完整性和数据之间的联系等。模式是数据库系统模式结构的中间层，是数据库在逻辑上的视图，一个数据库只有一个模式。数据库管理系统提供模式数据定义语言来严格地定义模式。

（2）外模式。数据库用户看见和使用的局部数据逻辑结构和特征描述。外模式通常是模式子集，一个数据库可以有多个外模式，但一个应用程序只能使用一个外模式。外模式能保证数据库安全，每个用户只能看见和访问所对应的外模式中的数据。数据库管理系统提供外模式数据定义语言来严格定义外模式。

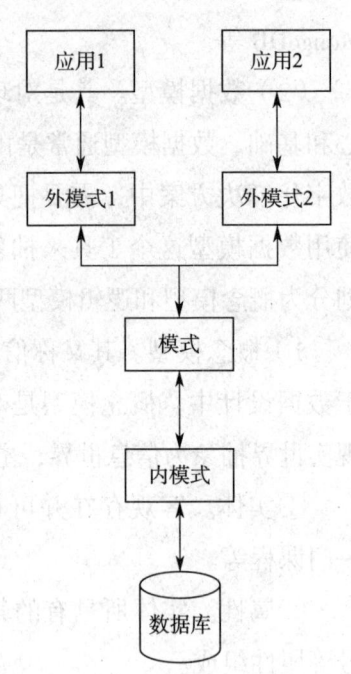

图2-14 数据库系统三级模式结构

（3）内模式。数据在数据库内部的表示方式，也是物理结构和存储方式的描述，一个数据库只有一个内模式。内模式常用于记录数据存储、数据加密、数据索引等。

二、数据库典型应用场景

在数字化解决方案设计中数据库应用场景非常广泛，其能长期存储、共享、管理信息数据。数据库可以存储物联网接入层采集到的各类传感器数据、存储企业网站数据信息、管理分析数据库中数据等。

思考题

1. 什么是数据库？
2. 数据模型组成要素有哪些？
3. 什么是关系数据库？

学习单元3　中间件

一、中间件概述

1. 中间件基础概念

中间件是介于应用系统和系统软件之间的一类软件，它使用系统软件所提供的基础服务，衔接网络上应用系统的各个部分或不同的应用。应用软件可以借助中间件在不同的技术架构之间共享信息与资源。中间件位于客户机服务器的操作系统之上，管理着计算资源和网络通信，实现资源共享、功能共享。

2. 中间件技术

（1）消息队列中间件。用于解耦应用程序之间的通信，实现异步消息传递和发布/订阅模式。

（2）数据库中间件。用于将数据库请求分发到多个数据库实例上，提高数据库的可扩展性和性能。

（3）Web中间件。用于处理HTTP请求和响应，实现负载均衡、反向代理、静态文件缓存等功能。

（4）事务中间件。用于管理分布式事务，确保多个应用程序之间的一致性。

（5）缓存中间件。用于存储和管理应用程序的缓存数据，提高数据访问的性能和吞吐量。

（6）搜索引擎中间件。用于实现全文搜索和数据分析功能，提供高效的搜索和检索能力。

（7）容器化中间件。用于实现应用程序的容器化部署和管理，提供跨平台、高可用的应用运行环境。

二、中间件典型应用场景

1. 中间件与电子商务整合

互联网是电子商务发展的基础，商户可以通过它把商业扩展到任何地方。这其中离不开大量的信息传输，而电子商务则使用了浏览器/服务器模式的技术来达到处理大量数据的目的。

2. 中间件在 B/S 模式中的架构

中间件在 B/S 模式下起到了功能层的作用。当用户从 Web 界面向服务器提交了数据请求或者应用请求时，功能层负责将这些请求分类为数据或应用请求。对于数据请求、功能层会向数据库发出数据交换申请。数据库对请求进行筛选处理之后，再将所需的数据通过功能层传递回到用户端。对于应用请求，功能层会根据请求的具体内容进行处理。通过这种模式，单个用户可以进行点对面的操作，无须通过其他软件进行数据转换。

思考题

1. 什么是中间件？
2. Web 中间件技术包含哪些功能？
3. 容器化中间件包含什么功能？

学习单元 4　数据结构与算法

一、数据结构概述

1. 数据结构基础概念

（1）数据结构定义。数据结构是数据的组织形式，它是数据元素之间存在的一种或多种特定关系的数据元素集合。数据结构是介于数学、计算机硬件和计算机软件三者之间的技术，数据结构与计算机软件的研究有着密切关系。

1）数据项。数据结构中的最小标识单位，是描述客观事物的符号。如字符串、声音、图像、视频等都属于数据项。

2）数据元素。由若干个数据项组成，是数据项的基本单位。如某单位的员工基本情况表中的姓名、年龄、工号等都是数据元素。

3）数据对象。具有相同数据元素的集合。如某单位员工姓名的数据对象集合 N={"张三"，"李四"，……}。

4）数据结构。相互之间根据一种或多种特定关系存储的数据元素集合，如图 2-15 所示为学校组织结构。

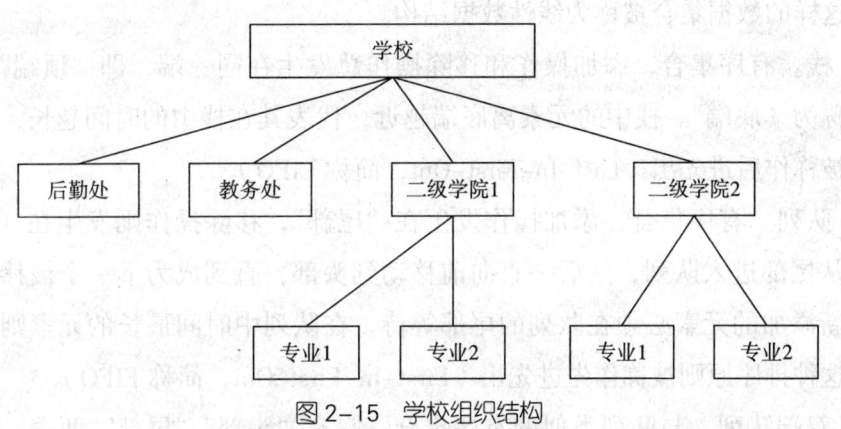

图 2-15　学校组织结构

（2）数据类型。用于限定数据的取值范围和规定数据能够进行的操作运算。例如，在计算机程序设计中可以使用数据类型来限制变量的取值范围和操作运算。数据类型可分为非结构的原子类型和结构类型。原子类型是不可再分的基本类型，如整型、布尔型等；结构类型是可再分的类型，如列表、集合等。

（3）逻辑与存储结构。数据结构的主要任务是分析数据对的结构特征，并表示成计算机可实现的物理结构。

1）逻辑结构。指在数据对象中数据元素之间的相互关系。

①集合。指数据元素都属于同一集合，数据元素之间没有其他关系。如放在容器中的球，每个球之间都属于同一个容器，但元素之间无关系，这些球构成一个集合结构。

②线性结构。数据元素之间存在一对一的关系。如高铁时刻表，各列车之间出发顺序存在先后次序，这些列车构成线性结构。

③层次结构。数据元素之间存在一对多的关系。如一个高校机构包含二级学院、系部、教研室等。

④网状结构。数据元素之间存在多对多的关系。如铁路网络中各个道路连接成一个复杂的网状结构。

2）存储结构。数据的逻辑结构在计算机中的存储形式。存储结构通常有顺序存储结构和链式存储结构。顺序存储结构是把数据元素存放在一组地址连续的存储单元里，数据元素之间的逻辑和物理关系一致；链式存储结构是把数据元素存放在任意的存储单元里。

2. 典型数据结构

（1）线性数据结构。当元素被添加进来时，它与前后元素的相对位置将保持不变，这样的数据集合被称为线性数据结构。

1）栈。有序集合，添加操作和移除操作总发生在同一端，即"顶端"，另一端则被称为"底端"。栈中的元素离底端越近，代表其在栈中的时间越长，这种排序原则被称作后进先出（Last-In-First-Out，简称 LIFO）。

2）队列。有序集合，添加操作发生在"尾部"，移除操作则发生在"头部"。新元素从尾部进入队列，然后一直向前移动到头部，直到成为下一个被移除的元素。最新添加的元素必须在队列的尾部等待，在队列中时间最长的元素则排在最前面。这种排序原则被称作先进先出（First-In-First-Out，简称 FIFO）。

3）双端队列。与队列类似的有序集合，它有"头部""尾部"两端，元素在其中保持自己的位置。与队列不同的是，双端队列对在哪一端添加和移除元素没有任何限制。新元素既可以被添加到前端，也可以被添加到后端。同理，已有的元素也能从任意一端移除。某种意义上，双端队列是栈和队列的结合。

4）数组。元素集合中的每一个元素都有一个相对于其他元素的位置，可以认为数组有第一个元素、第二个元素等，也可以称第一个元素为起点、最后一个元素为终点。

（2）非线性数据结构。各个数据元素不再保持在一个线性序列中，每个数据元素可能与零个或者多个其他数据元素发生联系。根据关系的不同，非线性数据结构可分为层次结构和群结构。

1）树。树数据结构由链接在一起的各种节点组成。树的结构是分层的，形成了类似于父子的关系。树的结构是这样形成的，即每个父子节点关系都有一个连接。从根到树中的节点之间应该只存在一条路径。根据其结构，存在各种类型的树，例如平衡二叉树（AVL 树）、二叉树、二叉搜索树（BST 树）等。

2）图。由一定数量的顶点和边组成的非线性数据结构类型。顶点或节点参与存储数据，边显示顶点关系。图与树之间的区别在于，在图中节点的连接没有特定的规则。

二、算法概述

1. 算法基础概念

算法与数据结构关系非常紧密，在算法设计时，总是先要确定相应的数据结构，再讨论某一种数据结构时，也必然会涉及相应的算法。

（1）算法定义。算法是一种求解问题的思维方式，是解决问题的方法和步骤。

（2）算法特征

1）有穷性。算法必须保证执行有限步骤之后结束。

2）确定性。算法的每一步必须有确切的定义，即无二义性，且在任何条件下，算法只有唯一执行路径。

3）可执行。算法中的每一步都可以实现基本运算。

4）输入。算法具有零个或多个输入。

5）输出。算法具有一个或多个输出。

（3）算法描述。算法的描述大致分为自然语言描述、框图算法描述、伪代码算法描述、高级程序设计等。

2. 典型算法

算法思想有很多，常用算法思想有枚举、递归、分治、贪心、回溯等。

（1）枚举算法。将问题所有可能的答案全部列举，然后根据条件判断此答案是否合适，如果合适将保留，否则丢弃。

（2）递归算法。把问题转化为规模缩小的同类问题的子问题，然后再直接或间接地调用。一般递归算法通过函数或子过程来实现。

（3）分治算法。先把问题分解成几个较小的子问题，找到求出这几个子问题的解决方法后，再找到合适的方式把他们组合成求整个大问题的解。

（4）贪心算法。求解问题总是做出在当前看来是最好的选择，不从整体最优上加以考虑，贪心算法能得到在某种意义上的局部最优解。

（5）回溯算法。一种选优搜索法，按选优条件向前搜索，以达到目标。实际上回溯算法类似枚举的搜索尝试过程。

思考题

1. 什么是数据结构？
2. 什么是算法？
3. 数据结构中是一对一关系的结构指的是什么？

培训课程 4

计算机网络技术基础

学习单元1 计算机网络

一、计算机网络概述

1. 计算机网络基础概念

（1）计算机网络的定义。计算机网络是指将多台计算机和设备通过通信设备和通信线路连接起来，在网络操作系统的控制下，按照约定的通信协议进行信息交换，以实现数据和信息的传输、共享和交换的系统。

（2）计算机网络的分类。依据问题的描述角度不同，计算机网络一般可以从下面几个角度进行分类。按照网络工作方式可以分为集中式网络和分布式网络；按照网络的覆盖范围可以分为局域网（LAN）、城域网（MAN）、广域网（WAN）；按照网络传输技术可以分为广播式网络和点到点式网络；按照网络传输介质可以分为有线网络和无线网络；按照网络拓扑结构可以分为树型网络、网状网络、星型网络、总线型网络、环形网络。

2. 计算机网络组成

按照逻辑结构，计算机网络可以分成两个子网：资源子网和通信子网，如图2-16所示。

资源子网主要负责信息处理业务，提供计算和存储资源，用于支持各种应用和服务，向全网用户提供各种网络资源与网络服务，由主机、服务器、终端、存储设备、各种软件资源等外围设备组成。

通信子网主要承担全网的数据传输、交换、路由等通信处理工作，使得不同的计算机和设备能够相互通信和交换数据，由各种通信控制设备、通信传输设备

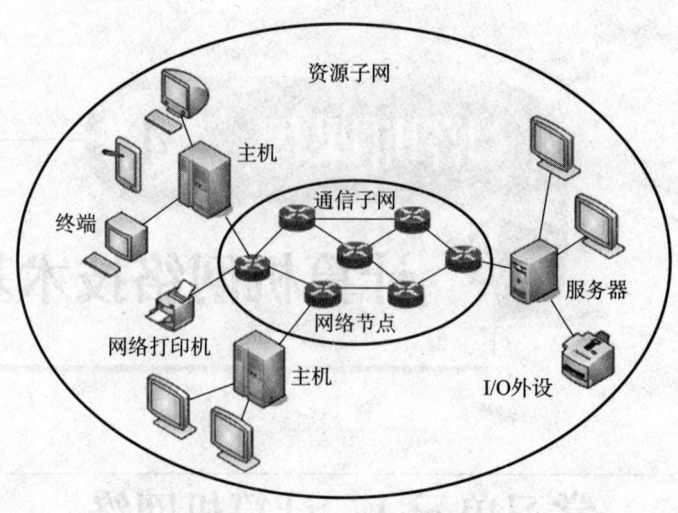

图 2-16 计算机网络的组成

（如路由器、交换机等）及通信线路（如光纤、无线电波）等组成。

资源子网和通信子网相互依赖，共同构成了一个完整的计算机网络。资源子网提供了计算和存储能力，支持各种应用和服务的运行。通信子网则负责数据的传输和路由，使得资源子网中的设备能够相互通信和交换数据。

3. 计算机网络拓扑（Network Topology）结构

计算机网络拓扑结构是指用通信介质互联各种设备的物理布局。它将网络设备抽象为"节点"（Node），将通信介质抽象为"链路"，由节点和链路构成的抽象结构就是网络拓扑结构。常见的网络拓扑结构有树型、星型、环型、网状型、总线型、混合型等，其中常用的是树型和混合型，如图 2-17 所示。

（1）树型结构网络。一般用于组织结构较为清晰的场景，如公司的组织架构、学校的班级结构等。

（2）星型结构网络。一般用于集中式管理和控制的场景，如家庭中的无线路由器连接多个设备、企业中的服务器连接多个终端等。

（3）环型结构网络。一般用于需要循环传递信息的场景，如计算机网络中的令牌环（Token Ring）协议、传感器网络中的数据采集等。

（4）网状型结构网络。一般用于需要高度互联和冗余的场景，如互联网中的多层路由器互联、大规模传感器网络中的节点互联等。

（5）总线型结构网络。一般用于需要多个设备共享同一条通信线路的场景，如计算机内部的总线连接多个设备、工业自动化中的现场总线等。

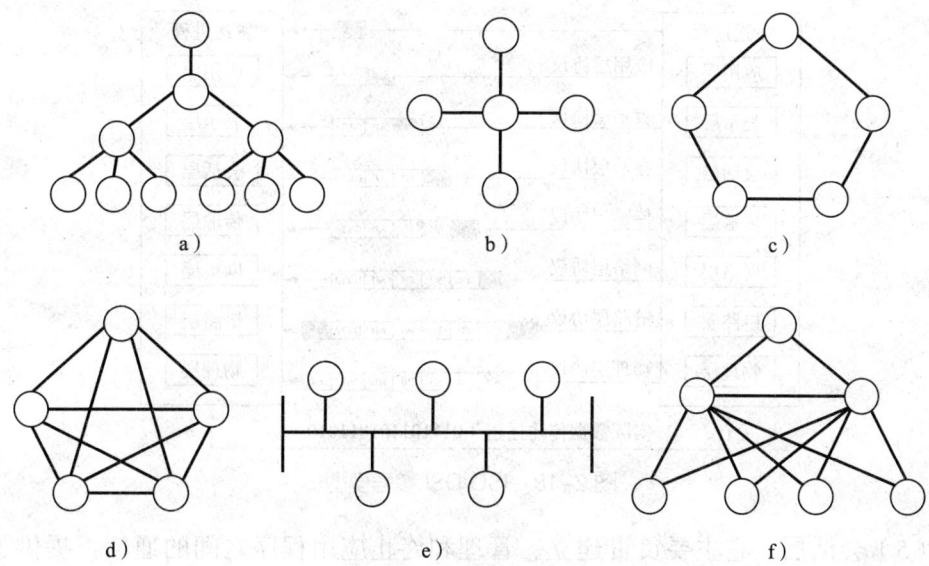

图 2-17 网络拓扑结构
a）树型 b）星型 c）环型 d）网状型 e）总线型 f）混合型

（6）混合型结构网络。一般用于复杂的场景，结合了不同拓扑结构的特点，如大型企业网络中的分支机构网络、数据中心网络等。

二、计算机网络体系结构

计算机网络体系结构是指计算机网络层次结构模型。它是由各层协议以及层次之间的端口组成的。计算机网络体系结构分为三种：七层体系结构（ISO/OSI）、四层体系结构（TCP/IP）、五层体系结构。其中，应用最为广泛的是四层体系结构。

1. 七层体系结构（ISO/OSI）参考模型

ISO/OSI 参考模型是国际标准化组织（ISO）提出的网络体系结构模型，也称开放系统互联参考模型（OSI/RM）。ISO/OSI 参考模型如图 2-18 所示。

（1）物理层。它主要负责传输比特流（0 和 1），定义了数据的电气特性、物理介质和接口规范等。

（2）链路层。它主要负责在物理层的基础上建立数据链路，提供了错误检测、流量控制等功能。

（3）网络层。它主要负责数据的路由选择和转发，实现了不同网络之间的互联。

（4）传输层。它主要负责数据的可靠传输和数据流的控制，定义了各种协议（如 TCP、UDP）以及拥塞控制、流量控制等机制。

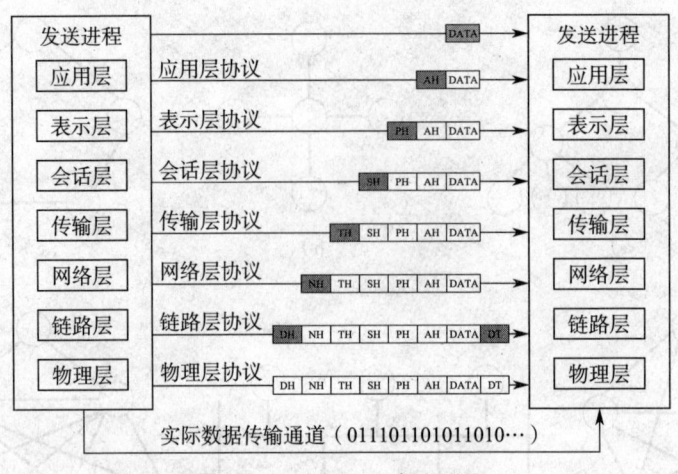

图 2-18 ISO/OSI 参考模型

（5）会话层。它主要负责建立、管理和终止应用程序之间的通信，提供了安全认证、加密和压缩等功能。

（6）表示层。它主要负责数据的格式转换和编码解码，将计算机内部的数据格式转换为网络能够识别的格式，并将网络上接收到的数据转换成计算机内部可以处理的格式。

（7）应用层。其是用户使用的应用程序所在的层次，它提供了各种网络应用的服务，如电子邮件、文件传输、远程登录等。

2. 四层体系结构（TCP/IP）参考模型

TCP/IP 参考模型是互联网通信协议的基础架构，如图 2-19 所示。它由两个主要协议组成：传输控制协议（TCP）和互联网协议（IP）。TCP/IP 参考模型分为四个层次：网络接口层、网络层、传输层和应用层。

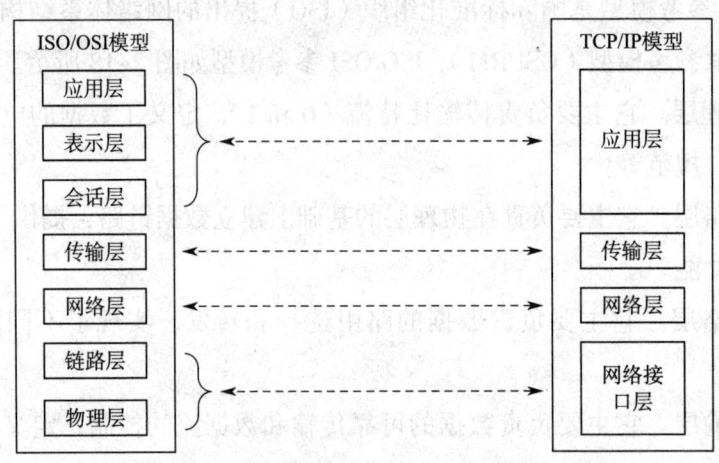

图 2-19 ISO/OSI 模型与 TCP/IP 参考模型对比

（1）网络接口层。其是最底层的层次，它定义了计算机和网络之间的物理连接。它处理硬件设备的驱动程序、网卡的传输和接收数据包的工作。

（2）网络层。负责将数据包从一个节点传输到另一个节点。它使用 IP 协议来处理数据包的路由和数据包的寻址，确保数据能够通过不同的网络传输。

（3）传输层。定义了通信两端点之间是否需要建立可靠的连接关系，维护连接状态。传输层协议主要是 TCP 和 UDP。TCP 协议提供可靠的、面向连接的数据传输，确保数据的顺序和完整性。UDP 协议则是一种无连接的协议，适用于传输速度要求较高，但容忍数据丢失的应用程序。

（4）应用层。其是与用户进行交互的最高级别的层次，它包含了各种应用协议，如超文本传输协议（HTTP）、文件传输协议（FTP）、简单邮件传输协议（SMTP）等。这些协议定义了应用程序之间的通信方式和数据的格式。

TCP/IP 协议栈定义了一系列的标准协议，如图 2-20 所示。

应用层	Telnet	FTP	TFTP	SNMP
	HTTP	SMTP	DNS	DHCP
传输层	TCP		UDP	
网络层	ICMP		IGMP	
	IP			
数据链路层	PPPoE			
	Ethernet		PPP	
物理层	…			

图 2-20　TCP/IP 协议栈

TCP/IP 协议栈常见的协议包括：

IP：用于在网络中传输数据包的协议，负责数据包的路由和寻址。

TCP：建立在 IP 协议之上的传输层协议，提供可靠的、面向连接的数据传输服务。

UDP：也是建立在 IP 协议之上的传输层协议，提供无连接的数据传输服务，适用于实时性要求较高的应用。

ARP：用于将 IP 地址转换为物理地址（MAC 地址）的协议，实现 IP 地址与物理地址（MAC 地址）的映射。

DNS：用于将域名转换为 IP 地址的协议，实现域名解析功能。

DHCP：一种用于动态分配 IP 地址和其他网络配置信息的协议。

HTTP：用于在 Web 浏览器和 Web 服务器之间传输超文本的协议，负责网页的请求和响应。

FTP：用于在客户端和服务器之间传输文件的协议，支持文件的上传、下载和删除等操作。

PPPoE：一种在以太网上建立点对点连接的协议，常用于宽带接入。

Telnet：一种用于远程登录和远程执行命令的协议。

SNMP：一种用于网络设备管理的协议。

这些协议共同构成了 TCP/IP 协议栈，实现了互联网的通信功能。

学习单元 2　计算机网络数据通信

一、计算机网络数据通信概述

数据通信是依照一定的通信协议，利用数据传输技术将消息由一端向另一端或多端进行有效传输。

1. 数据通信系统模型

信息传递是通过数据通信系统来实现的，一个完整的数据通信系统一般由信源、信宿、通信信道、发送设备、接收设备、噪声组成，如图 2-21 所示。

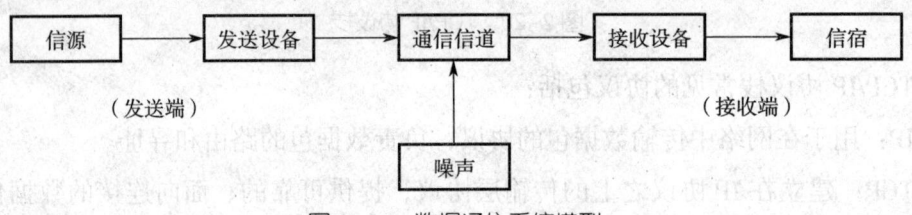

图 2-21　数据通信系统模型

2. 数据通信方式

（1）按传输方向区分

1）单工通信。数据只能在一个方向上进行传输，通信双方只有一个发送方和一个接收方，类似于广播电台的单向传输。

2）半双工通信。数据可以在两个方向上进行传输，但同一时间只能在一个方向上传输，通信双方可以交替发送和接收数据，类似于对讲机的双向传输。

3）全双工通信。数据可以在两个方向上同时进行传输，通信双方可以同时发送和接收数据，互不干扰，类似于电话的双向传输。

（2）按传输的目标范围方式区分

1）广播通信。发送方将数据广播到网络上的所有接收方，接收方可以选择接收或忽略该数据，类似于电视广播的信号传输。

2）组播通信。发送方将数据发送给指定的一组接收方，只有属于该组的接收方可以接收到数据，类似于多人视频会议中的数据传输。

3）单播通信。发送方将数据发送给指定的单个接收方，只有该接收方可以接收到数据，类似于点对点的通信。

4）任播通信。发送方将数据发送给一组接收方中最近的一个接收方。任播通信常用于根据接收方的位置或负载情况选择最合适的接收方进行通信。

（3）按同步方式区分

1）同步通信。发送方将连续的比特流按照预定的速率发送给接收方，接收方必须准确地捕捉到每一个比特，并将其转换为相应的数据符号。这种通信方式要求通信双方具有相同的时钟频率，以便能够精确地同步数据传输。

2）异步通信。发送方可以按照任意的时间间隔发送数据，并且不需要等待接收方的确认信号。这种通信方式通常用于低速、短距离的数据传输，例如电话线路上的语音通信。

3. 传输介质

数据通信传输介质是指在计算机网络中用于传输数据的物理媒介。它是计算机网络的基础设施之一，提供了数据传输的通道。它包括有线传输介质和无线传输介质。

（1）有线传输介质。指使用物理线缆进行数据传输的介质。常见的有线传输介质包括光纤、双绞线、同轴电缆等，其中光纤是目前最常见的传输介质。

1）光纤。一种使用光信号进行数据传输的传输介质，光纤结构由一个或多个玻璃纤维或塑料纤维构成，可以传输光信号。光纤具有大带宽、低损耗和抗电磁干扰等优点，被广泛应用于长距离的高速数据传输。光纤是目前有线通信主要的传输介质，如图 2-22 所示。

2）双绞线。一种常见的有线传输介质，它由两根绝缘的金属线缠绕在一起构成。双绞线可以分为屏蔽双绞线和非屏蔽双绞线。屏蔽双绞线在每对线外面都有一层金属屏蔽层，可以减少电磁干扰。非屏蔽双绞线没有金属屏蔽层，价格相对较低。在布线标准中规定了两种双绞线的线序：T568A 和 T568B。T568A 的线序定义依次为：绿白、绿、橙白、蓝、蓝白、橙、棕白、棕。T568B的线序定义依次为：橙白、橙、绿白、蓝、蓝白、绿、棕白、棕，如图2-23所示。目前，T568B是最常用的线序。

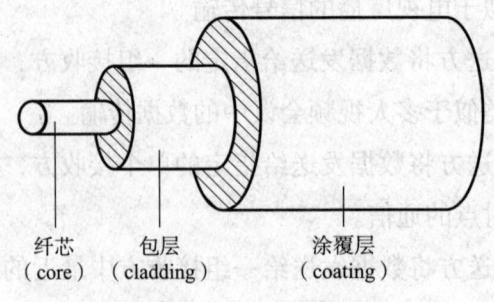

图2-22 光纤结构

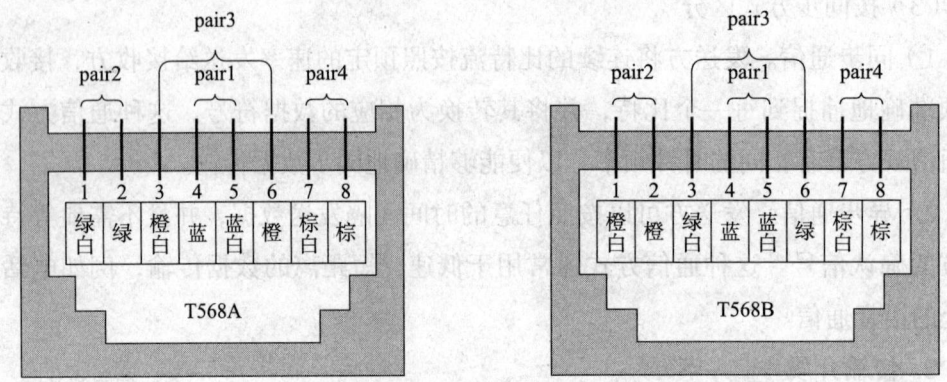

图2-23 双绞线线序

3）同轴电缆。一种由内部导体、绝缘层和外部导体构成的传输介质。同轴电缆的内部导体和外部导体之间通过绝缘层隔离，可以减少电磁干扰。同轴电缆常用于电视信号传输和有线电缆网络。

（2）无线传输介质。主要是指通过无线电波进行数据传输的介质。无线电技术的原理在于导体中电流强弱的改变会产生无线电波。利用这一现象，通过调制将信息加载于无线电波之上，当电波通过空间传播到达接收端时，电波引起的电磁场变化又会在导体中产生电流。

二、数据通信技术

1. 数据交换技术

数据交换技术主要分为分组交换、电路交换和报文交换这三种主要方式。

（1）分组交换。数据被分成较小的分组，分组交换是将数据分成较小的分组进行传输的技术。每个分组都包含目标地址和源地址等控制信息。分组通过网络传输，根据目标地址进行路由选择，最终到达目标节点。

（2）电路交换。电路交换是在通信开始前，建立一个专用的物理连接，数据在这个连接上按照固定的速率传输，通信双方独占这个连接。

（3）报文交换。报文交换属于存储-转发方式，和电路交换原理完全不同。报文交换中，收发双方之间不需要预先建立连接。

2. 数据编码技术

（1）数字信号模拟化编码。计算机实现数字通信通常要借助模拟信道进行传输，数字信号变成模拟信号的过程称为调制，调制的方法主要有三种，分别是调幅、调频和调相。对基带信号的几种调制方法如图 2-24 所示。

1）调幅（AM）。在调幅中载波的振幅随基带信号而变化。

2）调频（FM）。在调频中载波的频率随基带信号而变化。

3）调相（PM）。在调相中载波的相位随基带信号而变化。

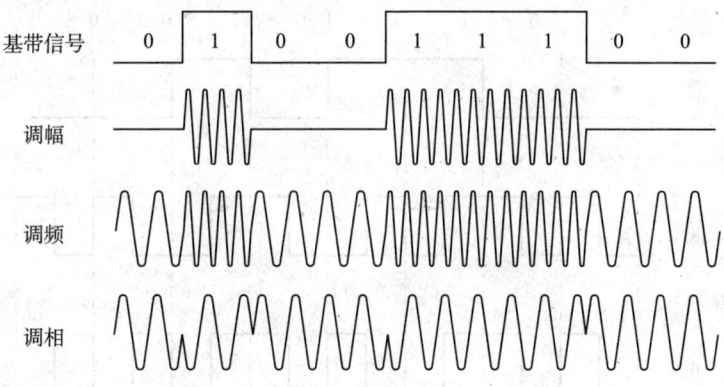

图 2-24 对基带信号的几种调制方法

（2）模拟信号数字化编码。模拟信号的数字化过程主要包括三个步骤：采样、量化和编码。模拟信号的数字化过程如图 2-25 所示。

1）采样。采样是指用每隔一定时间的信号样值序列来代替原来在时间上连续的信号，也就是在时间上将模拟信号离散化。

2）量化。量化是用有限个幅度值近似原来连续变化的幅度值，把模拟信号的连续幅度变为有限数量的有一定间隔的离散值。

3）编码。编码是按照一定的规律把量化后的值用二进制数字表示。

（3）数字信号编码。在数字信道中传输计算机数据时，要对计算机中的数字信号重新编码并进行基带传输。在基带传输中，数字信号的编码方式主要有不归零编码、曼彻斯特编码、差分曼彻斯特编码等方法。数字信号编码如图2-26所示。

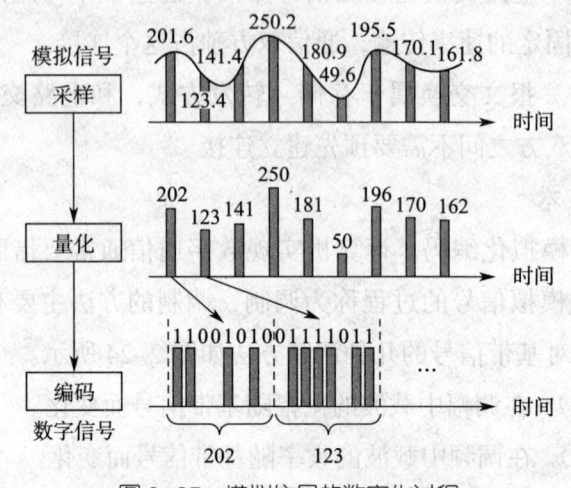

图 2-25 模拟信号的数字化过程

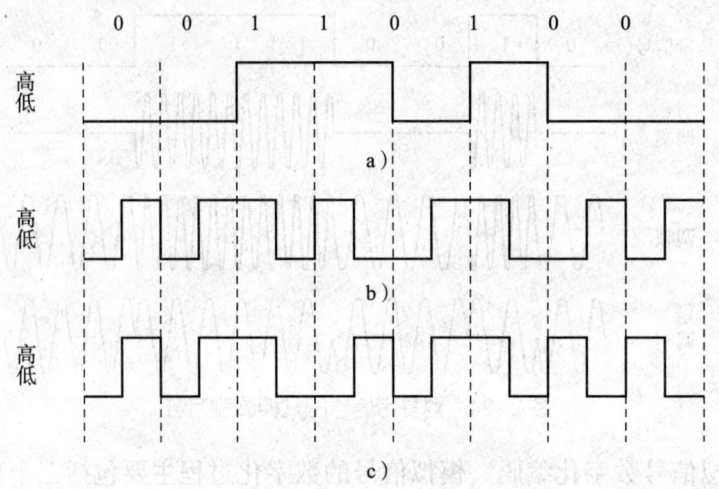

图 2-26 数字信号编码
a）不归零（NRZ）编码 b）曼彻斯特编码 c）差分曼彻斯特编码

1）不归零（NRZ）编码。不归零编码用低电平表示二进制0，用高电平表示二进制1。NRZ码的缺点是无法判断每一位的开始与结束，必须在发送NRZ码的同时，用另一个信道同时传送同步信号。

2）曼彻斯特编码。曼彻斯特编码的编码规则是每比特的周期T分为前$T/2$与后$T/2$。前$T/2$传送该比特的反码，后$T/2$传送该比特的原码。

3）差分曼彻斯特编码。差分曼彻斯特编码的编码规则是每比特的值根据开始边界是否发生电平跳变来决定。一个比特开始处出现电平跳变表示"0",不出现跳变表示"1",每比特中间的跳变仅用来作为同步信号。

3. 多路复用技术

多路复用是两个或多个用户共享公用信道的一种机制,包括频分多路复用(FDM)、时分多路复用(TDM)、波分多路复用(WDM)、码分多路复用(CDM)几种。

(1)频分多路复用。频分多路复用是一种将频谱划分成多个不重叠的子信道,每个子信道用于传输不同的信号,从而实现多个信号在同一时间通过一个传输介质传输的技术。

(2)时分多路复用。时分多路复用是一种将时间划分成多个时隙,每个时隙用于传输不同的信号,从而实现多个信号在同一频道上依次传输的技术。

(3)波分多路复用。波分多路复用是一种利用不同波长的光信号将多个信号同时传输在光纤中的技术。每个信号使用不同的波长,通过光纤传输,从而实现多个信号在同一光纤上同时传输的技术。

(4)码分多路复用。码分多路复用是一种利用不同的扩频码将多个信号进行编码,然后通过同一频道传输的技术。

学习单元3　信息综合布线

一、综合布线的定义

综合布线是一种模块化的、灵活性极高的建筑物内或建筑群之间的信息传输通道。布线系统包括楼宇自动化系统(BA)、通信自动化系统(CA)、办公自动化系统(OA)、计算机网络系统(CN)。

二、综合布线的基本构成

《综合布线系统工程设计规范》(GB 50311—2016)规定,综合布线系统应为开放式网络拓扑结构,应能支持语音、数据、图像、多媒体等业务信息传递的应用。

综合布线系统的基本构成应包括:建筑群子系统、干线子系统、配线子系统和设备缆线，如图 2-27 所示。配线子系统中可以设置集合点，也可不设置集合点。

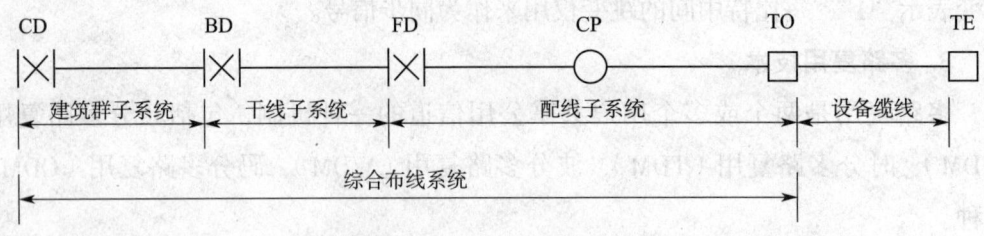

图 2-27 综合布线系统基本构成

建筑群配线设备（CD）：终接建筑群主干缆线的配线设备。

建筑物配线设备（BD）：为建筑物主干缆线或建筑群主干缆线终接的配线设备。

楼层配线设备（FD）：终接水平缆线和其他布线子系统缆线的配线设备。

集中点（CP）：楼层配线设备与工作区信息点之间水平缆线路由中的连接点。

信息点（TO）：缆线终接的信息插座模块。

终端设备（TE）：包括计算机、打印机、电话等终端设备。

综合布线各子系统中，有 a、b 两种综合布线子系统构成方式，其中 a 方式为建筑物内楼层配线设备（FD）之间、不同建筑物的建筑物配线设备（BD）之间可建立直达路由，如图 2-28 所示。b 方式工作区信息插座（TO）可不经过楼层配线设备（FD）直接连接至建筑物配线设备（BD），楼层配线设备（FD）也可不经过建筑物配线设备（BD）直接与建筑群配线设备（CD）互连，如图 2-29 所示。

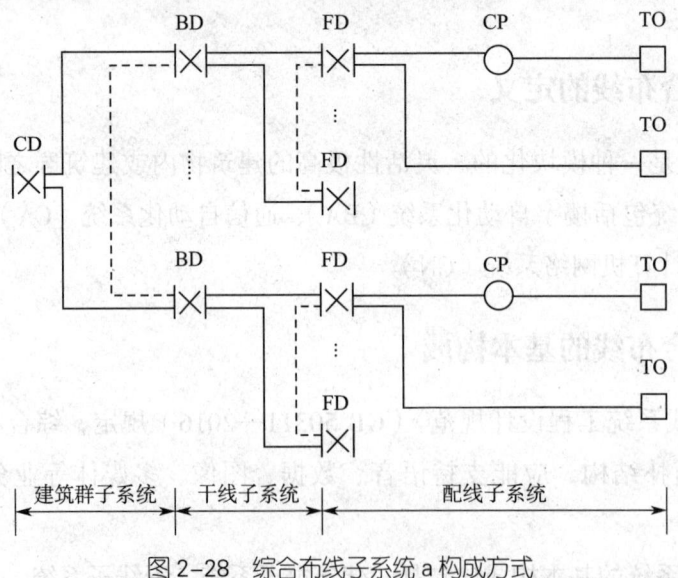

图 2-28 综合布线子系统 a 构成方式

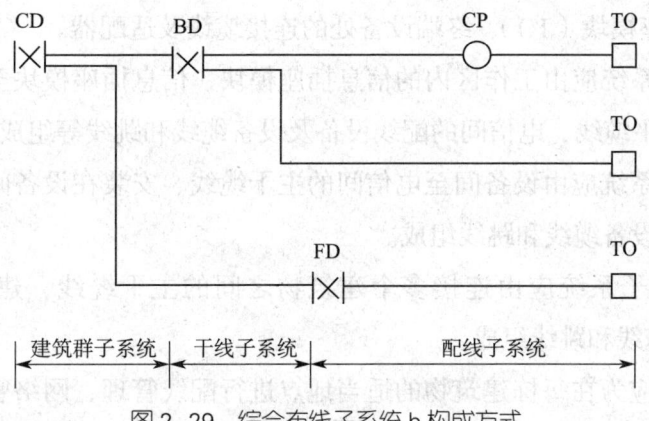

图 2-29　综合布线子系统 b 构成方式

综合布线系统入口设施连接外部网络和其他建筑物的引入缆线，应通过缆线和 BD 或 CD 进行互连，如图 2-30 所示。对设置了设备间的建筑物，设备间所在楼层配线设备（FD）可以和设备间中的建筑物配线设备或建筑群配线设备（BD/CD）及入口设施安装在同一场地。

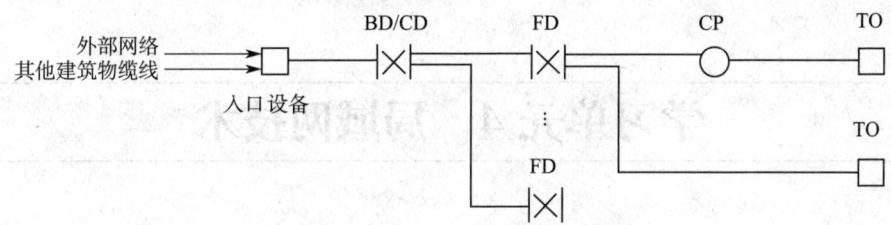

图 2-30　综合布线系统引入部分构成

综合布线系统典型应用中，配线子系统信道应由 4 对对绞电缆和电缆连接器件构成，干线子系统信道和建筑群子系统信道应由光缆和光连接器件组成。其中，建筑物配线设备（FD）和建筑群配线设备（CD）处的配线模块和网络设备之间可采用互连或交叉的连接方式，建筑物配线设备（BD）处的光纤配线模块可仅对光纤进行互连，如图 2-31 所示。

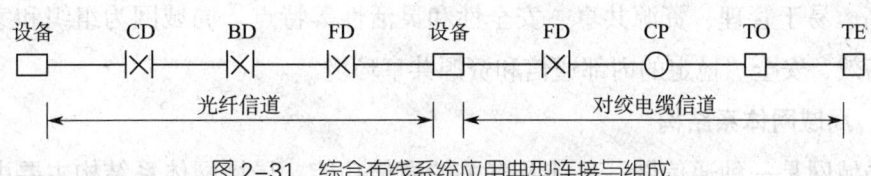

图 2-31　综合布线系统应用典型连接与组成

三、综合布线系统工程设计规定

1. 一个独立的需要设置终端设备（TE）的区域宜划分为一个工作区。工作区应包括信息插座模块（TO）、终端设备处的连接缆线及适配器。

2. 配线子系统应由工作区内的信息插座模块、信息插座模块至电信间配线设备（FD）的水平缆线、电信间的配线设备及设备缆线和跳线等组成。

3. 干线子系统应由设备间至电信间的主干缆线、安装在设备间的建筑物配线设备（BD）及设备缆线和跳线组成。

4. 建筑群子系统应由连接多个建筑物之间的主干缆线、建筑群配线设备（CD）及设备缆线和跳线组成。

5. 设备间应为在每栋建筑物的适当地点进行配线管理、网络管理和信息交换的场地。

6. 进线间应为建筑物外部信息通信网络管线的入口部位，并可作为入口设施的安装场地。

7. 管理应对工作区、电信间、设备间、进线间、布线路径环境中的配线设备、缆线、信息插座模块等设施按一定的模式进行标识、记录。

学习单元 4　局域网技术

一、局域网概述

局域网（LAN）是一种用于连接位于有限地理范围内的计算机和网络设备的通信网络。其目的是实现快速、高效的数据传输和资源共享，使连接到局域网的设备能够直接交换信息，而无须依赖外部互联网。

1. 局域网特点

局域网作为一种局部性的网络连接方案，具有高速数据传输、误码率低、可靠性高、易于管理、资源共享、安全性和灵活性等特点。局域网为组织和家庭提供了高效、安全、稳定的内部通信和资源共享环境。

2. 局域网体系结构

局域网是一种通信网，只涉及有关的通信功能。局域网体系结构主要由物理层、介质访问控制层（MAC 子层）、逻辑链路控制层（LLC）子层组成。其中，MAC 子层和 LLC 子层也被统称为数据链路层，如图 2-32 所示。

局域网的物理层与 ISO/OSI 七层模型的物理层功能相当，主要涉及局域网物理

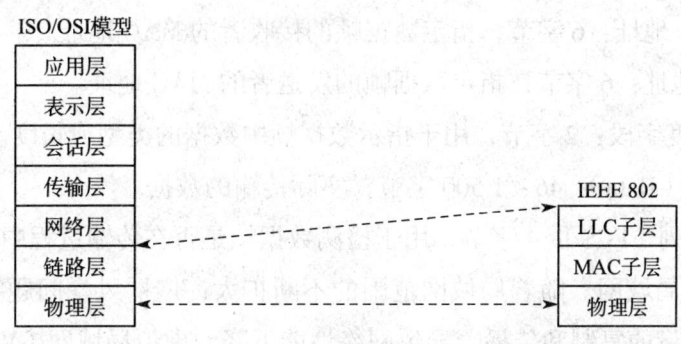

图 2-32　IEEE 802 局域网参考模型与 OSI 参考模型对应关系

链路上原始比特流的传送,定义局域网物理层的机械、电气、规程和功能特性。

MAC 子层的功能是适应种类多样的传输介质,能在任何一个特定的介质上处理信道的占用、站点的标识和寻址问题。此外,MAC 子层还负责对入站的数据帧进行完整性校验。MAC 子层使用 MAC 地址(也称物理地址)标识每一节点。

3. 局域网主要技术

(1)以太网。最常用的局域网技术之一,它使用 CSMA/CD(载波监听多路访问/碰撞检测)协议来解决多个设备同时访问网络时可能发生的冲突。

1)以太网类型。以太网使用双绞线或光纤作为物理传输介质,依据支持不同的传输速率,把以太网技术分成:标准以太网(10 Mb/s)、快速以太网(100 Mb/s)、千兆以太网(1 000 Mb/s)、万兆以太网(10 Gb/s)等类型。

2)冲突域和广播域。以太网中,存在冲突域和广播域。冲突域是指连接在同一共享介质上的所有节点的集合。冲突域内所有节点竞争同一带宽,一个节点发出的报文(无论是单播、组播、广播),其余节点都可以收到。广播域是指在以太网中,当一个设备发送广播帧时,能够接收到该广播帧的范围。

3)物理地址(MAC 地址)。一个用于网络设备的唯一标识符。每个网络设备都会被分配一个唯一的 MAC 地址,用于在局域网中进行通信。MAC 地址由 48 位二进制数表示,通常以十六进制表示,由 6 个十六进制数对组成,每个十六进制数之间用冒号或连字符分隔。

4)以太网帧结构。以太网帧是在以太网中传输数据的基本单位,其结构如图 2-33 所示。

6Byte	6Byte	2Byte	46~1500Byte	4Byte
目的MAC地址	源MAC地址	类型	Data	FCS

图 2-33　以太网帧结构

目的 MAC 地址：6 字节，指定数据帧的接收者的 MAC 地址。

源 MAC 地址：6 字节，指定数据帧的发送者的 MAC 地址。

类型/长度字段：2 字节，用于指示数据帧中数据的类型或长度。

数据字段（Data）：46~1 500 字节，实际传输的数据。

帧校验序列（FCS）：4 字节，用于检测数据帧是否在传输过程中发生了错误。

（2）虚拟局域网。随着局域网范围的不断扩大，广播风暴问题突出，数据帧在广播域内大量的复制和传播，导致网络性能下降。虚拟局域网（VLAN）就是建立在局域网交换机之上，为解决以太网中广播风暴和安全性问题，将物理局域网划分为多个逻辑上独立的虚拟网络技术。

1）VLAN 数据帧结构。VLAN 数据帧（802.1Q）是在以太网中使用的一种特殊的数据帧格式，它是在传统以太网帧结构的基础上扩展了 VLAN 标签（Tag）字段，以支持虚拟局域网的划分和隔离。VLAN 标签包含了 VLAN ID 信息，用于在接收端将数据帧正确地传递到相应的 VLAN。VLAN 数据帧结构如图 2-34 所示。

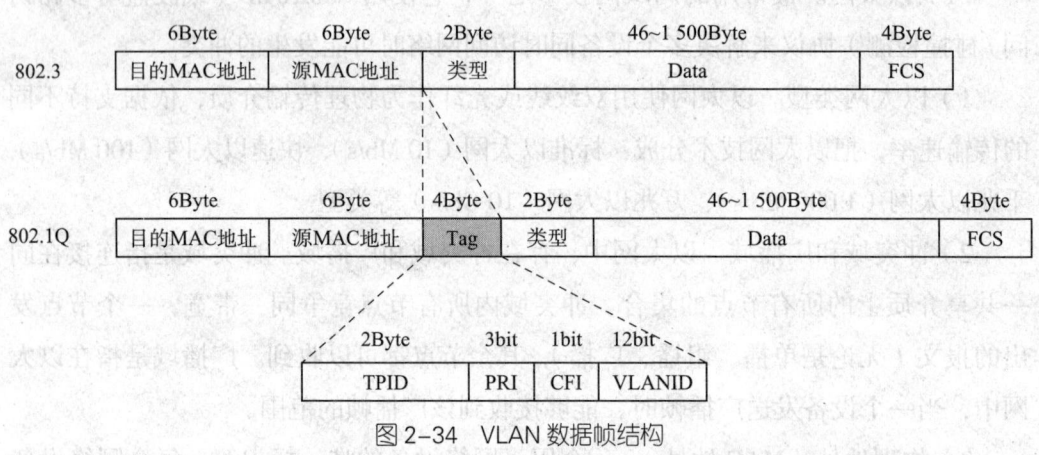

图 2-34 VLAN 数据帧结构

VLAN 标签（Tag）：4 字节，也称 802.1Q 标签。它包含以下字段。

TPID：类型/长度字段，2 字节，用于指示数据帧中数据的类型或长度。

PRI：优先级，3 位，指定数据帧的优先级。

CFI：1 位，用于指示数据帧的 MAC 地址是否经过了规范化处理。

VLAN ID：虚拟局域网标识，12 位，指定数据帧所属的 VLAN 的唯一标识符。

2）VLAN 划分方法。VLAN 常见的划分包括以下方式。

基于接口划分：根据交换机的接口来划分 VLAN。

基于 MAC 地址划分：根据数据帧的源 MAC 地址来划分 VLAN。

基于 IP 子网划分：根据数据帧中的源 IP 地址和子网掩码来划分 VLAN。

基于协议划分：根据数据帧所属的协议（族）类型及封装格式来划分 VLAN。

基于策略划分：根据配置的策略划分 VLAN，能实现多种组合的划分方式，包括接口、MAC 地址、IP 地址等。

3）VLAN 接口类型。VLAN 接口包括以下类型。

Access 接口：连接终端设备的接口，只属于一个 VLAN。

Trunk 接口：连接交换机之间的接口，可以传输多个 VLAN 的数据帧。

Hybrid 接口：可以同时连接终端设备和其他交换机，可以传输多个 VLAN 的数据帧。

4）VLAN 规划。VLAN 按业务规划，可分为语音、视频和数据；按部门规划，可分为工程部、市场部、财经部等；按应用规划，可分为服务器、办公、教室等。VLAN 规划要尽量控制广播域，将广播域控制在一个较小的范围内，以减少广播带来的影响。

（3）无线局域网（WLAN）。其是指通过无线技术构建的无线局域网络。WLAN 广义上是指以无线电波、激光、红外线等无线信号来代替有线局域网中的部分或全部传输介质所构成的网络。

1）无线局域网标准。IEEE 802.11 是现今无线局域网通用的标准，是由国际电机电子工程学会（IEEE）定义的无线网络通信的标准。主要经历了 802.11b、802.11a、802.11g、802.11n、802.11ac 等标准版本，802.11ac 能提供 10 Gb/s 的接入速率。

2）无线局域网设备

工作站（Station，简称 STA）：支持 802.11 标准的终端设备。例如带无线网卡的电脑、支持 WLAN 的手机等。

无线接入控制器（Access Controller，简称 AC）：在 AC+FIT AP 网络架构中，AC 对无线局域网中的所有 FIT AP 进行控制和管理。

无线接入点（Access Point，简称 AP）：为 STA 提供基于 802.11 标准的无线接入服务，起到有线网络和无线网络的桥接作用。

3）无线局域网架构。WLAN 网络架构分有线侧和无线侧两部分，有线侧是指 AP 上行到 Internet 的网络使用以太网协议，无线侧是指 STA 到 AP 之间的网络使用 802.11 协议。

FAT AP（胖 AP）架构：这种架构不需要专门的设备集中控制就可以完成无线

用户的接入、业务数据的加密和业务数据报文的转发等功能，因此又称为自治式网络架构，如图2-35a所示。

AC+FIT AP（瘦AP）架构：这种架构中，AC负责WLAN的接入控制、转发和统计、AP的配置监控、漫游管理、AP的网管代理、安全控制；FIT AP负责802.11报文的加解密、802.11的物理层功能、接受AC的管理等简单功能，如图2-35b所示。

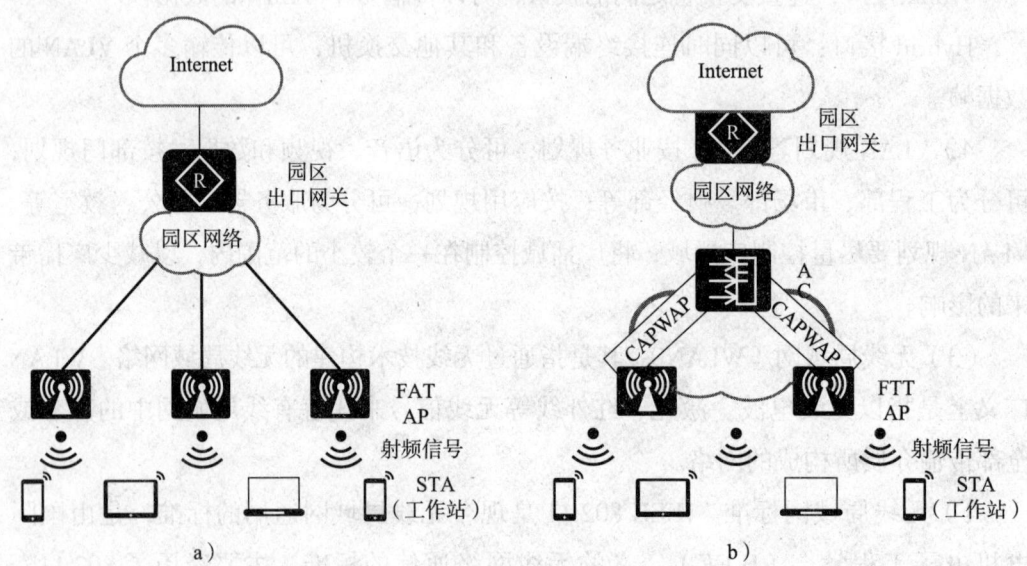

图2-35 无线局域网架构
a）FAT AP（胖AP）架构　b）AC+FIT AP（瘦AP）架构

二、局域网典型应用场景

局域网的广泛应用使得人们可以方便地共享信息、资源和服务，为人们提供更多便利和高效的网络服务，提高了工作效率、学习效果和生活质量。以下是局域网典型的应用场景。

1. 办公场景

办公场景包括政府、企业、机构、组织等办公环境中的局域网应用，用于员工之间共享数据、资源和信息，提高工作效率。

2. 教育场景

教育场景包括教育机构的局域网应用，用于学生和教师进行在线学习、教学资源共享和交流。

3. 医疗场景

医疗场景包括医院、诊所和医疗机构的局域网应用，用于医疗设备、电子病历和医疗信息系统的联网，提高医疗服务质量。

4. 家庭场景

家庭场景包括家庭内的局域网应用，用于家庭成员共享互联网连接、打印机、文件和多媒体内容。

5. 制造业和工业自动化场景

制造业和工业自动化场景包括制造业企业中的局域网应用，用于工业自动化控制和监控，提高生产效率和质量。

学习单元5　广域网技术

一、广域网概述

广域网（Wide Area Network，简称 WAN）是指覆盖广泛地理区域的计算机网络，它通常用于连接分布在不同地点的局域网（LAN）或城域网（MAN）。

1. 广域网的特点

广域网是指覆盖较大地理范围的计算机网络，具有以下特点。

（1）范围广：广域网能够覆盖大范围的地理区域，可以跨越城市、国家甚至跨越全球。

（2）高带宽：广域网通常具有较高的带宽，能够支持大量的数据传输和高速的通信。

（3）长距离传输：广域网可以通过光纤、卫星、微波等技术实现长距离的数据传输，使得远距离的通信成为可能。

（4）多种接入方式。广域网可以通过多种接入方式实现连接，包括电话线、光纤、无线网络等，适应不同地区和环境的需求。

（5）安全性要求高。由于广域网的范围广泛，涉及数据传输涉密性和安全性要求较高，需要采取相应的安全措施，如加密、防火墙等。

（6）高可靠性。广域网通常需要具备高可靠性，以保证数据传输的稳定性和连续性，因此需要采用冗余备份、容错机制等技术手段。

2. 广域网体系结构

广域网体系结构主要由 CE（Customer Edge，用户边缘设备）、PE（Provider Edge，服务提供商边缘设备）和 P（Provider，服务提供商设备）组成，如图 2-36 所示。

CE：用户端连接服务提供商的边缘设备。CE 连接一个或多个 PE，实现用户接入。

PE：服务提供商连接 CE 的边缘设备。PE 同时连接 CE 和 P 设备，是重要的网络节点。

P：服务提供商不连接任何 CE 的设备。

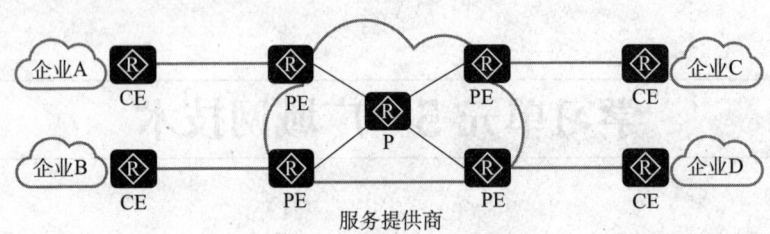

图 2-36 广域网体系结构

3. 广域网主要技术

在广域网中，PPP 技术通常用于建立点对点连接；VPN 技术则可以在广域网中创建虚拟私人网络，通过公共网络传输数据，同时保证数据的安全性和私密性。SDN 技术可以在广域网中实现对网络的灵活管理和控制，通过将网络控制平面和数据转发平面分离，实现对网络的集中管理和编程。SR 技术可以用于广域网中的路由，通过在数据包头部中标记路由路径的一系列段，实现更灵活的数据包路由。IPV6 是广域网中下一代互联网协议，用于解决 IP 地址枯竭等问题。SRV6 技术是在 IPV6 基础上结合 SR 技术的一种新型路由技术，用于实现更灵活的数据包路由和转发。

（1）点到点链路层协议（Point-To-Point Protocol，简称 PPP）。主要用于在全双工的同异步链路上进行点到点的数据传输，被广泛应用于广域网路由器之间的专用线路。PPP 协议具有支持同步链路又支持异步链路、扩展性好、安全性、网络开销小、速度快的优点，在广域网中的应用非常广泛，包括拨号接入、宽带接入、虚拟专线和 VPN 连接等。

（2）虚拟专用网络（Virtual Private Network，简称 VPN）。即基于广域 IP 技术建立的虚拟专用网络，它具备虚拟和专用两大特征，不同的 VPN 既共享底层承载网，同时又能实现业务的逻辑隔离。VPN 是一类技术的统称，不同的 VPN 技术拥有不同的特性和实现方式，常见的 VPN 技术包括 IPSec VPN、GRE VPN、L2TP VPN、MPLS VPN 等。常见的 VPN 技术如图 2-37 所示。

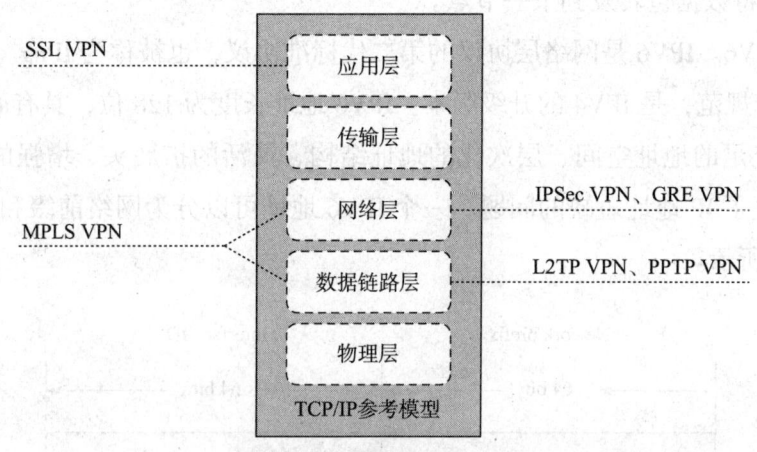

图 2-37　常见的 VPN 技术

（3）SDN（Software Defined Networking）。即软件定义网络，它是由斯坦福大学 Clean Slate 研究组提出的一种新型网络创新架构。其核心理念是，通过将网络设备控制平面与数据平面分离，从而实现网络控制平面的集中控制，为网络应用的创新提供良好的支撑。SDN 网络架构分为协同应用层、控制器层和设备层，如图 2-38 所示。不同层次之间通过开放接口连接。以控制器层为主要视角，区分面向设备层的南向接口和面向协同应用层的北向接口。OpenFlow 属于南向接口协议的一种。

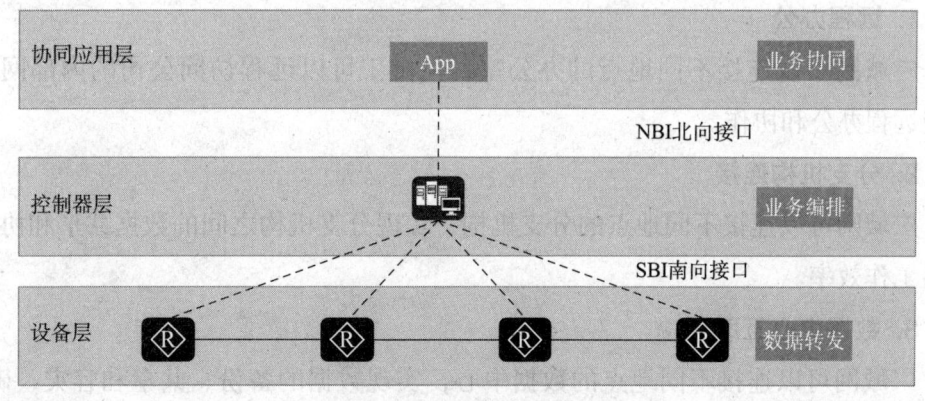

图 2-38　SDN 网络架构

（4）SR（Segment Routing，段路由）。其是基于源路由理念而设计的并在网络上转发数据包的一种协议，其核心思想是由业务驱动网络，由业务来定义网络的架构。SR将代表转发路径的段序列编码，在数据包头部随数据包传输。接收端收到数据包后，对段序列进行解析，如果段序列的顶部段标识是本节点，则弹出该标识，然后进行下一步处理；如果不是本节点，则使用ECMP（Equal Cost Multiple Path）方式将数据包转发到下一节点。

（5）IPV6。IPV6是网络层协议的第二代标准协议，也被称为IPng。它是IETF设计的一套规范，是IPV4的升级版本。IPV6地址长度为128位，具有简化的报文头格式、充足的地址空间、层次化的地址结构、灵活的扩展头、增强的邻居发现机制，解决了IP地址短缺的问题。一个IPV6地址可以分为网络前缀和接口标识，如图2-39所示。

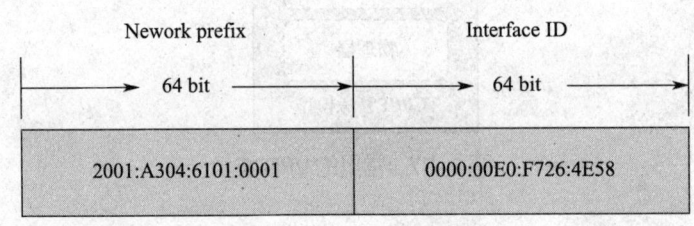

图2-39　IPV6地址格式

（6）SRV6（Segment Routing IPV6，基于IPV6转发平面的段路由）。基于源路由理念而设计的并在网络上转发IPV6数据包的一种协议。它是一种新型的IPV6控制平面技术。SRV6技术采用SR技术，利用IPV6原生地址来完成路由。

二、广域网典型应用场景

1. 远程办公

广域网可以连接不同地点的办公室，使员工可以远程访问公司的内部网络，实现远程办公和协作。

2. 分支机构连接

广域网可以连接不同地点的分支机构，实现分支机构之间的数据共享和协作，提高工作效率。

3. 数据中心互联

广域网可以连接不同地点的数据中心，实现数据的备份、共享和容灾，确保数据的安全性和可靠性。

4. 云计算和虚拟化

广域网可以连接不同地点的云计算资源和虚拟化环境，实现资源的共享和利用，提高计算效率和灵活性。

5. 物联网应用

广域网可以连接不同地点的物联网设备，实现设备之间的数据传输和控制，实现智能化的物联网应用。

思考题

1. 计算机网络按照连接方式可以分为哪两种类型？
2. ISO/OSI 参考模型和 TCP/IP 参考模型有何区别？
3. 综合布线系统中，最重要的子系统是哪个？为什么？
4. 请解释局域网体系结构中物理层、MAC 子层和 LLC 子层的功能和作用。
5. 广域网有哪些特点和技术？

培训课程 5

通信技术应用基础

学习单元 1　通信技术

一、通信概述

1. 通信基础概念

通信（Communication）是指信息传递的过程，其中包括发送方将信息编码并传输到接收方，接收方解码并理解信息的过程。其基本组成包括信源、发送设备、信道、接收设备、信宿及噪声源几个部分。

（1）信源。其作用是把待传输的消息转换成原始电信号。

（2）发送设备。其作用是将信源产生的原始电信号（基带信号）变成适合于在信道中传输的信号，将发送信号的特性和信道特性相匹配，使其具有抗信道干扰的能力，并且具有足够的功率以满足远距离传输的需要。

（3）信道。其是一种物理介质，是信号传输的通道，可分为无线和有线两种形式。在无线信道中，信道是自由空间；在有线信道中，信道可以是电缆和光纤等。

（4）接收设备。其功能是将信号放大和反变换（如译码、解调等），其目的是从受到减损的接收信号中正确恢复出原始电信号。对于多路复用信号，接收设备中还包括解除多路复用，实现正确分路的功能。此外，它还要尽可能减小在传输过程中噪声与干扰所带来的影响。

（5）信宿。其是信息的接收者，其功能与信源相反，即把原始电信号还原成相应的消息。

（6）噪声源。其是系统内各种干扰影响的等效结果。系统的噪声来自各个部分，从发出和接收信息的周边环境、各种设备的电子器件，到信道所受到的外部电磁场干扰，都会对信号形成噪声影响。为了分析问题方便，将系统内所存在的干扰均折合到信道中，用噪声源表示。

上述通信系统只能实现两用户间的单向通信，要实现双向通信还需要另一个通信系统完成相反方向的信息传送工作。而要实现多用户间的通信，则需要将多个基本通信系统有机地组成一个整体，使它们能协同工作，即形成通信网。

2. 通信分类及应用

通信可以按照不同的标准进行分类，例如传输媒介、通信距离、通信模式、通信设备的工作频段等。下面是常见的通信分类及其应用：

（1）有线通信和无线通信。有线通信是使用物理连接的传输媒介，如电缆、光纤等。有线通信提供稳定的传输质量和较高的数据传输速率，常用于固定电话网络、有线宽带互联网等。无线通信是通过无线传输媒介，如无线电波、红外线、可见光等进行通信。无线通信具有灵活性和移动性，广泛应用于移动电话、蜂窝网络、卫星通信、无线局域网等。

（2）近距离通信和远距离通信。近距离通信是指通信距离较短，如蓝牙、红外线通信。近距离通信常用于短距离数据传输、设备间的无线连接等。远距离通信是指通信距离较长，如广播、卫星通信。远距离通信能够覆盖广泛的区域，广播可用于广播电台，卫星通信可用于远程通信和数据传输。

（3）广播通信和点对点通信。广播通信是将信息广播给多个接收方的通信方式，如广播电台和电视广播。广播通信能够实现信息的集中传播，适用于大范围的广告、新闻、娱乐等内容传输。点对点通信是直接将信息传输给指定的接收方的通信方式，如电话通信、即时通信。点对点通信能够实现实时交流和私密性，适用于个人间的沟通和数据传输。

（4）数字通信和模拟通信。数字通信是将信息转换为数字格式进行传输和处理的通信方式，例如数字电话网络（VoIP）、数字电视等。数字通信提供了较高的传输质量和更大的数据容量，适用于多媒体数据传输、互联网接入等。模拟通信是将信息转换为模拟信号进行传输和处理的通信方式，如传统的电话通信、模拟广播等。模拟通信适用于语音传输和一些传统通信系统。

（5）长波通信系统、中波通信系统、短波通信系统、远红外线通信系统。长波通信系统是一种利用较低频率的长波进行远距离通信的系统。长波通信通常使用频率低于 30 kHz 的电磁波进行传输，其波长较长，可以在地球表面上长距离传播，主要应用于广播电台、海上通信。中波通信系统是一种利用较高频率的中波进行通信的系统。中波通信系统通常使用频率范围在 535～1 605 kHz 的电磁波进行传输，其波长较短，适合中距离传播。主要应用于紧急通信和警报系统。短波通信系统是一种利用短波频段进行无线通信的系统。短波频段对于长距离通信非常有用，具有穿越地球大气层并反射回地球的能力。主要应用于无线电广播、远距离通信、船舶和航空器通信等。远红外线通信系统是一种利用远红外光波进行无线通信的系统。远红外线光波的波长范围通常在 3 μm 到 1 mm。远红外线通信系统通常用于短距离通信，例如遥控器、红外线数据传输、红外线传感器网络等应用。它具有快速传输速度、低功耗和较低的成本等优点。然而，远红外线通信系统的通信距离有限，且对可视性和位置的要求较高，通信路径上的障碍物会影响通信质量。因此，它通常被用于近距离的无线通信场景。

二、通信网络技术

通信网在硬件设备方面的构成要素是交换设备、传输链路和终端设备。传输链路是信息的传输通道，一般包括线路接口设备、传输介质、交叉连接设备等。交换设备是通信网的核心设备，主要完成呼叫处理、信令处理和操作维护管理等。功能终端设备称为用户终端设备，它是通信的源点和目的点。最常见的终端设备有电话机、传真机、计算机、视频终端、多媒体终端等。常见通信网络包括传输网、接入网、交换网、支撑网和通信管理网。

1. 传输网

（1）传输网的定义。传输网是指用于连接不同地点的通信网络，它可用于传输数据、声音、视频和其他类型的信息。传输网通常包括网络设备、通信链路和协议，用于确保信息在不同地点之间的可靠传输。

（2）传输网的组成。传输网由各种传输线路和传输设备组成。

1) 传输线路（传输介质）。完成信号的传递，可分为有线传输线路和无线传输线路两大类。

有线传输线路是指利用电缆、光纤或其他物理介质进行信号传输的通信线路。它通过将电信号、光信号或其他类型的信号经过导线或光纤进行传输，从一个地点传输到另一个地点。有线传输线路可以用于传输各种类型的信息，包括数据、语音、视频等。它广泛应用于各种通信网络，如电话网络、互联网、局域网、广域网等。

2) 传输设备。完成信号的处理功能，实现信息的可靠发送、整合、收敛、转发等。不同的传输网的传输设备类型及具体功能有所区别。有线电信网络传输设备类型主要通过电缆、铜缆或光纤等物理介质实现。

（3）SDH传输网。SDH传输网由一些SDH的基本网络单元（Net Element，NE）组成，是在光纤上进行同步信息传输、复用、分插和交叉连接的网络。SDH网使用全世界统一的网络节点接口（Network to Network Interface，NNI），从而简化了信号的互通以及信号的传输、复用、交叉连接等过程。

（4）DWDM传输网。密集波分复用（Dense Wavelength Division Multiplexing，简称DWDM），是一种高容量光纤通信传输技术，用于构建光传输网络。DWDM传输网的主要特点是在同一根光纤中通过同时传输多个不同波长的光信号，实现光信号的复用和传输。每个光信号都可以携带独立的数据流，使得传输网络的容量可以大大增加。DWDM传输网的关键组成部分包括：

1）光传输设备。光传输设备包括光纤放大器、光解调器、光复用器、光分路器等，这些设备用于放大、解调、复用和分配不同波长的光信号。

2）波分复用器。波分复用器用于将不同波长的光信号合并为一个复合信号并传输到光纤中。波分复用器能够将成百上千个不同波长的光信号复用到一根光纤上。

3）光网监控与管理系统。光网监控与管理系统用于监测和管理DWDM传输网中的光信号，包括光功率监测、故障检测、路由选择和频谱管理等功能。

（5）OTN光传送网。光传送网（Optical Transport Network，简称OTN）是一种使用异步传输模式进行光信号传输的网络架构。OTN光传送网的主要特点包括：

1）波分复用。OTN光传送网使用波分复用技术，将不同波长的光信号合并在同一根光纤中进行传输。每个波长可以独立传输数据，实现高容量的传输。

2）异步传输。OTN光传送网采用异步传输模式，即光信号的速率可以根据需要进行灵活调整。它支持异构数据传输，可以处理多种不同速率和协议的数据流。

3）光监控与管理。OTN光传送网提供了强大的光网络监控与管理功能，包括光功率监测、光故障检测、光通道管理等。

2. 接入网

通信接入网（Access Network）是指连接用户设备（如计算机、移动设备、智能家居设备等）与通信网络之间的网络。通信接入网的主要目的是为用户提供可靠、高效的通信和数据传输服务。

（1）通信接入网的关键组成部分

1）用户终端设备。例如计算机、固定电话、智能手机等通信设备。

2）接入设备。例如，调制解调器（Modem）、网关等，将用户设备和服务提供商网络连接起来。

3）传输介质。例如，电缆、光纤、无线等，用于在用户设备和服务提供商网络之间传输数据和信号。

4）接入设施。例如，电话线、电缆线、移动网络基站等，提供传输媒介和接入的基础设施。

5）接入网协议。例如，数字用户线（DSL）、数据超声调制解调调制标准（DOCSIS）、长期演进（LTE）等，用于数据传输和通信的规范。

（2）通信接入网的常见类型

1）有线接入网。企业接入网是为企业提供内部员工通信、数据传输和互联网接入的网络，通常包括局域网和广域网。家庭接入网，即将家庭用户的终端设备连接到互联网，通常通过宽带接入（如光纤、有线宽带等）实现，光纤到户（FTTH）等技术也提供更高速度和更可靠的有线接入。

2）无线接入网。提供移动通信服务的网络，包括蜂窝网络（如2G、3G、4G和5G）和无线局域网（Wi-Fi）等。无线宽带接入使用无线局域网（Wi-Fi）技术，通过无线信号将设备连接到互联网。Wi-Fi适用于家庭、办公室、公共场所等环境，提供便捷的无线互联网接入。

3. 交换网

在数据信息通信领域，程控交换是一种使用计算机控制的交换技术，用于实现数据的路由、交换和传输。它通过计算机进行信号的处理和控制，以提供高效、可靠的数据通信服务。主要分为语音通信程控交换和数据信息通信程控交换。

（1）语音通信程控交换。其是一种使用计算机控制的电话通信系统，通过数字化方式将语音信号进行交换和传输。在语音通信程控交换系统中，电话交换机的功能由软件实现，通过计算机进行控制和管理。系统中的计算机根据呼叫请求进行信号的路由和连接，确保电话呼叫能够正确地接入目标终端。语音通信程控交换的主要特点包括：

1）数字化处理。语音信号被转换成数字信号，提供更可靠、清晰的语音质量以及降噪和增强功能。

2）灵活的路由和交换。通过计算机控制，可以实现复杂的呼叫路由和交换功能，包括呼叫转移、转接、会议通话等。

3）多功能性。除了语音通信，语音通信程控交换还可以支持其他服务，如传真、短信、呼叫转移等。

4）故障恢复能力。由于系统硬件和软件的分离，故障发生时可以更方便地进行维修和替换，提高了系统的可靠性和可维护性。

（2）数据信息通信程控交换。使用数字化的方式处理和传输数据信息，通过计算机控制实现数据的路由和交换。它能够根据数据的目标地址、优先级和其他条件，将数据包从源设备路由到目标设备，实现数据的传输和交换。数据信息通信程控交换的主要特点包括：

1）高速数据传输。采用数字化处理和高速传输技术，实现快速、可靠的数据传输。

2）灵活的路由和交换。通过计算机控制，可以根据数据的目标地址和其他条件进行灵活的路由和交换，实现数据的快速路由和连接。

3）多协议支持。数据信息通信程控交换系统可以支持多种通信协议，如Ethernet、IP、ATM等，以适应不同类型的数据通信需求。

4）支持多种服务质量（QoS）。程控交换系统可以提供不同级别的服务质量保证，以满足不同应用对于延迟、带宽和可靠性等方面的要求。

5）可编程性和可扩展性。程控交换系统具有可编程性，可以通过软件升级进行功能扩展和协议升级，以适应不断变化的通信需求。

4. 支撑网

支撑网是现代通信网的运行支持系统。支撑网的所有功能需要建立在一个性能优越的传输网基础之上才能实现。一个完整的电信网除了有以传递电信业务为主的业务网之外，还需有若干个用来保障业务网正常运行、增强网络功能、提高网络服务质量的支撑网络。

（1）No.7信令网。No.7信令网用于传送信令信号。No.7信令网是一种用于传递和控制电话网和其他通信网络中信令信息的通信协议。No.7信令网的主要特点和功能包括：

1）信令传输。No.7信令网通过专门的信令通道传输信令消息。这些信令消息用于在电话网中进行通话的呼叫建立、释放和管理，包括呼叫请求、呼叫确认、呼叫结束等。

2）高可靠性和性能。No.7信令网采用分层和冗余设计，具备高可靠性和性能。它通过备份路由和冗余节点来确保信令的正常传输，即使在部分网络故障的情况下也能保持信令的连通性。

3）网络互连。No.7 信令网能够实现不同网络之间的互联，包括固定电话网络、移动电话网络和其他数据通信网络。通过 No.7 信令网，不同网络之间可以进行呼叫协商、转接、计费等功能。

4）业务处理和增值服务。No.7 信令网支持各种业务处理和增值服务，如呼叫转移、呼叫等待、呼叫会议、计费信息、鉴权等。它提供了更灵活和可扩展的业务处理能力，以满足用户对不同通信服务的需求。

（2）数字同步网。数字同步网用于提供全网同步时钟，即帮助用户在不同设备和平台之间实现同步和共享。在数字网中，在数字信号的接收、复用和交换过程中都要求实现同步，同步是保证通信质量的一个重要方面。同步是指信号之间在频率或相位上保持某种严格的特定关系，数字通信网同步的含义是要使通信网内运行的所有数字设备工作在一个相同的平均速率上，即数字通信网既要求频率同步，又要求相位同步。数字同步网是由节点时钟设备和定时链路组成的物理网络，为业务网络提供同步参考信号（定时信号）。数字网同步有两种方法：

1）准同步。准同步是指在网内某一主时钟局设置高精度和稳定度的时钟源，并以其作为基准时钟的频率控制其他各局的从时钟频率。基准时钟源有两种，一种是铯原子全国基准时钟，另一种是在同步供给单元上配置全球定位系统组成的区域时钟。由于时钟精度高，网内各局的时钟虽不完全相同（频率和相位），但误差很小，接近同步，于是称之为准同步。

2）主从同步。主从同步是指在分布式系统中，将一个节点指定为主节点（Master），配有高精度时钟，其他节点作为从节点（Slave），网内各局均受控于该主节点（即跟踪主节点时钟，以主节点时钟为定时基准），通过同步机制使得从节点的状态与主节点保持一致，并且逐级下控。主从同步通常用于数据库系统和数据缓存系统中，以提高系统的可用性和性能。

5. 通信管理网

通信管理网利用计算机系统对全网进行统一管理。通信管理网（Telecommunication Management Network，简称 TMN）是 ITU-T 借鉴 OSI 中有关系统管理的思想及技术，为管理通信业务而定义的结构化网络体系结构，它使得网络管理系统与通信网在标准的体系结构下，按照标准的接口和标准的信息格式交换管理信息，从而实现网络管理功能。通信管理网可以分成性能管理、故障管理（或维护管理）、配置管理、计费管理和安全管理 5 个功能。

（1）性能管理。典型的网络性能管理可以分成两大部分：性能监测和网络控制。性能监测指网络工作状态信息的收集和整理，包括：在发现故障后进行搜索监测，在用户发现故障并报告后，去查找故障的发生位置；全局监测，及早发现故障苗头，在影响服务之前就及时将其排除；对过去的性能数据进行分析以获得资源利用情况及其发展趋势。网络控制则指为改善网络设备的性能而采取的动作和措施。

（2）故障管理。故障管理是网络管理功能中与监测设备故障、故障设备的诊断、故障设备的恢复或故障排除等措施有关的网络管理功能，其目的是保证网络能够提供连接可靠的服务。

（3）配置管理。网络的配置管理是指配置网络中应有或实有多少设备，每个设备的功能及其连接关系和工作参数等。

（4）计费管理。计费管理的功能是提供对网络中资源占有情况的记录，测量网络中各种服务的使用情况和决定它们的使用费用，完成资源使用费用的核算等。它包括账单管理、资费管理、收费与资金管理、财务审计管理。

（5）安全管理。安全管理是保证现有运行网络安全的一系列功能，对无权操作的人员进行限制，保证只有经授权的操作人员才允许存取数据。

思考题

1. 什么是通信技术？
2. 什么是传输网？
3. 什么是支撑网？

学习单元2　移动通信技术

一、移动通信概述

1. 移动通信系统概述

移动通信系统是指通过无线方式进行信息传输的通信系统，它允许移动设备在移动的过程中保持连接并进行语音、数据和多媒体的通信。移动通信系统的主要目标是提供广域覆盖和可靠的通信服务,以满足人们对无线通信的需求。移动通信系统使用不同的技术标准和协议,如 2G(GSM)、3G(CDMA、WCDMA)、4G(LTE)和 5G(NR)标准。

2. 移动通信的特点

移动通信成为日常生活中不可或缺的通信手段,推动了社会的信息化发展,促进了人与人、人与物的互联互通。同时,移动通信也在不断创新和演进,以满足用户对更快速、更安全、更智能的通信需求。移动通信具有以下几个特点:

(1)移动性。移动通信是支持设备在移动过程中保持连接的通信方式。用户可以在不同的地理位置使用移动设备,而无须受限于固定位置。这使得人们可以在任何地方进行通信,提高了通信的便利性和灵活性。

(2)无线通信。移动通信是通过无线信号进行信息传输的方式。移动设备和基站之间使用无线电波进行通信,而不需要物理连接。这为用户提供了更大的移动范围和更灵活的通信方式。

(3)广域覆盖。移动通信系统通过部署基站,实现对广阔领域的覆盖。基站的布局和通信协议的设计旨在提供可靠的通信服务,以覆盖城市、乡村和开放空间等各种地理环境。

(4)多用户接入。移动通信系统支持多个用户同时接入网络,并提供对每个用户的个别服务。这意味着在同一地区,多个用户可以同时使用移动通信网络进行通话、发送短信、浏览互联网等。

(5)高速数据传输。随着移动通信技术的演进,移动设备能够以更高的速率传输数据。新一代移动通信技术提供了更高的数据传输速率,使得用户可以快速下载和上传大量数据,支持实时视频流和高清多媒体应用。

(6)多媒体传输。移动通信不仅限于语音通话和短信,还支持多媒体数据的传输。用户可以通过移动设备发送和接收图片、音频、视频等各种多媒体内容,融合了语音、数据和图像等多种通信形式。

(7)安全性和隐私保护。移动通信系统均重视安全性和隐私保护。通信协议和加密技术用于保护通信内容的安全性,用户的身份和个人信息也得到严格保护,以防止数据泄露和未授权访问。

3. 移动通信的主要技术

(1)2G(第二代移动通信)。2G 技术采用数字信号传输,代表性标准包括全球系统移动通信(GSM)和代码分割多址(CDMA)。它们提供了基本的语音通信和短信功能。

（2）3G（第三代移动通信）。3G 技术引入了更高的数据速率和多媒体功能，代表性标准包括宽带无线接入（WCDMA）和（CDMA2000）。3G 开启了移动宽带时代，使得用户可以进行更快速的数据传输、视频通话和互联网访问。

（3）4G（第四代移动通信）。4G 技术采用了长期演进（LTE）标准。它提供了更高的数据传输速率、更低的延迟和更好的系统容量。4G 增强了移动宽带性能，支持高清视频、即时应用和大规模数据传输。

（4）5G（第五代移动通信）。5G 技术是最新的移动通信标准，它提供了更高的数据传输速率、更低的延迟和更广泛的应用支持。5G 采用了新一代无线接入技术（如毫米波、大规模 MIMO）和网络架构（如网络切片和边缘计算），以实现更快速、更可靠的通信，并支持物联网、智能城市和自动驾驶等应用。

二、4G 移动通信技术

1. 4G 移动通信的特点

（1）高速数据传输。4G 移动通信采用了更高的调制解调技术和更宽的频谱，能够提供更快的数据传输速度，理论上可达到百兆甚至更高的速度。这使得用户可以更快速地进行大文件下载、高清流媒体观看等高带宽应用。

（2）更低的延迟。4G 技术能够实现更低的网络延迟，即数据从源端传输到目标端所需的时间更短。这对于实时互动应用如在线游戏、视频会议和智能家居等非常重要，能够提供更流畅的用户体验。

（3）更高的容量和连接密度。4G 网络采用了先进的调制解调技术和信道分配算法，能够支持更多的用户同时连接，并提供更高的网络容量。这使得网络能够更好地应对高峰期的数据流量，提供更可靠的连接质量。

（4）多种频段和制式的支持。4G 网络可以支持多种频段和制式的无线通信，如 LTE、WiMAX 等。这使得用户能够在全球范围内使用 4G 网络，并且可以在不同的网络运营商之间进行切换。

（5）更高的安全性。4G 网络采用了更高级的加密和认证技术，即安全身份模块（SIM）卡和基于移动设备的认证，提供更高的安全性和数据隐私保护。

（6）网络优化和管理。4G 网络具备更先进的网络优化和管理能力，能够自动感知和调整网络参数，以提供更好的网络覆盖和服务质量。

2. 4G 移动通信的网络架构

4G 网络总体架构由演进型分组核心网（EPC）、演进型通用陆地无线接入网（E-UTRAN）和用户设备（UE）三部分组成，如图 2-40 所示。其中，MME 为移动管理实体，是 EPC 控制处理部分；S-GW 为服务网关，是 EPC 数据承载部分；E-UTRAN 只有一种网元 eNodeB。UTRAN、GERAN 以及 SGSN 是 2G 和 3G 的核心网。UE 是用户设备，E-UTRAN 是 4G 基站（eNB）。

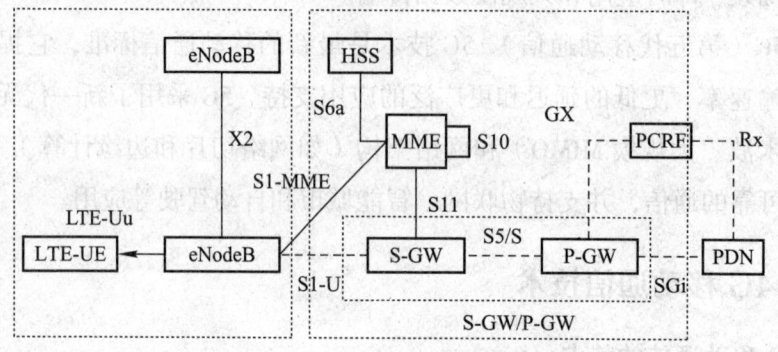

图 2-40　4G 移动通信的网络架构

（1）4G 的核心网元。移动性管理（MME），归属用户服务器（HSS），服务网关（SGW），数据网关（PGW）以及策略与计费规则功能单元（PCRF）。

1）移动管理（Mobility Management Entity，简称 MME）。NAS 是非接入层，是指 UE 直接和核心网之间的信令联系。需要注意的是，信令和消息要经过基站，但基站不做任何处理。

2）归属用户服务器（Home Subscriber Server，简称 HSS）。用来存储用户标识（IMSI，MSISDN 手机号码，IMEI 用户识别码）等，记录用户签约技术参数，包括计费类型（预付费、正常和浮动费率等）。

3）服务网关（Serving Gateway，简称 SGW）。类似于"转发中心"，UE 数据先到 eNB，然后到 SGW，SGW 再把它转发给 DN，在核心网内部的承载，eNB 和 SGW 的一条承载，数据通道的转移和切换，当 UE 和不同的 eNB 建立连接的时候，SGW 就会决定数据向哪个基站发送。

4）数据网关（PDN Gateway，简称 PGW）。PGW 的核心就是"关口"和"服务"保证。PGW 于外部网络直接相连，外部网络用的通信协议可能与 4G 核心网内部的不太一样，它做到了一个翻译作用。

5）策略与计费规则功能单元（Policy and Charging Rules Function，简称 PCRF）。

使网络可以为不同的用户或者业务提供差异化服务或计费策略。

（2）4G 无线接入网（E-UTRAN）。4G 移动通信的典型无线接入网架构包括基站、空中接口、MIMO 技术、自组织网络和承载网络等组件密切配合，以提供高速、可靠的无线接入服务。

1）基站（Base Station）。基站也称为 eNodeB（Evolved NodeB），是无线接入网的核心组件。基站负责与用户终端（如手机、平板电脑）进行无线通信，将数据和语音传输到移动核心网。

2）空中接口（Air Interface）。空中接口也称 LTE 空口，是基站和用户终端之间的无线通信接口。它使用的主要技术是 LTE（长期演进）标准，通过 OFDM（正交频分复用）技术实现高速数据传输和频谱效率。

3）MIMO 技术（Multiple-Input Multiple-Output，简称 MIMO）。在 4G 中，多天线的 MIMO 技术被广泛应用。基站和用户终端可以同时使用多个天线进行通信，以提高数据传输速度和网络容量。

4）自组织网络（Self-Organizing Network，简称 SON）。SON 是 4G 网络中的自动优化和管理系统。它通过自动感知和调整网络参数、配置和优化基站等功能，提升网络性能、覆盖范围和用户体验。

5）承载网络（Backhaul Network）。承载网络是将基站连接到移动核心网的传输网络。它通常使用光纤、铜线或无线连接，将用户数据和控制信号从基站传输到移动核心网。

（3）用户终端（User Equipment，简称 UE）。用户终端是移动通信网络的客户端设备，如手机、平板电脑、物联网设备等。用户终端通过无线信号与基站进行通信、发送和接收数据和语音。

3. 4G 移动通信的关键技术

4G 移动通信的关键技术主要包括以下几个方面：

（1）正交频分复用（OFDM）。正交频分复用是 4G 移动通信的核心技术之一，它将高速数据流分成多个低速子流，每个子流在不同的频率上进行传输，提高了频谱利用效率和抗干扰能力。

（2）多输入多输出（MIMO）。多输入多输出是指通过多个天线进行并行传输和接收，提高了数据传输速率和系统的可靠性。4G 系统采用了 2×2 和 4×4 MIMO 技术，实现了更高的速率和更好的信号质量。

（3）长期演进（LTE）。LTE 是 4G 移动通信的主要标准之一，它采用了先进的调制解调技术、自适应调度算法和优化的无线接入技术，提供了更高的数据传输速率和更低的延迟。

（4）TD-LTE 和 FD-LTE。4G 系统采用了两种主要的传输方式，即时分双工（TDD）LTE 和频分双工（FDD）LTE。TDD-LTE 适用于非对称流量需求，而 FDD-LTE 适用于对称流量需求。

（5）IP 网络。4G 移动通信基于 IP（Internet Protocol）网络，将移动通信和互联网融合在一起，实现了全 IP 化的网络架构，提供了更灵活、高效的数据传输和服务。

（6）蜂窝网络架构。4G 系统基于蜂窝网络架构，通过划分小区实现无缝覆盖和干扰协调。采用了容量优化、干扰抑制和动态频段分配等技术，提高网络容量和性能。

（7）服务质量（QoS）管理。4G 系统支持多种不同的服务质量要求，通过优先级调度、拥塞控制、资源分配等技术来保证不同用户和应用的服务质量。

4. 4G 移动通信的应用场景

（1）移动状态下的高速数据通信。4G 网络提供了更高的数据传输速率，使得人们可以轻松地观看高清视频、流畅地进行在线游戏和音乐流媒体等活动。

（2）移动互联网。4G 网络使移动设备能够轻松地连接到互联网，使用社交媒体、电子邮件、在线购物等在线服务。

（3）实时视频通话。通过 4G 网络，人们可以进行高质量的实时视频通话，不受时间和地点限制，方便进行远程会议、家庭视频通话等。

（4）移动支付。4G 网络提供了快速的数据传输速率和安全的通信环境，为移动支付提供了可靠支持，使用户可以通过手机进行快速、便捷的支付。

（5）位置服务。结合全球导航卫星系统（如 GPS），4G 网络可以提供准确的位置信息，为导航、定位、地图应用等提供支持，方便人们进行导航、定位和查找附近服务设施等。

（6）物联网应用。4G 网络为物联网设备提供了连接性，使得智能家居、智能穿戴设备等智能设备能够实现互联互通，实现智能化的生活和工作。

（7）移动广告和营销。4G 网络的高速传输和低延迟特点，为移动广告和营销提供更广阔的空间，使得商家可以通过移动设备向用户传递更多信息和推广活动。

三、5G 移动通信技术

1. 5G 移动通信的特点

5G 移动通信是第五代移动通信技术，相比于 4G 技术，具有以下特点：

（1）更高的数据传输速度。5G 网络采用了更高频段的毫米波和子 6 GHz 频段，以及更高级别的调制解调技术，能够提供比 4G 更高的数据传输速度。理论上，5G 可达到几十倍甚至上百倍于 4G 的速度。

（2）极低的延迟。5G 网络具备非常低的网络延迟，通常可以达到毫秒级的延迟水平。这对于需要即时交互和实时响应的应用非常重要，如虚拟现实（VR）、增强现实（AR）、自动驾驶和远程医疗等。

（3）大容量和高连接密度。5G 网络采用了更高级别的空分复用技术和更密集的基站布局，以及更高效利用频谱的技术，能支持更多的设备同时连接，并提供更高的网络容量。

（4）特定用途支持。5G 网络支持网络切片技术，能够按需提供网络资源和服务，以满足不同应用场景的需求。例如，可以为工业物联网、智能交通、智能城市等特定领域提供定制化的网络支持。

（5）更广的覆盖范围和更稳定的连接。5G 网络采用了更高效的系统设计和波束成形技术，能提供更广的覆盖范围和更稳定的连接性能，使得用户能够在更远的距离和移动速度下获得稳定的通信体验。

（6）能源效率与环境友好。5G 网络的基站和终端设备采用了更先进的节能技术，以提高能源效率和降低碳排放。这有助于减少对环境的影响并提高可持续性。

2. 5G 移动通信的网络架构

5G 网络总体架构由 5G 核心网（5GC）与 5G 无线接入网（NG-RAN）组成。相比于传统的 4G 核心网，5G 核心网采用了原生适配云平台的设计思路、基于服务的架构和功能设计，提供更泛在的介入、更灵活的控制和转发以及更友好的能力开放。5G 移动通信的网络架构，如图 2-41 所示。

（1）接入和移动管理功能（AMF）。主要功能是移动性管理、可达性管理和注册连接管理，在接入网和 CP 控制面穿钉信令 N2 终结。同时可以用于 UE 和其他 CP 的 NF 的 NAS 消息转发，也可以提供非 3GPP 的接入。其类似于 4GEPC 核心网中的 MME 网元。

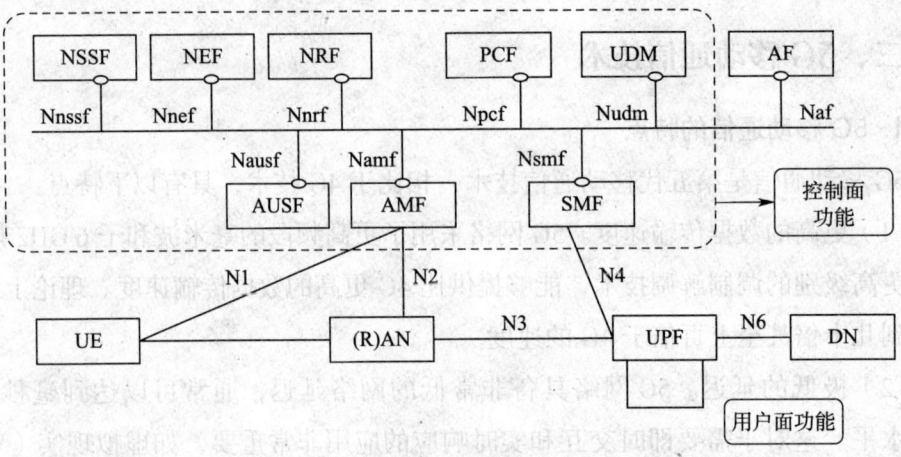

图 2-41 5G 移动通信的网络架构

（2）会话管理功能（SMF）。其负责会话管理、UP 选择和控制，包含对 AN 和 UPF 之间的隧道维护，也负责管理和分配 UE 的 IP 地址和接口，提供下行数据通知、数据漫游等功能。其类似于 4GEPC 核心网中 MME+SGW+PGW 中会话和承载管理的控制面功能（SGW-C/PGW-C）。

（3）用户平面功能（UPF）。其负责数据报文的路由、转发、检测和 QoS 处理，负责流量的统计和上报，也作为分支点支持 multihomed 类型 PDU 会话，也可用于下行数据的缓存和通知触发。其类似于 4GEPC 核心网中的 SGW/PGW 用户面功能。

（4）统一数据管理（UDM）。其管理和存储签约数据、鉴权数据。进行用户身份管理，UDM 存储和管理用户的身份信息，包括用户身份识别、认证、授权等。它与用户身份验证中心（HSS）相比，具有更灵活的身份管理能力，可以支持多种身份验证机制和多个接入网络。订阅数据管理，UDM 存储和管理用户的订阅数据，包括用户的套餐、服务配置、计费信息等。

（5）策略控制功能（PCF）。其支持统一策略框架、提供策略规则。

（6）网络存储功能（NRF）。其维护已部署 NF 的信息，处理从其他 NF 过来的请求。

（7）网络切片选择功能（NSSF）。完成切片选择功能。

（8）鉴权服务器功能（AUSF）。完成鉴权服务功能。

（9）网络开放功能（NEF）。开放各网络功能的能力，内外部信息转换。

（10）位置管理功能（LMF）。管理和控制端、基站的相对位置。

（11）网络仓储功能（NRF）。NF 的登记和管理。

3. 5G 移动通信的关键技术

5G 移动通信关键技术应用使得 5G 网络能够提供更高的速率、更低的延迟、更稳定的连接和更大的容量，将为人们带来更丰富和创新的移动通信体验。主要包括以下几个方面：

（1）新一代无线接入技术。主要包括 NR（New Radio）和 mmWave（毫米波）技术。NR 技术提供了更高的频谱效率和更低的延迟，而 mmWave 技术可以利用更高频段实现更大的带宽和更高的数据传输速率。

（2）大规模多输入多输出（Massive MIMO）。Massive MIMO 是 5G 的关键技术之一，通过利用大量的天线进行并行传输和接收，提高了系统容量和覆盖范围，并提供更稳定的连接和更快的数据速率。

（3）小波束形成。5G 中的小波束形成技术可以将信号集中在有需求的用户位置上，提高系统的频谱效率和容量，同时减少对周围环境的干扰。

（4）高频率毫米波通信。5G 利用高频率的毫米波频段进行通信，可以提供更大的数据传输速率和容量。这需要克服毫米波频段的传输障碍和衰减问题，如信号传播距离短、易受障碍物和天气影响等。

（5）网络切片。5G 引入了网络切片技术，通过将网络资源划分成多个独立的虚拟切片，为不同应用场景提供定制化服务。这意味着网络可以为不同的垂直行业提供个性化、可定制化的服务和性能保障。

（6）蜂窝网络架构升级。5G 网络架构进行了升级，引入了虚拟化、云化和软件定义网络（SDN）等技术。这使得网络更加灵活、可扩展，并支持快速部署和资源优化。

（7）边缘计算。5G 利用边缘计算使计算和存储资源更接近用户和数据源，提供低延迟的实时计算和服务。这对于需要快速响应的应用，如自动驾驶、智能工厂等具有重要意义。

（8）与数字网络的适配。数字网络使用 IP 协议作为通信基础，在 5G 网络中也使用 IP 协议，这使得两者可以互相兼容。网络中的设备可以通过 IP 地址进行识别和通信。5G 网络引入了新的网络架构，如网络切片和虚拟化，以满足不同应用场景的需求。数字网络需要相应地进行调整，以适应 5G 的网络架构和功能。

4. 5G 移动通信的应用场景

5G 移动通信的应用场景非常广泛，涵盖了从个人消费到工业制造、医疗健康、交通运输等多个领域，为各行各业带来了巨大的创新和改变。5G 移动通信的应用场景举例如下：

（1）超高速移动通信。5G 网络具备高带宽和低延迟的特点，可以满足人们对高速移动通信的需求，支持高清视频、虚拟现实、增强现实等应用。

（2）物联网。5G 技术可以连接大规模的物联网设备，实现智能家居、智能城市、智慧交通等场景的部署，提升设备之间的互联互通能力。

（3）远程医疗。通过 5G 技术，医生可以远程监控患者的生命体征、进行远程手术指导等，提高医疗服务的质量和效率。

（4）自动驾驶。5G 网络的低延迟和高可靠性特点，能够提供更稳定、可靠的通信环境，对于自动驾驶汽车来说是至关重要的，可以实现车与车、车与道路基础设施之间的实时通信。

（5）虚拟现实和增强现实。5G 网络的高带宽可以支持高质量的虚拟现实和增强现实应用，用户可以享受更加沉浸式的游戏、娱乐和教育体验。

（6）工业应用。5G 网络的高可靠性和低延迟特点，可以支持工业自动化、远程操作和远程监控等应用，提升生产效率和工作安全。

（7）智能交通。通过 5G 网络，交通管理部门可以实时监控道路和交通信息，提供实时的交通导航、路况预警等服务，优化交通流量，提高道路安全性。

思考题

1. 什么是大规模多输入多输出技术？
2. 5G 网络组成有哪些？
3. 高频毫米波通信作用是什么？

培训课程 6 新一代信息通信技术基础

学习单元 1　物联网

一、物联网概述

1. 物联网基础概念

物联网是通过射频识别、红外感应器、全球定位系统、激光扫描器等信息传感设备,按约定的协议,将物品与互联网相连接并进行信息交换和通信,以实现对物品的智能化识别、定位、跟踪、监控和管理的一种网络。

2. 物联网体系结构

物联网体系结构大致可以分为感知层、网络层以及应用层,如图 2-42 所示。

(1)感知层。其是物联网整体架构的基础,在感知层,可以通过传感器感知物体本身以及周围的信息,比如声音传感器、压力传感器、光强传感器等,感知层负责为物联网采集和获取信息。

物联网感知层的关键技术主要有传感器技术、射频识别技术、二维码技术、蓝牙技术、紫蜂(ZigBee)技术等。

(2)网络层。其在整个物联网架构中起到承上启下的作用,它负责向上层传输感知信息和向下层传输命令。网络层主要是通过物联网、互联网以及移动通信网络等传输海量信息,具有纽带作用。

除常见的 4G、5G 蜂窝网络外,物联网网络层可用的低功耗长距离通信还有窄带物联网(NB-IoT)、增强型机器类型通信(eMTC)、远距离无线电(LoRa)技术等,我国运营商主要部署的是 NB-IoT 技术。

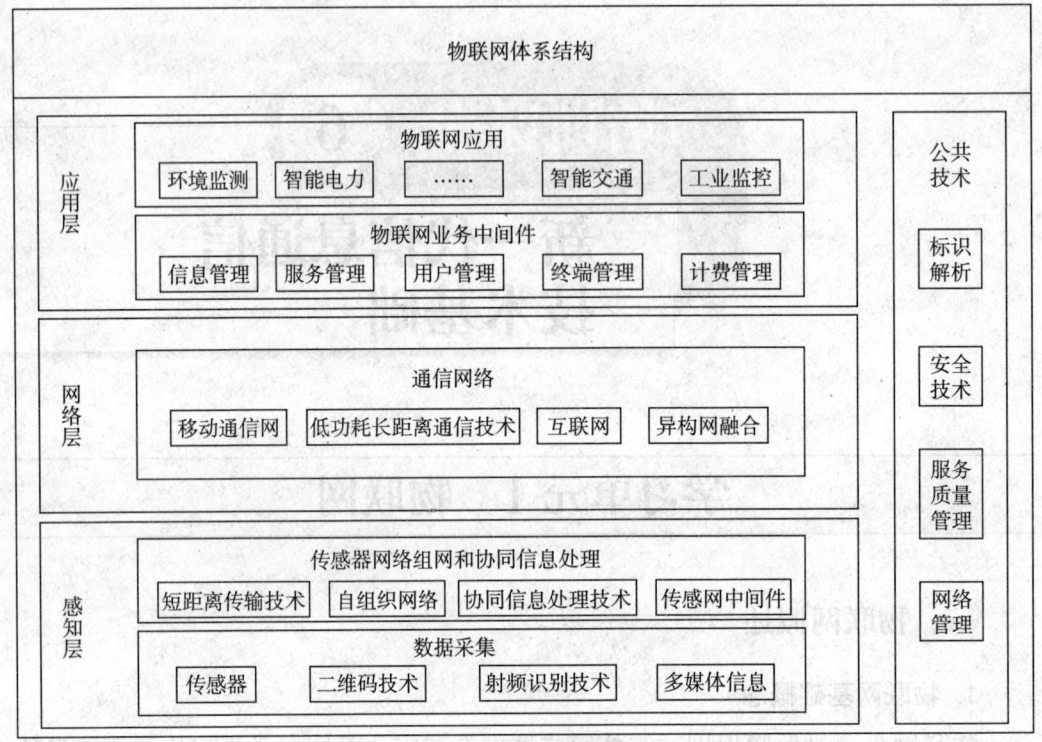

图 2-42 物联网体系结构

（3）应用层。物联网最终是要应用到各个行业中去，传输的信息在物联云平台被处理后，挖掘出来的有价值的信息会被应用到实际生活和工作中，比如智慧物流、智慧医疗、食品安全、智慧园区等。

二、物联网应用场景

物联网技术广泛应用，已经深入各行各业之中。以下为几种常见的应用例子：

1. 智慧物流

智慧物流指的是以物联网、大数据、人工智能等信息技术为支撑，在物流的运输、仓储、运输、配送等各个环节实现系统感知、全面分析及处理等功能。

2. 智能交通

智能交通是物联网的一种重要体现形式，利用信息技术将人、车和路紧密结合，改善交通运输环境、保障交通安全以及提高资源利用率。

3. 智慧能源环保

智慧能源环保属于智慧城市的一个部分，其物联网应用主要集中在水能、电能、燃气、路灯等能源以及井盖、垃圾桶等环保装置。

4. 智能制造

制造领域是物联网的一个重要应用领域，主要体现在数字化以及智能化的工厂改造上，通过在设备上加装相应的传感器，使设备厂商可以远程随时随地对设备进行监控、升级和维护等操作。

学习单元 2　云计算

一、云计算概述

1. 云计算（Cloud Computing）基础概念

云计算是分布式计算的一种，它将计算资源、存储资源和应用程序等服务通过互联网提供给用户。云计算的核心原理是将计算资源和存储资源虚拟化，通过互联网进行分布式管理和调度，从而实现资源的共享和高效利用。

2. 云计算系统架构

通用的云架构划分为基础设施层、平台层和软件服务层三个层次，如图 2-43 所示。

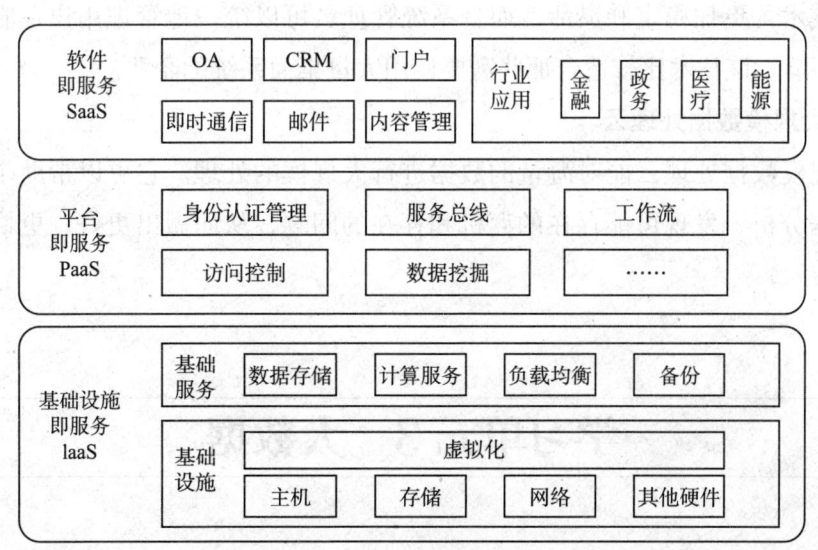

图 2-43　云计算系统架构

云计算可以提供多种服务，主要包括基础设施即服务（IaaS）、平台即服务（PaaS）和软件即服务（SaaS）。

基础设施即服务是指云计算提供商提供计算资源、存储资源和网络资源等基础设施，用户可以根据自己的需求进行配置和管理。其关键技术有虚拟化技术、数据存储技术等。

平台即服务是指云计算提供商提供开发平台和运行环境，用户可以在该平台上进行应用程序的开发和部署。

软件即服务是指云计算提供商提供各种应用程序，用户可以通过互联网直接使用这些应用程序，无须进行安装和配置。

二、云计算应用场景

近年来，我国政府高度重视云计算产业发展，其产业规模增长迅速，应用领域也在不断扩展。以下是云计算 3 个比较典型的应用场景：

1. 云存储系统

云存储系统可以解决本地存储在管理上的缺失问题，降低数据的丢失率。它通过整合网络中多种存储设备来对外提供云存储服务，并能管理数据的存储、备份、复制和存档。云存储系统非常适合那些需要管理和存储海量数据的企业。

2. 虚拟桌面云

虚拟桌面云可以解决传统桌面系统高成本的问题。它利用了现在成熟的桌面虚拟化技术，更加稳定和灵活，而且系统管理员可以统一地管理用户在服务器端的桌面环境。该技术比较适合那些需要使用大量桌面系统的企业。

3. 大规模数据处理云

大规模数据处理云能对海量的数据进行大规模的处理。它可以帮助企业快速进行数据分析，发现可能存在的商机和存在的问题，从而做出更好、更快和更全面的决策。

学习单元 3　大数据

一、大数据（Big Data）概述

1. 大数据基础概念

大数据是一个体量特别大，数据类别特别大，用传统的数据分析与统计学方

法无法获得、处理、分析和表征的数据的集合。它具有容量大、类型繁多、速度快、价值密度低和真实性五大特征。

2. 大数据平台架构

根据大数据平台架构中流入和流出的过程，可以把其分为三层：原始数据层、数据仓库、数据应用层。

（1）原始数据层。主要包括各种业务系统的数据、数据库的数据以及其他数据源的数据。数据源层的数据质量直接影响到数据仓库的整体质量和后续分析的准确性。

（2）数据仓库。主要功能是以原始数据层数据为基础，通过逻辑加工产出数据仓库主题表。数据仓库又细分为基础层、主题层和数据集市。

1）基础层的特性较着重于查询，变动性大。

2）主题层是数据仓库的核心组成部分。主题是指业务方使用数据仓库决策时所关心的重点方向，一般会根据业务线情况划分。

3）数据集市则较偏向解决特定业务的问题，部分采用维度模型。

（3）数据应用层。将数据仓库中的数据应用于具体的业务场景中，以支持企业的决策制定和业务运营。数据应用层可以通过各种报表、可视化工具、数据分析工具等方式来展示和利用数据。

二、大数据应用场景

大数据技术也已经被应用到了各个行业，包括政务领域、金融领域、医疗健康、交通运输、能源领域、娱乐和广告、城市规划等。以下是一些常见的大数据应用场景：

1. 政务领域

通过大数据，政府部门得以感知社会的发展变化需求，从而更加科学化、精准化、合理化地为公民提供相应公共服务以及资源配置。

2. 金融领域

利用大数据分析技术，可以进行风险评估、反欺诈、反洗钱等工作，帮助银行和保险公司提高风险控制能力。

3. 医疗健康

通过对大量的医疗数据进行分析，可以实现个性化治疗、疾病预测和预防、医疗资源优化等，提高医疗效果和降低医疗成本。

4. 交通运输

通过对大量的交通数据进行分析，可以实现交通拥堵预测、路线优化、车辆调度等，提高交通效率和安全性。

5. 能源领域

通过对能源消耗数据和能源供给数据进行分析，可以实现能源需求预测、能源供应优化等，提高能源利用效率和减少浪费。

6. 媒体和广告

通过对大量的用户数据进行分析，可以实现精准广告投放、用户画像、内容推荐等，提高广告效果和用户体验。

7. 城市规划

通过对城市交通、人口、环境等大数据进行分析，可以实现城市发展规划、资源配置优化、智慧城市建设等，提高城市管理和居民生活质量。

这些是只是一部分大数据应用场景，随着技术的发展和数据的积累，越来越多的领域将会受益于大数据技术的应用。

学习单元4 人工智能

一、人工智能概述

人工智能（Artificial Intelligence），英文缩写为 AI，它是研究、开发用于模拟、延伸和扩展人的智能的理论、方法、技术及应用系统的一门新的技术科学。

人工智能领域的关键技术涵盖了多个方面，主要包括机器学习、自然语言处理、计算机视觉、深度学习、强化学习、语音识别、机器人技术、推荐系统等。这些关键技术相互关联和相互促进，共同驱动了人工智能的发展和应用。

二、机器学习

1. 机器学习概述

机器学习是一种通过使用算法和模型，使计算机系统能够从数据中学习和改进的技术。它的主要思想是通过让计算机从大量数据中提取出规律和模式，并使用这些规律和模式来进行预测、分类和决策。

机器学习的过程通常包括以下几个步骤：

（1）数据收集。机器学习的第一步是收集合适的数据，这些数据可以是结构化数据（如数据库表格）或非结构化数据（如文本、图像、音频等）。

（2）数据预处理。在进行机器学习之前，通常需要对数据进行预处理，包括数据清洗、缺失值处理、特征选择和转换等，其目的是提高数据的质量和适用性。

（3）模型选择。在机器学习中，需要选择适合问题的模型或算法。常见的机器学习模型包括线性回归、决策树、支持向量机、神经网络等。模型的选择取决于数据的特点和问题的需求。

（4）模型训练。模型训练是指通过将数据输入到选择的模型中，并调整模型的参数，使模型能够从数据中学习出合适的规律和模式。

（5）模型评估。在模型训练完成后，需要对模型进行评估以确定其性能和准确性。通过评估模型的性能，可以了解模型是否适合解决问题，并进行必要的改进和调整。

（6）模型应用。在模型训练和评估完成后，可以将模型应用于实际问题中。通过输入新的数据，模型可以根据之前学到的规律和模式进行预测、分类或决策。

2. 深度学习

深度学习是一种机器学习的方法，通过模拟神经网络的方式来实现对数据的学习和分析。它的核心思想是通过多层次的神经网络结构来建模和表达数据的复杂特征，从而实现对大规模、高维度和非线性的数据进行处理和分析。机器学习和深度学习的关系，如图2-44所示。

（1）监督学习（Supervised Learning）。监督学习是机器学习的一种方法，通过使用标记好的数据集来训练模型，以便预测新的未标记数据的标签或结果。它基于已知的输入和输出对模型进行训练，然后用于预测新的输入。

（2）无监督学习（Unsupervised Learning）。无监督学习是一种机器学习方法，用于处理没有标签的数据集。它旨在从数据中发现模式、结构和关联，而不是根据已知的输出进行预测。无监督学习可以用于聚类、降维和异常检测等任务。

（3）强化学习（Reinforcement Learning）。强化学习是一种机器学习方法，是通过与环境进行互动来学习的行为策略。在强化学习中，智能体通过观察环境的反馈和奖励来改进其行为策略，以最大化长期的累积奖励。

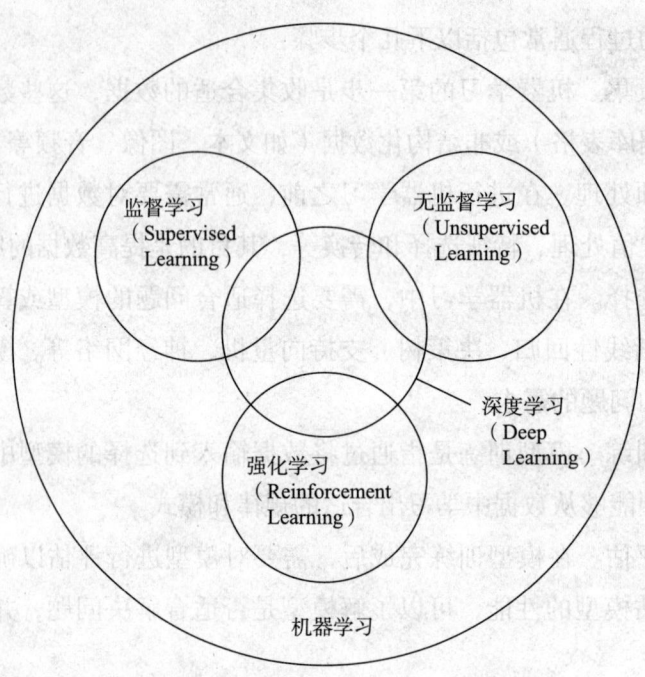

图 2-44 机器学习与深度学习关系图

三、自然语言处理概述

1. 自然语言处理概念

自然语言处理是一门研究人类语言与计算机之间相互作用的学科,其目标是使计算机能够理解、解析、生成和处理人类语言。

2. 自然语言处理关键技术

(1)分词(Tokenization)。分词是将连续的文本序列切割成有意义的词或短语单位。分词是自然语言处理(NLP)的基础步骤,对于后续的文本处理非常重要。

(2)词性标注(Part-of-Speech Tagging)。词性标注是为文本中的每个词汇标注其在上下文中的语法角色,如名词、动词、形容词等。词性标注对于解析句子的结构和意义非常有帮助。

(3)句法分析(Syntactic Parsing)。句法分析是通过分析句子的结构和语法关系,建立句子中词汇之间的语法关系。句法分析可以帮助理解句子的语法结构,从而进一步分析其语义。

(4)语义角色标注(Semantic Role Labeling)。语义角色标注用来确定句子中每个名词短语的语义角色,如施事者、受事者、动作等。语义角色标注有助于理解句子的语义。

（5）命名实体识别（Named Entity Recognition）。命名实体识别用于识别文本中的特定实体，如人名、地名、组织机构名称等。命名实体识别对于信息抽取、问答系统等任务至关重要。

（6）语义理解（Semantic Understanding）。语义理解是从文本中抽取出含义和语义信息。语义理解可以帮助计算机理解文本的含义和上下文，从而进行更复杂的语义分析。

（7）机器翻译（Machine Translation）。机器翻译是将一种语言的文本自动转化为另一种语言的文本。机器翻译涉及文本理解、语义转换和生成等多个NLP技术。

（8）情感分析（Sentiment Analysis）。情感分析用于识别和分析文本中的情感或观点。情感分析可以帮助了解用户在社交媒体、产品评论等文本中的情感倾向。

（9）问答系统（Question Answering）。问答系统是通过自然语言提出问题并自动回答。问答系统结合了信息检索、语义理解和文本生成等多个NLP技术。

四、人工智能应用场景

人工智能应用场景可以分为识别和处理两大类，以下是两个类别中的一些具体应用场景：

1. 识别类应用场景

（1）图像识别。通过深度学习和神经网络等技术，识别、分类和标记图像中的物体、场景和人脸等。

（2）语音识别。利用自然语言处理和机器学习技术，将语音转化为可理解的文本，实现语音命令和交互。

（3）手写识别。通过对手写文字的识别和转换，将手写文字转化为数字或可编辑的文本。

（4）人脸识别。使用计算机视觉和深度学习技术，识别和验证人脸，实现人脸解锁、身份验证等功能。

2. 处理类应用场景

（1）自然语言处理。通过机器学习自然语言处理技术，进行文本理解、文本生成、机器翻译等任务。

（2）推荐系统。基于用户行为和个人喜好，通过机器学习和协同过滤等技术，为用户提供个性化的推荐信息，如电影推荐、商品推荐等。

（3）智能客服。利用自然语言处理和机器学习技术，构建智能对话系统，实现自动回答用户问题、提供问题解决方案等功能。

（4）机器人和无人驾驶。利用计算机视觉、语音识别和深度学习等技术，实现无人驾驶汽车和智能机器人的自主决策和行为控制。

学习单元 5　区块链

一、区块链概述

1. 区块链的概念

区块链是一种分布式的去中心化的数据库技术。区块链的数据以区块的形式进行组织，每个区块包含了一定数量的交易数据和一个指向前一个区块的指针。区块链的关键特点是去中心化和不可篡改。

2. 区块链的分类

区块链可分为公有链、私有链和联盟链三种类型。

（1）公有链（Public Blockchain）。公有链是一种完全开放且公众可参与的区块链网络。它允许任何人创建账户、提交交易并参与共识机制，所有的数据和交易信息都是透明且公开的。公有链的优点是去中心化、高度安全和强大的抗攻击性，但也存在处理速度较慢和高能耗等问题。

（2）私有链（Private Blockchain）。私有链是一种基于区块链技术的封闭网络，私有链通常由一个中心化组织或企业创建和控制，只有特定的授权用户或组织可以参与其中。私有链的优点是处理速度快、灵活性高和隐私保护，但缺乏去中心化和透明性。

（3）联盟链（Consortium Blockchain）。联盟链是一种介于公有链和私有链之间的中间形式。它由多个授权的参与者组成，共同管理和验证交易。联盟链的优点是相对于私有链更具去中心化、可扩展性和安全性，同时能够灵活地控制参与者和权限。

3. 区块链网络

区块链网络是由多个节点组成的分布式网络。这些节点相互连接并通过共识机制来达成一致，并维护着一个共享的、不可篡改的分布式账本。

节点是网络中的参与者，可以是个人、组织或计算机，每个节点都有一个区块链的完整副本，并可以参与网络中的交易验证和区块生成。

交易是在区块链网络中进行的操作，例如转账、合约执行等。交易被广播到整个网络中的节点，经过验证后被打包成一个区块，并添加到区块链的末尾。

共识机制是区块链网络中的规则，用于确保所有节点对区块链的状态达成一致。通过共识机制，网络中的节点就可以达成一致，并一起维护和更新区块链。

二、区块链应用场景

区块链的应用场景可以按照不同领域进行分类，以下是一些常见的分类和相应的应用场景：

1. 金融领域

跨境支付和汇款。通过区块链技术，可以实现快速、便宜、安全的跨境支付和汇款服务，提高资金的流动性和效率。

股权和证券交易。区块链可以提供更高效、透明和安全的股权和证券交易，减少交易成本和风险。

2. 供应链管理

商品溯源和防伪。通过区块链可以实现对商品生产和流通过程的全程追踪，确保商品的真实性和安全性，防止假冒伪劣产品的流入。

物流管理。区块链可以提供实时的物流信息共享，加强供应链各环节之间的合作和协调，提高物流效率和可视性。

3. 公共服务领域

公有记录和身份管理。区块链可以用于管理公共记录和身份信息，确保信息的安全和隐私，提高公共服务的效率。

慈善和捐赠管理。通过区块链可以实现慈善和捐赠资金的追踪和管理，确保捐款的透明和有效使用。

思考题

1. 物联网三层体系结构包括哪些？
2. 云计算提供的典型服务包括哪些？
3. 数据仓库细分为哪些？

4. 简述深度学习的概念。
5. 什么是自然语言处理技术?
6. 区块链典型分类包括哪些类型?
7. 区块链网络特点有哪些?

培训课程 7

信息与网络安全基础

学习单元 1　信息安全

一、信息安全概述

1. 信息安全基础概念

信息安全是保护硬件、软件及其信息免受各种威胁、干扰和破坏，确保信息的保密性、完整性、可用性、可控性和审查性。

2. 信息安全威胁

（1）个人信息采集规范问题。不法分子通过各类软件或者程序来盗取个人信息，并利用信息来获利，严重影响了公民生命、财产安全，使得个人信息安全遭到极大影响，严重侵犯公民的隐私权。

（2）个人信息保护问题。网络上个人信息的肆意传播、电话推销源源不绝等情况时有发生，从其根源来看，这与个人欠缺足够的信息保护意识密切相关。公民在个人信息层面的保护意识相对薄弱给信息被盗取创造了条件。

（3）个人信息监管缺乏问题。相关部门管理理念模糊、机制缺失联系密切，此外，网络用户较多并且信息较为繁杂，因此管理部门也很难实现精细化管理。再加上与网络信息管理相关的规范条例等并不系统，使得很难针对个人信息做到有力监管。

3. 信息安全风险评价标准

2022 年 11 月 1 日正式实施的《信息安全技术　信息安全风险评估方法》（GB/T 20984—2022）是我国信息安全领域的基础性标准，有效指导了我国信息安全风险评估工作开展，成了国家各级网络安全主管机关、各行业主管部门开展信息安全管理工作的重要抓手，为国家网络安全高质量发展做出了贡献。信息安全风险评价一般包括：

（1）识别风险源。确定信息系统中所有可能的风险源，包括技术、组织和环境因素等。

（2）评估风险程度。使用评估模型，根据风险源的相关性、可能性和影响程度，确定信息系统的安全等级。

（3）确定风险控制措施。根据风险程度，确定合适的控制措施，有效降低和控制信息系统的风险。

（4）构建安全防护体系。根据安全等级要求，确定安全策略，制定安全措施，构建完善的安全防护体系。

（5）评估安全防护体系效果。定期评估安全防护体系，确定其有效性，及时发现并解决存在的问题。

二、信息安全技术

1. 攻击技术

信息安全攻击技术包括暴力破解、木马病毒攻击和欺诈攻击。暴力破解是一遍又一遍地尝试不同的密码组合，直到猜中为止。木马病毒攻击是通过附加恶意脚本或其他恶意程序来获取信息数据或操作目标设备。欺诈攻击是用欺骗的方式来获取数据信息。

2. 防御技术

信息安全防御技术包括安全教育、策略设置、网络监控和安全管理等。安全教育是通过普及信息安全知识和技能，避免安全漏洞。策略设置是制定保障网络安全、提供网络安全防御能力的政策和标准。网络监控是通过监测、收集、分析数据，实时监测网络传输并查找异常问题。安全管理是设计安全管理模块、部署安全设备以及运营信息安全管理团队。

3. 访问控制技术

访问控制是按用户身份及其所归属的某项定义组来限制用户对某些信息项的访问，或限制对某些控制功能使用的一种技术，如网络准入控制系统（NAC）的原理就是基于此技术。访问控制通常用于系统管理员控制用户对服务器、目录、文件等网络资源的访问。

4. 防火墙技术

防火墙是通过有机结合各类用于安全管理与筛选的软件和硬件设备，帮助计算机网络构建一道相对隔绝的保护屏障，以保护用户资料与信息安全性的一种技术。防火墙是在两个网络通信时执行的一种访问控制管理，能根据企业的安全政策控制出入网络的信息流，最大限度阻止网络攻击者访问你的网络，图 2-45 所示为防火墙层次结构。

图 2-45 防火墙层次结构

5. 身份认证技术

身份认证技术是在计算机网络中确认操作者身份的过程而产生的有效解决方法。其中，数字签名是一种电子加密技术，可以区分真实数据与伪造、被篡改过的数据。生物识别是指唯一的可以测量或可自动识别和验证的生理特征或行为方式。

思考题

1. 什么是网络安全？
2. 网络安全中的管理安全包括哪些内容？
3. 典型虚拟专用网技术包括哪些？

学习单元 2 网络安全

一、网络安全概述

1. 网络安全基础概念

（1）网络安全定义。网络安全是保护在网络中传输、存储、处理的信息安全，提高物理上、逻辑上的防护、监控、恢复和对抗能力。网络安全目标主要表现在系统的保密性、完整性、可靠性、可访问性和可控性等方面。

1）保密性。指网络信息不被泄露给非授权用户、实体或过程。

2）完整性。指数据信息未经授权不能修改。

3）可靠性。指数据信息能在规定条件下完成规定功能。

4）可访问性。指数据信息可被授权实体访问并按需求使用。

5）可控性。指数据信息在网络传播中具备可控能力。

（2）网络安全威胁

1）物理安全威胁。指网络设备、设施及其他媒介受到自然和人为因素破坏，导致无法正常提供服务的安全威胁。物理安全是保护网络设备、设施及其他媒介免遭自然和人为因素破坏的措施及过程，主要包括环境安全、设备安全、媒体安全。

①环境安全。对网络所在环境的安全保护，如区域保护、灾难保护。

②设备安全。对网络中所有设备的防盗、防毁、防电磁干扰、防线路截获以及电源保护等。

③媒体安全。对网络中信息数据和媒体本身的安全保护。

2）系统安全威胁。主要包括操作系统安全、数据库系统安全等威胁。通过建立系统安全策略机制、保障措施、应急修复方法、安全要求和管理规范可确保整个网络安全。

①操作系统安全。对网络中服务器、终端等设备操作系统进行安全保护，如反病毒、系统安全检测、入侵检测、审计分析等。

②数据库系统安全。对网络中数据库管理系统进行安全保护，如数据库安全、数据库管理系统安全。

3）运行安全威胁。各类应用服务在运行过程中出现信息数据安全、网络安全、实体安全等问题。运行安全威胁防范主要包含运行安全和访问控制安全。

4）应用安全威胁。包括应用软件开发平台安全、应用软件程序安全、数据资源安全、数据保密性和应用程序可靠性，下面主要介绍前两种。

①应用软件开发平台安全。对应用软件开发平台安全保护，如各种编程语言平台安全、程序本身安全。

②应用软件程序安全。对应用软件系统安全保护。

5）管理安全威胁。主要对人员、网络系统和应用服务等安全管理，设计各种法律、法规、政策、策略、机制、规范、标准、技术手段和措施。

2. 网络安全防范措施

网络安全问题复杂且多变，要根据具体的网络环境及应用需求提出综合处理的解决方案和措施，常见的网络安全措施包括：

（1）加密与解密。加密与解密能保护信息数据不被恶意读取，但加密与解密并不能提供阻止非法获取信息数据，只能提供使用密钥控制数据的完整性，如图2-46所示。

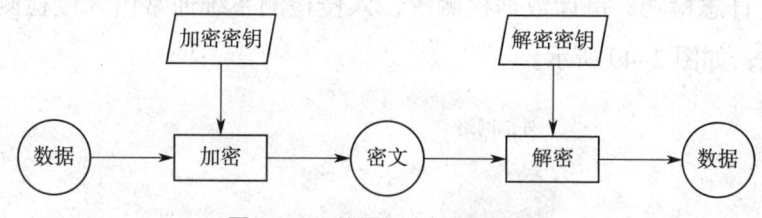

图2-46　数据加密与解密过程

（2）杀毒软件。杀毒软件能减少恶意程序对信息数据破坏的危害，但网络安全杀毒软件并不能阻止所有网络安全隐患，并且杀毒软件还需要实时更新，以防御新出现网络安全隐患。国产杀毒软件界面如图2-47所示。

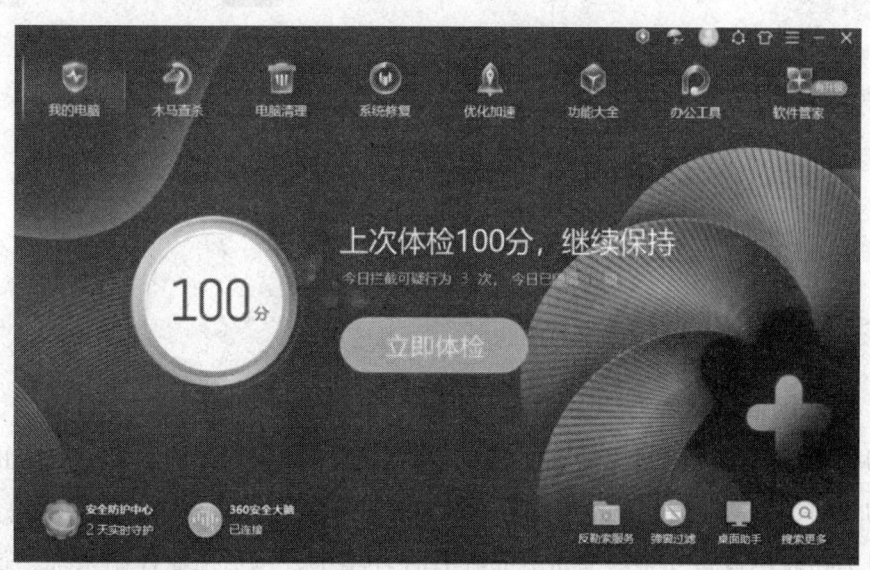

图2-47　国产杀毒软件界面

（3）AI防火墙。AI防火墙是在防火墙技术之上融入人工智能技术，实现智能化内部网络和外部网络之间访问控制，帮助保护内部网络安全，提高内部网络安全等级，如图2-48所示。

图 2-48　AI 防火墙设备

（4）入侵检测。用于分析系统和防范未经授权活动，通常检测内容包括行为检测、安全日志检测、审计数据检测等，入侵检测系统通常由入侵检测软件与硬件组合而成，如图 2-49 所示。

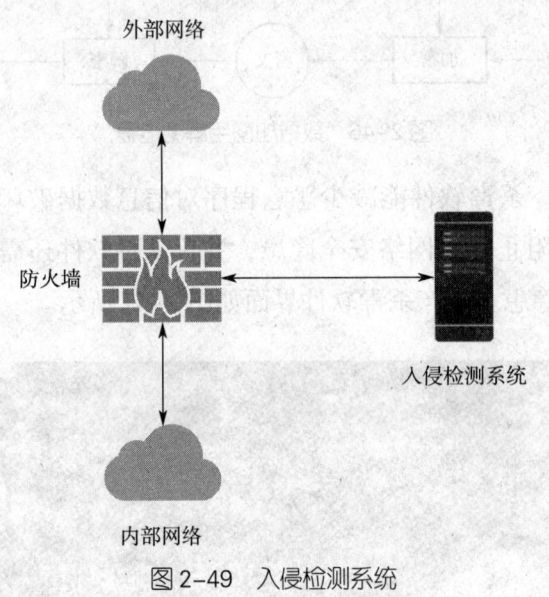

图 2-49　入侵检测系统

二、新一代信息技术安全

1. 物联网信息安全

物联网信息安全是指保护物联网设备、通信网络和数据的安全，以防止未经授权的访问、数据泄露、设备篡改等威胁。

（1）物联网设备安全。通常分布在各种环境中，包括工业控制系统、智能家居等。这些设备可能存在漏洞和弱点，容易受到攻击，并可能被黑客用作攻击其他系统的入口。

（2）物联网通信网络安全。通常是对网络数据加密和安全传输管理，以确保数据的机密性和完整性。采用安全的通信协议和加密算法，如 TLS/SSL、IPSec 等，保障数据在传输过程中的机密性和完整性。

（3）物联网数据安全。包括个人隐私信息和商业机密等，这些数据需要受到保护，防止未经授权的访问和泄露。采用数据加密、访问控制和数据备份等措施，保护物联网中产生的数据不受未授权访问和泄露。

2. 云计算信息安全

云计算信息安全指的是在云计算环境下保护和维护数据和系统的安全性。由于云计算的特性，包括数据存储和处理的虚拟化、网络共享和大规模管理，给信息安全带来了一系列的挑战。云计算信息安全的重要性体现在以下几个方面：

（1）数据保密性。用户的数据在云端存储和处理，需要确保数据不被未经授权的人员访问和盗取。

（2）数据完整性。云计算环境中的数据容易被篡改或者损坏，需要确保数据的完整性，以防止数据被篡改或丢失。

（3）服务可用性。云计算提供商需要确保其服务的稳定性和可用性，以保证用户能够随时访问云服务。

（4）虚拟化安全。在云计算环境中，虚拟化技术是一种常见的部署方式，需要确保虚拟化环境的安全，防止攻击者利用虚拟化漏洞入侵和攻击云服务。

（5）账号和访问管理。云计算环境中有大量的用户和服务账号，需要确保账号的安全和访问权限的管理，防止恶意用户或服务滥用权限和入侵系统。

（6）安全监测与风险评估。云计算环境中需要建立安全监测和风险评估体系，及时发现和应对安全事件，保护用户数据和系统安全。

3. 大数据信息安全

大数据信息安全涉及保护大数据的机密性、完整性和可用性，以防止未经授权的访问、篡改或破坏数据。由于大数据的规模和复杂性，其安全性面临一些独特的挑战。大数据信息安全的关键方面如下：

（1）数据隐私保护。大数据中包含了大量的个人敏感信息，需要采取隐私保护措施，如数据脱敏、数据加密等。特别是在共享和交换数据时，需要确保数据的隐私不被泄露。

（2）数据完整性保障。大数据经常涉及多个数据源和复杂的数据处理流程，需要确保数据在采集、存储和处理过程中的完整性，防止数据被篡改或损坏。

（3）访问控制和身份验证。大数据通常需要多个用户和应用程序进行访问和使用，需要建立严格的访问控制机制，确保只有授权的用户和应用程序才能访问数据。

（4）安全监测与威胁检测。建立实时的安全监测和威胁检测系统，能够及时发现潜在的安全威胁和攻击，并采取有效的防御措施。

（5）安全分析和风险评估。对大数据进行安全分析和风险评估，发现和评估潜在的漏洞和威胁，以便及时采取措施来减轻风险。

4. 人工智能信息安全

人工智能信息安全是指在人工智能系统设计、开发、运行和应用过程中，保护人工智能系统和相关信息资源的机制与方法。由于人工智能系统具有自主学习和智能决策的能力，其安全性问题成了一个重要的关注点。人工智能信息安全主要包括以下几个方面：

（1）数据隐私保护。人工智能系统需要处理大量的个人敏感数据，如何保护这些数据的隐私是一个重要的挑战。主要的保护手段包括数据加密、数据脱敏、隐私保护算法等。

（2）模型安全性。人工智能模型的安全性问题包括模型的鲁棒性、防御对抗样本攻击、模型的可解释性等。为了保证人工智能模型的安全性，需要研究新的算法和方法来提高模型的鲁棒性和可解释性。

（3）人工智能系统安全性。人工智能系统的运行环境也需要得到保护，如防止未经授权的访问、防止恶意攻击等。需要采取安全策略和技术手段来保证人工智能系统的安全性。

（4）对抗性机器学习。对抗性机器学习是指通过有意地修改输入数据，来欺骗和攻击人工智能系统的方法。研究对抗性机器学习可以帮助人们了解攻击者可能采取的各种手段，并提出相应的防御策略。

5. 区块链信息安全

区块链信息安全是指在区块链系统中，保护区块链数据和交易的机制与方法。区块链是一种去中心化的分布式技术，它的安全性是基于密码学和共识机制的。区块链信息安全主要包括以下几个方面：

（1）数据隐私保护。区块链上的交易数据是公开透明的，但有时候需要保护某些敏感数据的隐私。为了保护数据隐私，可以采用加密技术、零知识证明等方法。

（2）身份认证和访问控制。区块链中的参与者通过私钥和公钥进行身份认证，但确保私钥的安全性是非常重要的。同时，还需要设计合理的访问控制策略，确保只有授权的参与者才能访问和操作区块链数据。

（3）防止双重支付和篡改。双重支付是指在区块链上进行多次支付的攻击，而篡改是指对区块链数据进行修改的攻击。为了防止这些攻击，区块链采用共识机制来确保交易的一致性和完整性。

（4）智能合约的安全性。智能合约是基于区块链的可编程合约，但由于智能合约的代码是公开的，可能存在漏洞和安全隐患。因此，需要进行安全审计和测试，确保智能合约的安全性。

思考题

1. 什么是密码技术？
2. 防御技术中的网络监控是什么？
3. 防火墙技术的功能是什么？

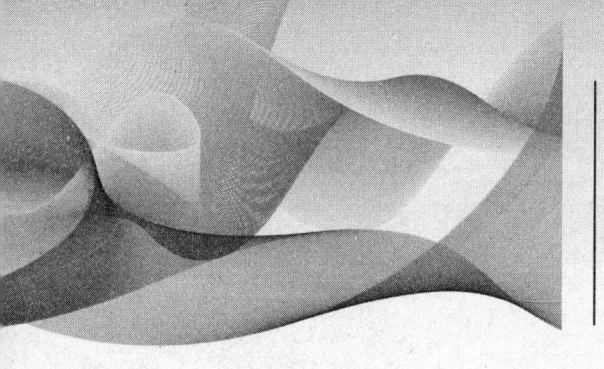

职业模块 ③ 安全生产与环境保护知识

培训课程 1

安全生产与环境保护基本知识

学习单元 1　安全作业管理知识

一、安全生产的基本概念

安全生产是指为预防生产过程中发生事故而采取的各种措施和活动，是为了使生产过程在符合物质条件和工作秩序下进行，防止发生人身伤亡和财产损失等生产事故，消除或控制危险有害因素，保障人身安全与健康，使设备和设施免受损坏，使环境免遭破坏等活动的总称。

二、安全生产管理的主要内容

安全生产管理是指针对人们生产过程的安全问题，运用有效的资源和手段，通过制定安全生产规章制度进行安全教育培训、开展安全检查和隐患排查、制定应急预案等一系列活动，实现生产过程中人、机、物、环境的和谐统一，达到安全生产的目标。

企业的安全生产应遵守有关安全生产的法律法规，加强安全生产管理，建立健全安全生产责任制，完善安全生产条件，合理运用各种安全生产技术，开展安全生产教育培训，进行安全风险管控，制定事故应急预案，执行国家、行业标准，确保安全生产，并承担事故报告、救援和善后赔偿责任。

1. 安全生产技术管理

（1）安全技术措施。数字化解决方案涉及专业较多，不同的工程项目需要采用不同的施工方法、设备、工具和工艺，即使同类工程所处的环境都有差异。因此，需要根据具体情况采取相应的技术措施。在编制数字化工程的施工组织设计时，要根据工程特点编制相应的技术措施，并参考相关规程、标准和以往的经验教训。在施工的过程中，根据项目的不同情况要考虑做好以下安全措施：

1）针对不同的工程特点可能造成的施工危害、危险，从技术上采取措施，消除危险，确保施工作业人员的安全。

2）针对不同的施工方法制定相应的安全技术措施。

3）针对部分工程可能给工程带来的不安全影响，从技术上采取措施来保证施工安全。

4）针对使用的机械设备可能给施工人员带来的危险因素，采取相应的安全技术措施。

5）针对施工中使用有毒、有害、易燃、易爆物品等作业可能给施工人员造成伤害，从技术上采取措施。

6）针对施工现场及周边环境可能给施工人员及周围居民造成危害，从技术上采取措施，防止安全事故的发生。

7）针对不同季节、不同地区的施工特点，制定相应的技术措施，以保证作业人员及设备设施的安全。

8）针对新技术、新工艺、新材料在工程中的使用，必须研究相应的安全技术措施，必要时，可咨询设计和其他相关部门，要掌握其规律、方法、特性。

（2）安全技术方案。专项施工方案是指在编制施工组织设计的基础上，针对危险性较大的施工作业活动，单独编制的安全技术文件。专项施工方案的内容应包括工程概况、编制依据、施工计划、施工工艺、施工安全保证措施等。

1）工程概况。包括工程概况特点、施工平面布置、施工要求及技术保证条件。

2）编制依据。包括相关法律法规、规范性文件、标准及施工图设计文件、施工组织设计等。

3）施工计划。包括施工进度计划、材料与设备计划。

4）施工工艺。包括技术参数、工艺流程、施工方法、操作要求、检查要求等。

5）施工安全保证措施。包括组织保障措施、技术措施、监测监控措施等。

（3）安全技术交底。安全技术交底工作是保证安全控制计划落实、避免施工过程中发生安全事故的必要措施。施工单位必须认真做好安全技术交底工作，使其贯彻到施工全过程中，主要包括交底的要求和内容。

1）交底的要求

①工程施工前，施工单位负责项目管理的技术人员应当对有关安全施工的技

术要求向施工作业班组和所有作业人员做出详细说明，并由双方签字确认。

②安全交底的形式应根据工程规模确定。如果工程规模比较大，安全技术交底可以逐级进行，直至交底到所有人员。如果工程规模不大，交底工作可以集中进行，直接向所有人员交底。

③安全技术交底可以采用会议、口头沟通、示范、样板等组织形式，采用文字、图像等表达形式。但不管采用哪种方式，都要形成记录，都要覆盖到全体人员，并由交底人和被交底人签字确认。

④一般情况下，仅在整个项目施工前做一次安全技术交底是不够的。在重点危险作业施工前，或者在安全技术人员认为不交底难以保证施工正常进行时，应及时交底。通常情况下，重点危险作业包括高空作业、人孔作业、大件运输、公路作业、带电作业等。

2）交底的内容。交底的内容主要包括工程项目的施工作业特点和危险因素、针对危险因素制定的具体预防措施、相应的安全生产操作规程和标准、在施工生产中应注意的安全事项、发生事故后应采取的应急措施等。

2. 事故应急管理

施工单位的应急救援管理包括建立组织机构，以及应急预案的编制、审批、演练、评价、完善和应急救援响应工作程序及记录等内容。事故应急预案在应急系统中起着关键的作用。它明确了在突发事故发生之前，发生过程中以及刚刚结束之后，谁负责做什么、何时做，以及相应的策略和资源准备等。因此，生产经营单位应做好安全生产事故应急预案编制工作。其主要内容包括：应急预案体系、应急预案的编制程序、应急预案的主要内容等，其中单位应急预案分为综合应急预案、专项应急预案和现场处置方案等。

学习单元2　防火、防爆、防水、防盗知识

一、防火防爆知识

防火防爆是一项十分重要的安全工作，一旦发生火灾、爆炸事故，将会带来严重后果。因此，有必要掌握防火防爆的安全基础知识。

1. 火灾和爆炸的起因

常见的火灾、爆炸事故的直接原因主要包括：吸烟引起的事故；使用、运输、存储易燃易爆气体、液体、粉尘时引起的事故；使用明火引起的事故；静电引起的事故；电气设施使用、安装、管理不当引起的事故；物质自燃引起的事故；雷击引起的事故；压力容器、锅炉等设备及其附件带故障运行或管理不善引起事故。

2. 防火防爆技术

常见的防火防爆技术包括以下三个方面：

（1）点火源及其控制。消除着火源是防火和防爆的最基本措施，主要措施有防止明火；防止摩擦和撞击；防止电气设备的危险温度、电火花和电弧；防止静电放电；防止化学能和太阳能。

（2）爆炸控制。防止爆炸的一般原则包括：控制混合气体中的可燃物含量，使其处在爆炸极限之外；使用惰性气体取代空气；使氧气浓度处于其极限值以下。生产过程中的具体措施主要有：设备密闭、厂房通风、惰性介质保护，以不燃溶剂代替可燃溶剂、危险品隔离存储等。

（3）防火防爆安全装置及技术。防火防爆安全装置及技术可分为阻火隔爆装置与防爆泄压装置两大类。阻火隔爆技术可以分为机械隔爆和化学抑爆两种。机械隔爆是依靠某些固体或液体物质阻隔火焰传播；化学抑爆主要是通过释放某些化学物质来抑制火焰传播。机械阻火隔爆装置主要有工业阻火器、主动式隔爆装置和被动式隔爆装置。防爆泄压技术主要采用防爆泄压装置，包括安全阀、爆破片、防爆门等。

二、防水知识

漏水、漏液、泄漏、水浸等类型的故障，是指设备工作环境有液体渗漏情况。漏水、漏液、泄漏、水浸等可能会带来潜在危害，因此要采取相应的措施实时防控、及时控制这类事故。

1. 液体渗漏、潮湿环境造成的危害

可能造成的危害包括：机房的设备、器件腐蚀；精密元器件短路；电缆、电线、配电箱故障；设备使用寿命下降。

2. 防水技术规范

机房建设时，应注意以下方面，以防漏水造成各种事故：

（1）机房内应设防水沟或地漏。

（2）有上下水的房间和卫生间应远离机房。

（3）机房内必须安装漏水检测系统，应加强管理，防患于未然。

（4）若机房内有水管通过时，应采取保温措施，管道阀门不应设在机房内。

（5）若机房地处本建筑顶层，屋面必须经过严格的防水处理，防止雨水渗漏进入机房。

（6）机房一般情况下不使用暖气系统，但对于特别寒冷的地区，必须使用暖气时，在暖气下应设立防水槽。也可以采用钢串片式暖气片，管道全部采用焊接连接，防止漏水。

（7）配备一套 24 小时及时响应的漏水监测系统来实时监控。

三、防盗知识

服务器机房是数字企业的心脏，其安全至关重要，为防止盗窃、故意破坏等行为，需要对机房采取多方面的物理安全措施，包括机房物理访问控制举措和设备防盗窃、防破坏举措，以保障机房内设备、存储介质和线缆的安全。

1. 机房物理访问控制举措

机房的物理访问控制举措主要包括安全门禁系统、视频监控、安全照明、安全巡逻、访客管理、员工培训。

2. 设备防盗窃、防破坏举措

设备防盗窃、防破坏举措主要包括将主要设备放置在物理受限的范围内；对设备或主要部件进行固定，并设置明显且不易除去的标记；将通信线缆铺设在隐蔽处，如铺设在地下或管道中等；介质分类标识存储在介质库或档案室中；安装必要的防盗报警设施，以防进入机房的盗窃和破坏行为。

学习单元 3　安全用电、防电磁辐射知识

一、安全用电知识

1. 安全用电常识

（1）安全电压。其是指为防止触电事故的发生，而采用 50 V 以下特定电源供电的电压系列，分为 42 V、36 V、24 V、12 V 和 6 V 五个等级。根据不同的作业

条件，可选用不同的电压。

（2）电线的相线。电源线路可分为工作相线（火线）、工作零线和专用保护零线。

（3）电路过载。每一个电气设备都会有额定功率，当设备比额定功率要高时，就称为电路过载。

（4）线路老化。线路老化是指由于线缆长期超负荷工作、电缆工作环境温度太高、电缆被外力损伤、电缆绝缘受潮、电缆接头故障、遇到潮湿天气等原因，导致电线绝缘性能下降的情况。

2. 电流对人体伤害

电流对人体的电击伤害程度与通过人体的电流大小、电压和人体电阻、电流频率、触电时间、电流途径和身体状况有关。

（1）电流大小。通过人体的电流越大，人体的生理反应越强烈。通过人体的电流值不同，人体会产生不同的生理反应。根据人体反应，可将电流划分为感知电流、摆脱电流、致命电流三个等级。

（2）电压和人体电阻。通过人体的电流决定于外加电压和人体电阻。人体的安全电压是 36 V 以下，电阻一般为 1 000 ~ 2 000 Ω。

（3）触电时间。当电流在一瞬间通过时，有 0.1 ~ 0.2 s 称为易损伤期，触电急救的黄金时间是触电后的 4 min 内。

（4）电流途径。电流途径从手到手、手到脚、头到脚危害最大。

（5）电流频率。电流频率不同，对人体伤害也不同，据测 25 ~ 300 Hz 的交流电流对人体的伤害最为严重。

（6）身体状况。人体对电流的敏感程度不同，儿童、女性以及患有心脏病者对电流的敏感程度较高，触电后死亡率较大。

3. 触电类型

当人体接触带电体时，电流会通过人体，造成人体生理功能紊乱，甚至危及生命的现象，称为触电。触电事故按人受伤的机理不同可分为电击和电伤两大类；按触及电压的高低可分为低压触电事故和高压触电事故；按接触电源的情况不同可分为两相触电、单相触电和跨步电压触电。

4. 触电防护处理措施

为了防止触电事故，可采取电气绝缘、屏护、安全距离、标志等安全措施，防止直接触及带电体、短路、故障接地等。

（1）电气绝缘。为了避免因带电体与其他带电体、金属体和人体等接触而发生短路、触电事故，必须使带电体绝缘。绝缘可分为气体绝缘、液体绝缘和固体绝缘三种。

（2）安全距离。为防止人体触及或接近带电体，防止车辆碰撞或过分接近带电体，防止电气短路和因此引起的火灾，在带电体之间、带电体与其他设施之间、设备之间均需保持一定的间距，称为安全距离。安全距离应符合国家标准。

（3）屏护。屏护是指把带电体同外界隔离开来。当电气设备不便于绝缘或绝缘不足以保证安全时，为防止触电、电弧短路或电弧伤人等事故发生，应采取屏护措施。常用的屏护有遮栏、护罩、护盖等。为了避免发生意外，除屏护装置与带电体良好绝缘外，还必须将装置接地或接零。

（4）标志。明确统一的标志是保证用电安全的一个重要因素。标志分颜色标志和图形标志。为保证安全用电，必须严格按有关标准使用颜色标志和图形标志。

二、防电磁辐射知识

1. 电磁辐射的来源和危害

电磁辐射是指能量以电磁波形式从辐射源发射到空间的现象。对人们生活环境有影响的电磁污染分为天然电磁辐射和人为电磁辐射两种，大自然引起的如雷、电一类的电磁辐射属于天然电磁辐射类，而人为电磁辐射则主要包括脉冲放电、工频交变磁场、微波和射频电磁辐射等。

若人体长期、大量被电磁波照射，会产生许多危害，主要表现为心悸、头晕、呕吐、脱发、听力下降、记忆减退、心律失常等。

2. 电磁辐射防护技术

电磁辐射防护与治理的目的是减少、避免或者消除电磁辐射对人体健康和各种电子设备造成的不良影响或危害。对于各种产生电磁辐射的设备而言，从设计、制造到使用各个环节都要特别注意电磁辐射的污染问题。一般对高频电磁设备采取屏蔽、接地、滤波等技术方法来防护。

（1）屏蔽。屏蔽是指采取一切技术措施，将电磁辐射的作用与影响限制在规定的空间范围以内。

（2）接地。接地是指对场源屏蔽体或屏蔽体部件内产生感应电流而采取迅速的引流，造成等电位分布的措施，具体做法是用低电阻的导体连接起来，形成电气通道，为屏蔽系统与大地之间提供一个等电位分布。

（3）滤波。滤波是抑制电磁干扰最有效的手段之一。电源网络的所有引入线，在其进入屏蔽室之处必须装设滤波器，滤波器可以有效地抑制电磁干扰信号的传导和辐射。

（4）其他措施。除防辐射技术之外，还可采取以下措施：在新产品和新设备的设计制造时，尽可能使用低辐射产品；从规划着手，对各种电磁辐射设备进行合理安排和布局；采用机械化或自动化作业，减少作业人员直接进入强电磁辐射区的次数或工作时间；对受到辐射源、电磁能和高压装置辐射的人员做身体检查并加强个体防护。

学习单元 4　环境保护和可持续发展相关知识

一、环境保护知识

环境是指影响人类生存和发展的各种天然的和经过人工改造的自然因素的总体。环境污染是指人类直接或间接地向环境排放超过其自净能力的物质或能量，从而使环境的质量降低，对人类的生存与发展、生态系统和财产等造成不利影响的现象。

1. 环境污染种类

环境污染按环境要素分为水污染、大气污染、噪声污染、放射性污染等。水污染是指水体因某种物质的进入，导致其化学、物理、生物或者放射性污染等方面特性的改变；大气污染是指空气中污染物的浓度达到有害程度，以致破坏生态系统和人类正常生存、发展的条件；噪声污染是指环境噪声超过国家规定的环境噪声排放标准；放射性污染是指由于人类活动造成物料、人体、场所、环境介质表面或内部出现超过国家标准的放射性物质或射线的现象。

2. 环境保护技术

环境保护技术指采取有利于节约和循环利用资源、保护和改善环境、促进人与自然和谐的经济、技术政策和措施等，主要包括：

（1）工业废水处理。工业废水经过处理再进行排放，可以减少对河流的污染。施工场地修建截排水沟、沉沙池。施工前制定施工措施，做到有组织排水，并采取治理措施，保证排水达标。

（2）废弃物处理。普及垃圾分类，废物回收利用，遇有含铅、铬、砷、汞、氰、硫、铜、病原体等有害成分的废渣，经报请当地环保部门批准，在环保人员和监理工程师指导下进行处理。

（3）大气污染防治。提高工业废气排放标准，机械车辆使用过程中，要加强维修和保养，防止汽油、柴油、机油的泄露，保证进气、排气系统畅通。

（4）水土保持措施。做好废渣场的治理措施，按照监理工程师批准的废渣规划有序地堆放和利用废渣，防止任意丢弃废渣而阻碍河、沟等水道，避免降低水道的行洪能力。

二、可持续发展相关知识

随着企业数字化的发展，大量的通信设备和数据中心带来的能源消耗和废弃物排放，给环境带来了巨大的负面影响。为了解决这些问题，企业数字化开始探索绿色发展和可持续性的道路。

1. 可持续发展的目标

可持续发展是指满足当代人的需求，但不以牺牲未来几代人的生存和发展需求为代价。企业数字化的发展也要考虑到可持续发展的目标，这些目标包括：

（1）建立绿色供应链。为了保证数字化产品和服务的环保性，可以利用绿色供应链的模式来保证供应商、原材料生产商、通信企业之间关系的清洁和透明。绿色供应链能够有效减少生产中用到的化学物质和能源，同时还能减少废弃物和排放物的量。

（2）推进电子化和智能化。电子化是指将信息技术用于信息传输，以替代现有传统的物理设备，如纸张和邮件。智能化是指能够实时监测和优化通信网络，以降低能源消耗和污染排放。

（3）降低碳排放水平。数字化在能源消耗和碳排放方面占有较大比重，为了降低其对环境的影响，在数字化设计方案中，要尽量采用低碳的设备来降低能耗对环境的影响。

2. 可持续发展的举措

绿色通信是可持续发展的重要举措之一，指在通信技术的研发、生产、使用、回收等环节，尽可能地减少能源消耗、减少污染排放、提高资源利用效率，以实现节能减排、环保低碳的目的，企业数字化依赖于绿色通信的发展。目前，绿色通信主要采取以下措施：

（1）优化设备制造过程。通信设备的生产过程需要大量的用电和原材料，因此，优化生产过程能有效地减少在生产中的能耗和废弃物排放。一些企业在设备制造中采用了先进的自动化生产线，降低了生产成本和能源消耗，同时还减少了排放量。

（2）推广绿色数字技术。绿色数字技术体现在节能减排。如采用云计算可以减少企业的维护费用，减少数据中心的能源消耗，也减少了企业的碳排放量。

（3）加强能源管理。通信设备和数据中心是通信行业耗能的领域，加强能源管理、提高能源利用效率、降低能源消耗将成为通信行业绿色发展的关键。

（4）减少废弃物排放。传统的方法是将废弃物运往垃圾填埋场。而现在，通信企业会采用可回收的材料，如石墨烯、硅光子等，使设备的再利用和回收再利用成为可能，能有效降低碳排放。

思考题

1. 什么是安全生产管理？
2. 安全交底的内容主要包括哪些？
3. 企业应急预案一般可以分为哪几种？
4. 消除着火源进行防火要注意哪些方面？
5. 液体渗漏、潮湿环境可能对机房造成哪些危害？
6. 加强机房物理访问控制举措有哪些？
7. 50 V以下特定电源供电的电压系列有哪几个等级？
8. 触电防护处理措施主要有哪几种？
9. 电磁辐射防护技术主要有哪几种？
10. 环境污染按环境要素可以分为哪几种？
11. 主要的环境保护技术措施包括哪些？
12. 绿色通信可以采取的措施主要有哪些？

培训课程 2

安全生产操作规范

学习单元1　通用作业安全操作规范

一、一般安全生产要求

1. 施工安全管理

（1）工程项目施工必须实行安全技术逐级交底制度，纵向延伸到全体作业人员。

（2）施工人员在施工生产过程中，必须按照国家规定和不同专业的需要，正确穿戴和使用相应的劳动保护用品。从事特殊工种的作业人员在上岗前，必须进行专门的安全技术和操作技能的培训和考核，并经培训考核合格，取得特种作业操作证后方可上岗。

2. 施工现场安全

（1）在公路、高速公路、铁路、桥梁、通航的河道等特殊地段和城镇交通繁忙、人员密集处施工时，必须设置有关部门规定的警示标志，必要时派专人警戒看守。

（2）从事高处作业的施工人员，必须正确使用安全带、安全帽。

3. 施工驻地安全

（1）临时搭建的员工宿舍、办公室等设施必须安全、牢固、符合消防安全规定，严禁使用易燃材料搭建临时设施。

（2）临时设施严禁靠近电力设施，与高压架空电线的水平距离必须符合相关规定。

4. 野外作业安全

（1）严禁在有塌方、山洪、泥石流危害的地方和高压输电线路下面架设帐篷及搭建简易住房。

（2）在江河、湖泊及水库等水面上作业时，必须携带必要的救生用具，作业人员必须穿好救生衣，听从统一指挥。

（3）在林区、草原或荒山等地区作业时，严禁烟火。需动用明火时，应征得相关部门同意，同时必须采取严密防范措施。

5. 施工交通安全

（1）驾驶员必须遵守交通法规。驾驶车辆应注意交通标志、标线，保持安全行车距离，不强行超车、不疲劳驾驶、不酒后驾驶、不驾驶故障车辆。严禁将机动车辆交给无驾驶执照人员驾驶。

（2）车辆不得客货混装或超员、超载、超速。

6. 施工现场防火

（1）在光（电）缆进线室、水线房、机房、无（有）人站、木工场地、仓库、林区、草原等处施工时，严禁烟火。施工车辆进入禁火区必须加装排气管防火装置。在封闭和特殊要求的施工场所，严禁吸烟。

（2）电缆等各种贯穿物穿越墙壁或楼板时，必须按要求用防火封堵材料封堵洞口。

（3）电气设备着火时，必须首先切断电源。必须使用干粉灭火器，严禁使用水和泡沫灭火器。

（4）机房内施工不得使用明火。需要用明火时，应经相关单位部门批准，落实安全防火措施，并在指定的地点、时间内作业。每天施工结束后必须认真清理现场，消除火种。

二、工器具和仪表使用

1. 工器具使用

（1）伸缩梯伸缩长度严禁超过其规定值。在电力线、电力设备下方或危险范围内，严禁使用金属伸缩梯。

（2）配发的安全带必须符合国家标准。严禁用一般绳索、电线等代替安全带。

（3）在易燃、易爆场所，必须使用防爆式用电工具。

（4）电气焊设备的使用

1）焊接现场必须有防火措施，严禁存放易燃、易爆物品及其他杂物。禁火区内严禁焊接、切割作业，需要焊接、切割时，必须把工件移到指定的安全区内进行。当必须在禁火区内焊接、切割作业时，必须报请有关部门批准，办理许可证，并采取可靠防护措施后，方可作业。

2）焊接带电的设备时必须先断电。焊接贮存过易燃、易爆、有毒物质的容器或管道，必须清洗干净，并将所有孔口打开。严禁在带压力的容器或管道上施焊。

3）使用氧气瓶应符合以下要求：

①严禁接触或靠近油脂物和其他易燃品。严禁氧气瓶的瓶阀及其附件沾附油脂。手臂或手套上沾附油污后，严禁操作氧气瓶。

②严禁与乙炔等可燃气体的气瓶放在一起或同车运输。

③瓶体必须安装防震圈，轻装轻卸，严禁剧烈震动和撞击；储运时，瓶阀必须戴安全帽。

④氧气瓶必须直立存放和使用。

4）使用乙炔瓶应符合以下要求：

①检查有无漏气应用浓肥皂水，严禁使用明火。

②乙炔瓶必须直立存放和使用。

③焊接时，乙炔瓶 5 m 内严禁存放易燃、易爆物质。

（5）动力机械设备的使用

1）严禁使用汽油、煤油洗刷空气压缩机曲轴箱、滤清器或空气通路的零部件。严禁曝晒、烧烤储气罐。

2）严禁使发电机的排气口直对易燃物品。严禁在发电机周围吸烟或使用明火。作业人员必须远离发电机排出的热废气。严禁在密闭环境下使用发电机。

3）潜水泵保护接地及漏电保护装置必须完好。

4）搅拌机检修或清洗时，必须先切断电源，并把料斗固定好。进入滚筒内检查、清洗，必须设专人监护。

5）使用砂轮切割机时，严禁在砂轮切割片侧面磨削。

6）严禁用挖掘机运输器材。

7）推土机在行驶和作业过程中严禁上下人，停车或在坡道上熄火时必须将刀铲落地。

8）使用吊车吊装物件时，严禁有人在吊臂下停留或走动，严禁在吊具上或被吊物上站人，严禁用人在吊装物上配重、找平衡。严禁用吊车拖拉物件或车辆。严禁吊拉固定在地面或设备上的物件。

2. 仪表使用

（1）使用直流电源的仪表时，电源的正负极性不得接反。

（2）清洁熔接机时，严禁使用含氟的喷雾清洁剂。

三、器材储运

1. 器材储存

（1）易燃、易爆化学危险品和压缩可燃气体容器等必须按其性质分类放置并保持安全距离。

（2）易燃、易爆物必须远离火源和高温。

（3）严禁将危险品存放在职工宿舍或办公室内。

（4）废弃的易燃、易爆化学危险品必须按照相关部门的有关规定及时清除。

2. 器材搬运

（1）搬运危险化学品时，必须注意防震，物体不可倒置。如有泄漏的烈性化学药品，严禁用手触摸。拿取时应用专用工具，工作后及时用肥皂洗手消毒。

（2）搬运易燃、易爆物时，应分装分运，避免暴晒。

学习单元2　工程实施安全操作规范

一、线路工程

1. 供电线路附近架空作业

（1）在供电线路附近架空作业时，作业人员必须戴安全帽、绝缘手套，穿绝缘鞋和使用绝缘工具。

（2）在高压线附近架空作业时，离开高压线的最小距离必须保证：35 kV 以下，最小距离为 2.5 m；35 kV 以上，最小距离为 4 m。

（3）光、电缆通过供电线路上方时，必须事先通知供电部门停止送电，确认停电后方可作业，在作业结束前严禁恢复送电。确不能停电时，必须采取安全架设通过措施，严禁通过供电线上方抛掷线缆。

（4）当通信线与电力线接触或电力线落在地面上时，必须立即停止一切有关作业活动，保护现场，立即报告施工项目负责人和指定专业人员排除事故。事故未排除前，严禁行人步入危险地带，严禁擅自恢复作业。

2. 立杆作业

严禁在电力线路正下方（尤其是高压线路下）立杆作业。

3. 拉线安装作业

更换拉线前，必须制作不低于原拉线规格程式的临时拉线。

4. 吊线架设作业

布放钢绞线前，应对沿途跨越的供电线路、公路、铁路、街道、河流、树木等进行调查统计，在布放时必须采取有效措施，安全通过。如钢绞线在低压电力线之上，必须设专人用绝缘棒托住钢绞线，严禁在电力线上拖拉。

5. 杆路拆换作业

拆除吊线前，必须将杆路上的吊线夹板松开。拆除时，如遇角杆，操作人员必须站在电杆转向角的背面。

6. 架空光（电）缆布放

在跨越铁路、公路杆档安装光（电）缆挂钩和拆除吊线滑轮时严禁使用吊板。

7. 墙壁光（电）缆布放

跨越街巷、居民区院内通道地段时，严禁使用吊线坐板方式在墙壁间的吊线上作业。

8. 桥梁侧体悬空作业

桥梁侧体施工必须得到相关管理部门批准，并按指定的位置安装铁架、钢管、塑料管或光（电）缆。严禁擅自改变安装位置，以免损伤桥体主钢筋。

9. 管道光（电）缆敷设

（1）进入地下室、地下通道、管道人孔前，必须使用专用气体检测仪器进行气体检测，确认无易燃、易爆、有毒、有害气体并通风后方可进入。作业期间，必须保证通风良好，必须使用专用气体检测仪器进行气体监测。

（2）上下人孔时必须使用梯子，严禁把梯子搭在人孔内的线缆上，严禁踩踏线缆或线缆托架。进入人孔的人员必须正确佩戴全身式安全带、安全帽并系好安全绳。在人孔内作业时，人孔上面必须有人监护。

（3）在地下室、地下通道、管道人孔作业中，若感觉呼吸困难或身体不适，或发现易燃、易爆或有毒、有害气体或其他异常情况时，必须立即呼救并迅速撤离，待查明原因并处理后方可恢复作业。人孔内人员无法自行撤离时，井上监护人员应使用安全绳将人员拉出，未查明原因严禁下井施救。

（4）严禁将易燃、易爆物品带入地下室、地下通道、管道人孔。严禁在地下室、地下通道、管道人孔吸烟、生火取暖、点燃喷灯。在地下室、地下通道、管道人孔内作业时，使用的照明灯具及用电工具必须是防爆灯具及用电工具，必须使用安全电压。

二、管道工程

1. 测量画线作业

地下管道工程施工前，必须进行测量并画出作业线确定开挖位置。对地下管线进行开挖验证时，严禁损坏管线。严禁使用金属杆直接钎插探测地下输电线和光缆。在地下输电线路的地面或在高压输电线下测量时，严禁使用金属标杆、塔尺。

2. 土方作业

人工开挖土方或路面时，应在现场周围做好安全防护措施；相邻作业人员间应保持安全间距，作业人员不得在沟坑内或隧道中休息。

三、设备安装工程

1. 一般安全要求

（1）严禁擅自关断运行设备的电源开关。

（2）严禁在机房内堆放易燃、易爆物品；严禁在机房内吸烟、饮水。

（3）严禁将交流电源线挂在通信设备上。

（4）使用机房原有电源插座时必须先测量电压、核实电源开关容量。

（5）高处作业应使用绝缘梯或高凳。严禁脚踩铁架、机架和电缆走道。严禁攀登配线架支架，严禁脚踩端子板、弹簧排。

（6）涉电作业必须使用绝缘良好的工具，并由专业人员操作。

2. 铁件加工制作

（1）铁件制作时，加工用的铁锤木柄应牢固，木柄与铁锤连接处，必须用楔子将木柄楔牢固，防止铁锤脱落。

（2）使用电钻钻孔前，应检查电钻绝缘强度必须符合要求，严禁使用"带病"的电钻。电源插座必须接触良好，不得使用破损、裂纹、松动的插座。

3. 线缆布放

（1）布放电源线时，电源线端头应做绝缘处理。

（2）电源线中间严禁有接头。

4. 发电机组安装

油机室和油库内必须有完善的消防设施，严禁烟火。

5. 接地装置安装和防雷

（1）严禁在接地线、交流中性线中加装开关或熔断器。

（2）严禁在接闪器、引下线及其支持件上悬挂信号线及电力线。

6. 设备加电测试

（1）设备加电时，必须沿电流方向逐级加电，逐级测量。

（2）插拔机盘、模块时必须佩戴接地良好的防静电手环。

四、通信铁塔建设工程

1. 施工区域隔离要求

未经现场指挥人员同意，严禁非施工人员进入施工区。在起吊和塔上有人作业时，塔下严禁有人。

2. 上塔作业人员身体状态要求

经检查，身体有病不适宜上塔的人员，严禁上塔作业。严禁酒后上塔作业。

3. 安全带使用要求

塔上作业时，必须将安全带固定在铁塔的主体结构上。

思考题

1. 电气设备着火时，为什么不能使用水和泡沫灭火器，而必须使用干粉灭火器？
2. 严禁在什么位置使用金属伸缩梯？
3. 焊接带电的设备前必须执行什么操作？
4. 在高压线附近架空作业时，离开高压线最小距离是多少？
5. 进入地下室、地下通道、管道人孔前的必要操作是什么？
6. 机房内高处作业应使用什么工具？

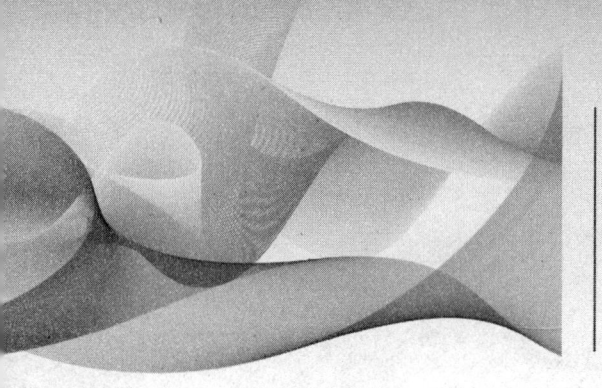

职业模块 ④
工作常用知识

培训课程 1

应用文写作规范

学习单元 1　应用文写作概述

一、应用文定义

应用文写作是日常工作中的一项基本技能。不论是写报告、提案、合同还是其他各种文件，都需要用到应用文写作的知识和技巧。数字化解决方案设计人员虽然擅长技术和数据分析，但如果不能清晰、准确地用文字表达自己的思想和观点，那也会影响到工作效率和效果。学习应用文写作有助于提升沟通和协作能力。在团队中，成员之间需要进行沟通和协作，而写作是一种很好的沟通方式。通过写作，可以更深入思考问题，更清晰表达观点，从而更好与他人合作。学习应用文写作也有助于培养逻辑思维和结构化思考的能力。写作需要有一个清晰的思路和框架，这有助于我们在工作中更好地分析和解决问题。因此，数字化解决方案设计人员学习应用文写作，不仅是为了满足日常工作的需要，更是为了提升自己的综合能力。

应用文是指党政机关、企事业单位、社会团体以及个人在处理公务和日常学习、生活和工作过程中，具有实用价值和相对稳定写作格式的各类文体的总称。

二、应用文的特点

书写应用文时，应明确阅读对象，针对不同情况写作不同的内容，根据目的采用相应格式，要求真务实、从实际出发，用以解决现实中的具体问题并按照一定的规范格式进行书写。因此，应用文具有针对性、规范性、实用性、真实性、时效性等特点。

三、应用文的分类

应用文写作按其性质和用途，可以划分为以下几类：

1. 一般性应用文

一般性应用文包括：书信、启事、会议记录、读书笔记、说明书等。一般性应用文又分为简单应用文和复杂应用文两种。简单应用文指结构简单、内容单一的应用文；复杂应用文指篇幅较长、结构较繁、内容较多的应用文，如总结、条例、合同等。

2. 公文性应用文

行政机关的公文种类主要有：命令（令）、决定、公告、通告、通知、通报、议案、报告、请示、批复、意见、函、会议纪要等。

3. 事务性应用文

事务性应用文一般包括：请柬、调查报告、规章制度及各种鉴定等处理日常事务时所使用的一种应用文。

四、应用文构成要素

应用文的基本构成要素包括主题、材料、结构和语言，它们是构成应用文必不可少的因素。写好应用文必须遵循一定的写作原则。

1. 主题

（1）主题的含义与作用。主题，即通过内容表达出来的基本观点或中心思想。主题是文章的灵魂，决定着文章的质量与解决问题的明确性。主题制约应用文的材料取舍、谋篇布局、遣词造句等。

（2）主题的要求。应用文对主题的要求是正确、鲜明、集中、深刻。

1）应用文确立主题必须实事求是，掌握客观性原则，文章的主题符合党和国家的路线、方针、政策、法令、法规。

2）应用文确立主题必须明确单一，作者要有鲜明的立场观点，应该怎样做，解决哪些问题，达到什么目的等都要明确清晰。

3）确立主题讲究集中突出，把握住文章的重点，显现全文重要所在。

4）应用文确立主题讲究深刻，能够揭示事物的内在规律，有一定的思想深度，体现作者的理论政策水平。

2. 材料

（1）材料的含义。材料是形成主题的基础，更是表达观点的支柱。这些材料必须真实、准确、典型、新颖。主要分为理论材料和事实材料两大部分。理论材料主要有方针、政策、各种法律法规及科学原理、定律、学说等；事实材料主要有事件与情况、实物与现象等。

（2）应用文材料的选择与使用。选择并使用好材料是应用文写作过程中的一个重要环节，要注意做到：

1）材料要真实、准确。材料客观存在，从表象的数字到局部的事实都要符合客观实际；同时，要围绕文章的中心观点选择。

2）材料要典型、充足。要尽可能从各个角度全面地运用各类数据、事实材料进行说明。

3）材料要新颖、生动。选择代表时代发展趋势、时代特质的新颖生动的材料，更有表现力和说服力。

3. 结构

（1）结构的含义。结构是应用文的内部组织形式和构造，即文章内部的组织、构造。

（2）结构的基本内容。应用文结构的基本内容包括开头、结尾、层次、段落。

1）开头和结尾。常用的开头方式有两种，一种是直笔点题，另一种是曲笔导入。直笔点题的写法有：开门见山说明对事实的看法、态度，总结基本情况或基本内容，概括全篇的结论性意见，直述行文目的等；曲笔导入的写法有：介绍背景、原因或条件，撰写引文引言，设问置疑等。

常用的结尾方式主要有：自然收束式、总结式、强调式、号召式等，写作中根据内容需要及文种特点选择使用。

2）层次和段落。记叙性的应用文，常以时间先后顺序或事物发生发展的过程来展开层次；说明性的应用文则常以空间方位平行或内容性质并列的方式来展开层次；说理性的应用文一般按照事物发展的内在规律来展开层次；而调查报告、总结等一类记叙、说明、议论三种表达方式兼用的应用文书，则按照材料性质或类型来展开文章层次。

段落是文章在表达思想内容时，由于转换、间歇、强调、过渡、照应等情况而造成文字上的分隔和停顿；在形式上，段落要求另起换行作为标志。合理地划分段落便于阅读、理解文章的思想。

应用文的层次和段落划分要注意：保持层次与层次之间，段落与段落之间的相对独立完整与内在联系；层次与层次之间在篇幅上要尽量匀称。

4. 语言

（1）应用文专门用语

1）开头用语。如：为、为了；根据、按照、遵照、依照、鉴于、关于、由于；目前、当前；兹（指现在）、兹有、兹将、兹介绍、兹派、兹聘。

2）承启用语。如：根据……决定；根据……特通告如下；为了……现决定；为……通报如下；为此，现就……问题请示如下；现将……（情况）报告如下；经……批准（同意），现将有关事项通知如下；拟采取如下措施；经……研究，答复如下。

3）引述用语。如：悉（知道）、收悉、电悉、敬悉、欣悉。

4）批转用语。如：批转、转发、印发。

5）称谓用语。如：我（部）、贵（局）、你（省）、本（部门）、该（处）。

6）经办用语。如：经、业经、兹经、未经；拟、拟办、拟订；施行、暂行、试行、可行、执行、参照执行、贯彻执行、研究执行；审定、审议、审发、审批。

7）表态用语。如：不同意、原则同意、同意；不可、可办、照办、批准、原则批准。

8）结尾用语。用于请示：当否、请批准；用于函：请研究函复、盼复、不知尊意如何、盼函告、望协助办理、尽快见复；用于批复：复函、此复、特此专复、特此函复；用于知照性公文：特此公告（通告、通知、通报）。

（2）运用语言的基本原则

1）句式要使用常式句。为准确达到"办事"的目的，一般不使用变式句，防止出现"一语多歧义"而影响办事效果。

2）使用规范化的书面词语；不滥用繁体字、异体字；使用规范简称，不滥用缩略语。

3）语言要合体。注意体现相应的语体，恰当运用习惯用语。

4）书写格式要规范。应用文中前后数字书写形式要保持一致，同时标点符号要准确规范使用。

学习单元 2 常用应用文写作

应用文写作的基础知识既有与一般文体写作的共同之处,更多的是其在写作知识运用上的独特性,只有掌握其独特性,才能正确、规范地写好应用文体。

一、报告

1. 报告概述

报告是"适用于向上级机关汇报工作、反映情况、提出意见或者建议,答复上级机关的询问"的公文。报告是一种重要的文书,它可以用于各种场合,比如年度报告、市场调研报告、项目进展报告等。

2. 报告的分类与特点

根据性质不同,报告可分为综合报告和专题报告两类;根据时间期限不同,可分为定期报告和不定期报告两种;根据内容不同,可分为工作报告、情况报告、建议报告、答复报告和递送报告等。

需要说明的是,有些专业部门使用的是报告文书。例如"调查报告""审计报告""咨询报告""立案报告""评估报告"等,虽然标题也有"报告"二字,但其概念、性质和写作要求与党政公文中的报告不同,不属于党政公文范畴,不应与之混淆。

报告的特点主要有:

(1)反映实践性。报告是汇报工作,是对工作进行回顾或总结的文体,内容须真实,不能弄虚作假。

(2)概括陈述性。报告以叙述和说明为主,必须是概括性的,即便运用议论,也多限于夹叙夹议。

3. 报告的写作结构

报告一般由标题、主送机关、正文、落款和日期组成。报告还要注意结语,如属于呈转性报告的,要写上"以上报告如无不妥,请批转各地参照执行"等类似的语言。

(1)标题。报告是上行文,可采用省略发文机关名称的两项式标题结构,即

"事项+文种"。

(2) 主送机关。报告中的主送机关只有一个，即有隶属关系的上级机关。

(3) 正文

1) 引言。概述要报告的目的，并用"现将……报告如下"。

2) 工作情况和成绩。

3) 工作经验和体会。

4) 存在问题。要一分为二地对待存在的问题。

5) 今后打算和改进措施。

(4) 落款和日期。最后写明发文机关和日期。

示例

××数字化整体解决方案建设项目可行性研究报告

一、项目概况

项目背景：简要介绍项目发起的背景、目的、重要性、投资情况。

项目目标：明确列出项目的主要目标、资金使用情况和预期成果。

二、项目实施的必要性

（一）推动工业软件技术升级，提升行业信息化水平

[通过国家相关文件分析工业软件的重要性和数字技术发展与行业发展的相关性，指出实施数字化整体解决方案建设项目实施的必要性]

（二）解决行业痛点、难点，提高全过程生产效率

[描述项目实施在解决行业痛点、难点，提高全过程生产效率方面的优势]

（三）优化产品和服务结构，深度绑定下游客户

[描述项目实施促进长期可持续发展方案的作用]

三、项目实施的可行性

（一）符合国家政策规划要求与发展方向

[列举项目实施与国家政策规划、行业发展等方面的相关性]

（二）公司较强的研发和创新实力是本项目实施的重要保障

[展示公司与本项目实施相关的研发和创新实力]

四、项目投资预算

[描述总的项目投资预算,依据具体项目内容]

五、项目的批复、备案程序

截至报告出具日,××数字化整体解决方案建设项目已取得××管理委员会出具的《备案证》(备案证号:×××)。

[报告机关名称]

[报告日期]

请注意,以上仅为一个基本的模板框架,具体内容需要根据您所负责的××数字化项目的实际情况进行填充和调整。在撰写报告时,务必保持客观、准确,并尽可能提供具体的数据和实例来支持您的观点和结论。

二、请示

1. 请示概述

请示是适用于向上级机关或业务主管部门请求指示、批准的公文,适用于向上级机关请求指示、批准。

2. 请示的分类

请示根据行文的目的和内容的不同来进行分类,通常可分为两种:

(1)事项性请示。事项性请示是下级机关请求上级机关审核批准某项或者开展某项工作的请示,属于请求批准性的请示。这些事项按规定本级机关无权决定,必须请示上级机关批准。下级机关在工作中遇到人力、物力、财力等方面难以解决的事项,请求上级机关给予帮助、支持的请示,也是事项性请示。

(2)政策性请示。下级机关在工作中对某一方针、政策、法规、指示等不明确、不理解,请求上级指示;遇到新问题和新情况,依据原有规定难以处理,需要上级机关指导、解释或解决;平行机关间对某一工作发生意见、分歧并无法统一,需要向同一上级机关请示作出裁决等,所用的请示属于请求上级指示的政策性请示,行文时,往往需要提出解决的意见,请求上级机关给予明确的解释和指示。

3. 请示的特点

(1)呈请性。请示是向上级机关请求指示和批准的公文,内容具有请求性。

(2)求复性。请示的目的是请求上级批准,解决具体问题,要求作出明确答复。

(3)超前性。请示必须在事前行文,等上级机关作出答复之后才能付诸实施。

(4)单一性。请示事项具有单一性,要求一文一事。

4. 请示的写作结构

请示的内容包括标题、主送机关、正文和落款署名,结构完整规范,此处着重叙述标题和正文。

(1)标题。一般要写明"发文机关+事由+文种",发文机关一般可以省略。写标题要注意,不能将"请示"写成"报告"或"请示报告",缘由中也不要重复出现"申请""请求"之类的词语。

(2)正文。要包括缘由、事项和结语三部分。

1)缘由。是请示事项和要求的理由及依据。缘由常常要将依据、情况、意义、作用等都要写上。

2)事项。包括办法、措施、主张、看法等。请示的事项要符合法规,具有可行性。如果内容比较复杂,要分清主次,条理要清楚,重点要突出;如果事项简单,则往往和结语合为一句话,如"特申请……,请审批"。

3)结语。有"以上请示,请批复""以上请示如无不妥,请批准"等。结语是请示必不可少的一项内容,不能遗漏,更不能含糊其词。

关于在[具体项目名称]数字化解决方案设计中采用[具体新技术名称]的请示

[上级部门或领导名称]:

一、背景及意义

随着数字化转型的深入推进,我单位正积极筹划[具体项目名称]的数字化解决方案。经过深入调研和对比分析,我们认为采用[具体新技术名称]对于提升项目的效率、降低成本、优化用户体验等方面具有重要意义。

二、新技术介绍

[具体新技术名称]是一种新兴的数字化技术,具有[列举新技术的核心优势或特点,如高效、精准、创新等]。通过应用该技术,我们有望实现[预期达成的目标或效果]。

三、应用方案

我们计划将[具体新技术名称]应用于[具体项目名称]的以下方面:[列举具体应用场景或模块,如数据处理、用户交互、系统优化等]。通过详细规划和技术对接,确保新技术的顺利融入和高效运行。

四、预期效果

采用[具体新技术名称]后,预计将带来以下效果:[列举预期达成的具体效果,如提升数据处理速度×××%、降低运营成本×××%等]。

五、风险评估及应对措施

虽然[具体新技术名称]具有诸多优势,但也存在一定的风险和挑战,如[列举可能的风险点]。为此,我们已制定相应的风险应对措施,包括[列举应对措施或方案]。

六、请示事项

鉴于以上分析,我们恳请[上级部门或领导名称]批准在[具体项目名称]数字化解决方案设计中采用[具体新技术名称]。我们将严格按照相关要求和技术规范推进项目实施,确保项目顺利完成并取得预期成果。

妥否,请批示。

单位名称(盖章):[单位名称]

联系人:[联系我姓名]

联系电话:[联系电话]

日期:[填写日期]

附件:

1.[相关新技术资料或文档]

2.[其他需要提供的材料]

三、批复

1. 批复概述

批复是"上级机关答复下级机关请示事项"的公文。批复是与请示相对应的公文,下级有请示,上级才有针对该请示的批复。批复通常用于对某一事项、提案、申请或请求等进行回应和处理。

2. 批复的分类

根据内容、性质的不同,批复可分为两类。

（1）指示性批复。这种批复不仅同意下级机关的请示，而且就请示事项的落实、执行或就该事项的重要性、意义及落实措施讲几点指示性意见，对下级机关的该项工作有指示作用。

（2）表态性批复。其是对指示事项表示同意或不同意的批复。

3. 批复的特点

（1）针对性。批复总是针对来文答复问题，不能另找话题。

（2）被动性。批复以下级请示为存在条件，先有请示后才有批复。

（3）指示性。批复是答复下级机关请示事项的回复性公文，代表上级机关对问题的决策意见，对下级机关具有行政约束力。

4. 批复的写作结构

批复的结构一般由标题、主送机关、正文、署名、成文日期组成。

（1）标题。标题的写法通常有下列几种：

1）由发文机关+事由+文种构成，如《××市政府关于××总体规划的批复》。

2）由发文机关+表态词+事由+文种构成，如《××市政府关于不同意××公司修建办公楼的批复》。

3）由事由+文种构成，如《关于同意××部门举办××活动的批复》。

4）由发文机关+请示标题+文种构成，如《××市人民政府对〈关于××的请示〉的批复》。

（2）主送机关。为报送请示的直属下级机关。

（3）正文。包括批复引语、批复意见和批复结语三部分。

1）批复引语：必须先引请示标题，再引发文字号，发文字号应加圆括号。如"你公司《关于……的请示》（××〔20××〕×号）收悉"。

2）批复意见：需针对请示事项给予明确答复或具体指示，做到态度鲜明、语言简明。同意有关请示的批复，不必阐述批复理由，表明同意态度即可。若不同意请示事项，或对下级机关要求的支持和帮助难以满足，则除在批复中表明态度外，一般还需要适当说明理由，以使对方能较好地接受，并及时做出相应的工作安排。

3）批复结语：一般在正文末尾写上"此复""特此批复"等语。有些批复在批复事项之后还另提出有关执行要求。

（4）署名。落款批复单位名称。

（5）成文日期。落款批复的时间。

[上级单位]关于同意在[具体项目名称]数字化
解决方案设计中采用[具体新技术名称]的批复

[呈报请示的单位]：

你单位《关于在[具体项目名称]数字化解决方案设计中采用[具体新技术名称]的请示》已收悉，经领导班子研究，现将有关事宜批复如下：

1. 同意你单位在[具体项目名称]数字化解决方案设计中采用[具体新技术名称]。

2. 根据[文件名称]中[具体条款]规定，给予你单位在实施[具体新技术名称]上相应的资金支持。

3. 请你单位制订详细的实施计划，并在具体实施过程中应继续充分论证，务必保证将实施的风险降到最低。

此复

[上级单位名称]

[批复时间]

四、计划

1. 计划概述

计划是"党政机关、企事业单位、社会团体和个人对今后一段时间的学习、工作、活动等预先对目标、措施和步骤做出设计安排"的事务性文书。

2. 计划的分类

（1）按领域分。包括工作计划、学习计划、科研计划、生产计划、教学计划、销售计划、采购计划、分配计划、财务计划等。

（2）按范围分。包括国家计划、地区计划、部门计划、单位计划、班组计划、个人计划等。

（3）按时间分。包括跨年度计划、年度计划、季度计划、月份计划、旬计划和周计划；也可将计划分为长期计划、中期计划和短期计划。

（4）按效力分。包括指令性计划、指导性计划。

（5）按性质分。包括综合性计划、专题性计划。

（6）按形式分。包括条文式计划、表格式计划和文表结合式计划。

3. 计划的特点

（1）预想性。计划是对想要达到的目标作一个预想，并制定切实可行的具体做法和实施步骤。

（2）可行性。计划要以实现工作为基础，必须在充分考虑主客观条件的情况下，实事求是，切实可行。

（3）约束性。计划一旦通过、批准，就对实践起到控制和约束作用。计划的约束性又是实现一定计划目标的保证。

4. 计划的写作结构

计划的结构一般由标题、正文和落款三部分组成。

（1）标题。一般由单位名称、时间、内容、文种四要素组成，如"××公司××年销售计划"。或使用内容+文种的形式，如"××年销售计划"。

（2）正文。可以分为前言、主体和结尾三部分。

1）前言。说明制订计划的目的和依据等（为什么做）。

2）主体。主要写明任务要求（做什么）和方法措施（怎么做）。

3）结尾。简写修订或检查的方式方法、完成时间和注意事项等，可省略。

（3）落款。计划制订单位名称或个人姓名、制订时间。

关于采用［具体新技术名称］
实施［具体项目名称］数字化解决方案设计的计划

为深入推进数字化转型升级，通过调研分析，我单位决定采用［具体新技术名称］，实施［具体项目名称］数字化解决方案，此方案有利于提升项目的效率、降低成本、优化用户体验，具体计划如下：

一、方案介绍

［具体项目名称］目前存在［列举项目实施方案的诸多问题］。为更好地解决这些问题，我单位决定采用［具体新技术名称］。这是一种新兴的数字化技术，具

有［列举新技术的核心优势或特点，如高效、精准、创新等］，将这一技术应用在［具体项目名称］中，有望实现［预期达成的目标或效果］。

二、实施计划

我们计划将［具体新技术名称］应用于［具体项目名称］的以下方面：［列举具体应用场景或模块，如数据处理、用户交互、系统优化等］。通过详细规划和技术对接，确保新技术的顺利融入和高效运行。

［根据项目实施过程分阶段叙述］

三、预期效果

采用［具体新技术名称］后，预计将带来以下效果：［列举预期达成的具体效果，如提升数据处理速度××%、降低运营成本××%等］。

四、风险评估及应对措施

虽然，［具体新技术名称］具有诸多优势，但也存在一定的风险和挑战，如［列举可能的风险点］。为此，我们已制定相应的风险应对措施，包括［列举应对措施或方案］。

综上所述，在［具体项目名称］数字化解决方案设计中采用［具体新技术名称］，符合目前的发展需要，我单位将在具体实施过程中采取相应措施，规避相关风险，争取取得最大成效。

［单位名称］

［制订计划的时间］

五、总结

1. 总结概述

总结是"机关、企事业单位、团体或个人对过去一个时期内的工作进行系统的回顾归纳、分析评价，从中得出规律性认识，用以指导今后工作"的事务文书。

2. 总结的分类

（1）按内容分。包括工作总结、学习总结、思想总结、生产总结、会议总结、教学总结等。

（2）按范围分。包括地区总结、部门总结、单位总结、个人总结等。

（3）按时间分。包括学期总结、年度总结、半年总结、季度总结、月份总结、阶段总结等。

（4）按性质分。包括综合性总结、专题性总结等。

3. 总结的特点

（1）客观性。应坚持实事求是的原则，真实客观地回顾相关事项。

（2）说理性。总结是在分析事实材料的基础上，进行比较、归纳、提炼出正确的观点，更好地指导今后的工作。

（3）典型性。总结不但有代表性、普遍性，而且要有鲜明的个性。

4. 总结的写作结构

总结由标题、正文、落款三部分构成。

（1）标题

1）单标题。单标题一般分为公文式标题和文章式标题。

公文式标题写明总结单位名称、事由、总结类别，通常有以下四种形式。

①"单位名称+时间+事由+文种"，如《××单位××××年××工作总结》。

②"单位名称+时间+文种"，如《××单位×××年工作总结》。

③"单位名称+文种"，如《××单位工作总结》。

④"事由+文种"，如《××活动工作总结》。

文章式标题一般用简洁、概括式的语言表达总结的主要内容和主要观点，标题中不出现"总结"两个字，如《提升数字素养　点亮数字生活》。

2）双标题。双标题分正标题和副标题。正标题鲜明地揭示主题；副标题写明总结的单位、类别、时限、内容等；破折号前是正标题，写在首行中间，破折号后是副标题，写在正标题下面。

（2）正文。总结的正文一般由前言、主体和结尾三部分组成。

1）前言。主要概述工作的基本情况、开展工作的背景和取得的工作成果与基本评价等，写作时应力求简洁，开宗明义，不宜过长过细。

2）主体。总结的核心内容，需写得具体详细。一般来说，主体应包括"做了什么""做得怎样""做出的效果和成绩"等内容。

写作时，可采用以下几种结构模式。

①纵式结构。即按工作进程的时间顺序把总结内容分成几个阶段，分别对各个阶段的工作进行总结。

②横式结构。即按材料的逻辑关系将其分成若干部分，横向排列，标上小标题，然后一部分一部分地写。

③纵横交错式方法。即安排内容时，既考虑到时间的先后顺序，体现事物的

发展过程，又注意内容的逻辑关系，从几个方面进行总结。

3）结尾。结尾部分力求简明扼要，或概述全文，或提出努力方向，或表示决心、信心等。

（3）落款。总结的落款要写明署名和成文日期。如标题之下已署名，文末则不写。个人总结的署名一般写在正文的右下方，单位总结的署名可以放在文末的右下方，也可置于标题下方。

××数字化项目设计情况总结模板

一、项目概述

项目名称：××数字化项目

项目背景：简要介绍项目发起的背景、目的和重要性。

项目目标：明确列出项目的主要目标和预期成果。

二、设计思路与原则

设计理念：阐述项目设计的核心理念和指导思想。

设计原则：说明在设计过程中遵循的主要原则，如用户友好、高效便捷、安全稳定等。

三、设计内容与实施

系统架构设计：描述项目的整体架构，包括主要模块、功能及相互之间的关系。

界面设计：展示界面设计的效果图或原型，说明设计的亮点和特色。

数据库设计：介绍数据库的结构、表之间的关系以及数据流向。

技术选型：列举项目中采用的关键技术、工具和平台。

实施过程：详细描述项目实施的步骤、方法以及遇到的挑战和解决方案。

四、设计成果与亮点

功能实现：列举项目已实现的主要功能和特点。

性能优化：说明在性能方面的优化措施和成果。

用户体验：描述在提升用户体验方面所做的努力和效果。

创新点：突出项目设计中的创新之处和独特价值。

五、问题与不足

技术难题：总结项目实施过程中遇到的技术难题及解决情况。

设计缺陷：分析设计中存在的不足之处和潜在问题。

改进方向：提出针对问题和不足的改进措施和未来发展方向。

六、总结与展望

项目总结：对项目的整体设计情况进行简要总结和评价。

未来展望：展望项目在未来的发展前景和可能的应用领域。

请注意：以上仅为一个基本的模板框架，具体内容需要根据您所负责的××数字化项目的实际情况进行填充和调整。在撰写总结时，务必保持客观、准确，并尽可能提供具体的数据和实例来支持您的观点和结论。

六、通知

1. 通知概述

通知适用于发布、传达要求下级机关执行和有关单位周知或者执行的事项，批转、转发公文。

2. 通知的分类

（1）指示性通知。其上级机关对下级机关就某项工作进行指示和部署，带有强制性、指挥性和决策性，但其内容又不适宜用"指示""命令"等文种行文。如《国务院办公厅关于×××的通知》。

（2）发布性通知。此类通知多用于发布行政法规、政策、条例、办法等，如《工业和信息化部办公厅关于印发〈×××方案〉的通知》。

（3）批示性通知。此类通知有三种情况：一是用于批转下级机关公文（工作报告、建议、计划等），通称"批转性通知"；二是用于转发上级机关、同级机关和不相隶属机关的公文，通称"转发性通知"；三是印发有关的文件材料（领导讲话、单位工作计划和工作总结等），通称"印发性通知"。如《关于编制灾后恢复重建规划方案的紧急通知》。

（4）告知性通知。常见的有发布机构设置与变更、人事任免（聘用）以及某些事项的通知。如《××单位人事任免通知》。

（5）会议通知。指为召开会议而就有关事项向与会者发的通知。如《关于召开××年度销售总结会议的通知》。

3. 通知的特点

（1）周知性。通知能够在一定范围内告知某一事项是通知的核心特点，也是通知能够被广泛应用的原因之一。

（2）广泛性。通知是一种使用频率最高、功能最广的公文，通知的受文对象也比较广泛，而且通知虽然从整体上看是下行文，但部分通知（如晓谕事项的通知）也可以发往不相隶属机关。

（3）时效性。通知是针对目前需要办理的事项而发布的，有一定的时效要求，要严格掌握时间，以免过期作废、耽误工作。

4. 通知的写作结构

通知主要由标题、主送单位（受文单位）、正文和落款组成。

（1）标题。主要有两种基本形式：发文机关＋关于＋事由＋文种；关于＋事由＋文种。

（2）主送单位（受文单位）。如果通知是发给某些特定范围的机关，就必须指定此通知的承办、执行和应当知晓的主要收文机关，一般为直属下级或不相隶属的单位，以便明确责任，落实工作，防止贻误或推诿公务。如果通知的发文范围很广泛，可以不写主送机关。

（3）正文。一般由"缘由＋事项＋结束语"组成。

（4）落款。内容包括发文单位、发文日期。

七、会议纪要

1. 会议纪要概述

会议纪要是"适用于记载、传达会议情况和议定事项"的公文，主要用于传达会议议定事项和重要精神，并要求有关单位共同遵守、执行的一种纪实性公文。

2. 会议纪要的分类

（1）行政例会纪要。行政例会也叫办公会，开会的时间比较固定，与会人员也比较稳定。

（2）工作会议纪要。工作会议是各级各类部门为解决工作中某问题而召开的专门性会议。

（3）座谈会纪要。座谈会、研讨会形成的纪要称为座谈会纪要。

3. 会议纪要的特点

（1）纪实性。会议纪要是根据会议的主题、议程、决议等概括整理成文的，不能随意改动会议上达成的共识和形成的决议，更不能对会议内容进行随意评议。

（2）概括性。会议纪要不同于会议记录，其是围绕会议主旨及主要成果来整理、提炼和概括的，简明扼要地陈述事项，说明问题。

（3）规定性。会议纪要公布以后，具有一定约束力，除消息性会议纪要外，它要求与会单位遵守、执行会议议定的事项。

4. 会议纪要的写作结构

会议纪要主要由标题、正文和落款等部分组成。

（1）标题。通常由会议名称和文种构成，如《××单位××建设工作会议纪要》；有的会议纪要还可以写上召开会议的单位名称；或采用正标题和副标题构成，正标题反映会议的主要精神和内容，副标题写会议名称和文种。

（2）正文。会议纪要的正文由导言、主体和结尾三部分组成。

1）导言。要写明会议的概况，包括会议召开的时间、主持人及单位、会议地点、参会人员、会议主题及会议成果等。这一部分要抓住主要方面，写得简明扼要。

2）主体。作为会议纪要的核心部分，要提示会议宗旨，分析概括会议讨论的问题、议定的事项、形成的决议、提出的要求等，通常以"会议认为""会议强调""会议要求"等词语作为提挈语。

主体的写法一般有三种：

①综合式。把会议的基本情况用概括叙述的方法进行整体阐述和说明，这种写法多用于小型会议。

②条项式。应用于大中型会议或议题较多的会议。

③摘要式。即把会上具有典型性、代表性的发言加以整理，提炼出内容要点和精神实质，然后按照发言顺序或内容特点分别加以阐述和说明。这种写法常用于某些座谈会、讨论会纪要。

3）结尾。一般表示对与会者的希望和要求，但在实际运用中，多数会议纪要没有专门结尾的用语。

（3）落款。最后标明发文机关和成文时间，有的会议纪要的成文时间写在标题正下方并加圆括号。

八、调查报告

1. 调查报告概述

调查报告是一种通过对事件、经验或问题等的调查研究,将其结果客观、真实地反映出来的一种书面报告文体。

2. 调查报告的分类

(1)按内容分类。包括经济、科技、工农业生产、法律、教育文艺等方面的调查报告。

(2)按性质分类。包括综合性调查报告、专题性调查报告。

(3)按形式分类。包括小标题式调查报告、全文贯通式调查报告。

(4)按功能分类。包括经验调查报告、情况调查报告、问题调查报告、学术调查报告。

3. 调查报告的特点

(1)针对性和目的性。其针对性和目的性越强,指导性也就越强。

(2)真实性和结论性。调查报告应当遵循真实性的原则,内容必须真实准确,有明确的结论,至少是鲜明的倾向。

(3)以叙为主,叙议结合。调查报告一般采用第三人称写作,在描述客观事实的同时,对事实进行概括分析,形成观点结论。

4. 调查报告的写作结构

调查报告一般由标题、正文和落款等三部分构成。

(1)标题

1)公文式标题。由调查对象、文种或事由、文种构成,是调查报告常用的标题形式,如《2024企业数字化转型趋势调查报告》《关于××案件始末的调查》等。

2)通讯式标题。

①单式标题。用一句话或一两个短语概括调查报告的主题或要回答的问题。

②复式标题。由主题和副题组成。主题概括调查报告的主旨或要回答的问题,副题标明调查对象及其内容和文体。

(2)正文。由前言、主体、结尾组成。

1)前言。作简要介绍,说明为什么进行调查,即调查目的。

2)主体。主体是调查报告的核心,也是对调查结论的引证和论述,包括调查的主要事实和观点。内容要充实具体、重点突出、层次分明、条理清晰。

3）结语。需要对主体进行概括，明确主题，适当升华主题，可指出问题和不足，也可提出新的问题，启发思考，或对问题提出建议。

（3）落款。一般为两行，以集体为单位的调查报告，落款通常为"××调查组"，然后另起一行，写明日期；以个体为单位的调查报告，写明调查者单位、姓名，然后另起一行，写明日期。

关于在［具体项目名称］数字化解决方案设计中采用［具体新技术名称］的调查报告

一、调查目的与背景

随着数字化转型的深入推进，数字化解决方案在数字化转型升级中的应用越来越广泛，为了解在［具体项目名称］数字化解决方案设计中采用［具体新技术名称］是否可行，我单位市场部成立调研小组，开展了相关的调研工作。

本次调查的目的是通过收集和分析相关资料和数据，调查在［具体项目名称］数字化解决方案设计中采用［具体新技术名称］的可行性及风险评估，进而为项目的实施提供参考和借鉴。

二、调查方法和过程

本次调查采用了文献资料收集、问卷调查、走访交流和专家访谈等方法。［描述通过具体的调查方法进行调查的过程］

三、调查结果与分析

（一）采用［具体新技术名称］的优缺点

［列出相应的优缺点］

（二）采用［具体新技术名称］的风险评估

［进行风险评估］

（三）采用［具体新技术名称］的可行性分析

［进行可行性分析］

四、调查结论与建议

在［具体项目名称］数字化解决方案设计中采用［具体新技术名称］后，预计将带来以下效果：[列举预期达成的具体效果，如提升数据处理速度××%、降低运营成本××%等]。但是，也存在一定的风险和挑战，如[列举可能的风险点]。为此，建议制定相应的风险应对措施，包括[列举应对措施或方案]等，通过详细规划和技术对接，确保新技术的顺利融入和高效运行。

[市场部调查组]

[调查报告时间]

九、行业分析报告

1. 行业分析报告概述

行业分析报告是通过对该行业的各个方面进行深入调查和评估，提供对该行业的全面了解。行业分析报告是对特定行业的市场情况、发展趋势、竞争格局等方面进行全面研究和分析的报告。它的主要用途包括市场调研、企业战略制定、投资决策、政府政策制定等方面。

2. 几种常见的分析方法

（1）PESTEL 分析法。用于评估一个组织或行业受到的外部环境影响。它包括对政治（Political）、经济（Economic）、社会（Social）、技术（Technological）、环境（Environmental）和法律（Legal）因素的分析，以确定这些因素如何影响组织的运营和战略决策。通过对这些因素的分析，企业可以更好地了解外部环境的挑战和机遇，从而制定更有效的战略和决策。

（2）五力分析法。用于评估一个行业的竞争力和利润潜力，包括行业内竞争力、谈判能力、供应商的谈判能力、新进入者的威胁、替代品的威胁。通过分析这五个方面的力量，可以帮助企业了解行业的竞争情况、风险和机会，从而制定相应的战略来增强竞争力和利润潜力。

（3）SWOT（Strengths, Weaknesses, Opportunities, Threats）分析法。常常被用于制定集团发展战略和分析竞争对手情况，在战略分析中，它是最常用的方法之一。所谓 SWOT 分析，即将与研究对象密切相关的各种主要内部优势、劣势和外部的机会和威胁等，通过调查列举出来，并依照矩阵形式排列，然后用系统分析的思想，把各种因素相互匹配起来加以分析，从中得出一系列相应的结论，而结论通常带有一定的决策性。利用这种方法可以从中找出对自己有利的、值得发扬的因素，以及对自己不利的、要避开的东西，发现存在的问题，找出解决办法，并明确以后的发展方向。如图 4-1 所示。

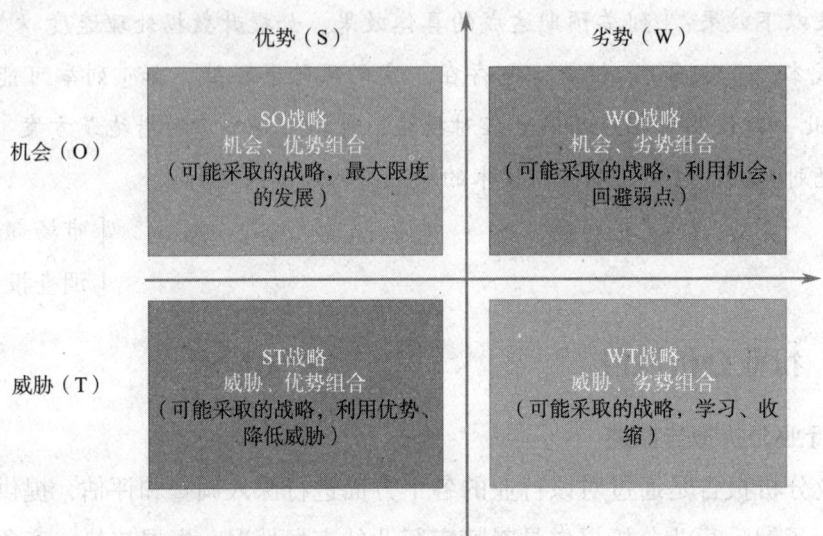

图 4-1 SWOT 分析法

3. 行业分析报告的特点

（1）综合性。涵盖特定行业的各个方面，包括市场规模、竞争格局、技术发展、法律法规、未来趋势等，使读者对整个行业有一个全面的认识。

（2）数据支持。报告通常基于可靠的数据来源，以支持其结论和分析的可信度。

（3）客观性。行业分析报告力求客观中立，以提供客观的行业评估。

（4）重点突出。着重强调当前行业的重要问题和发展趋势，使读者能够迅速了解该行业的核心特点。

（5）深度分析。不仅提供表面信息，还对行业内的各个关键方面进行深入研究和分析，以提供更具洞察力的见解。

（6）预测和展望。通常会尝试预测未来行业的发展趋势，并提供对行业未来发展的展望和建议。

（7）实用性。通常包含具体的建议和策略，供利益相关者在决策和规划中参考和应用。

（8）读者定位。目标读者可能是投资者、企业决策者、学者、政府机构等，因此报告内容会根据读者定位进行相应调整。

（9）时效性。及时更新最新数据和趋势，以保持其有效性和实用性。

（10）可读性。力求以简洁明了的方式呈现，确保读者能够理解和消化报告内容。

4. 行业分析报告的写作结构

（1）概述和背景。介绍所分析行业的概况和背景信息，包括行业的定义、发展历程、主要特点和趋势等。

（2）市场规模和增长趋势。分析行业的市场规模、增长率和趋势，提供行业的市场容量、市场份额和市场增长率等相关数据。

（3）竞争分析。对行业内的竞争格局进行分析，包括主要竞争对手、市场份额、产品差异化、定价策略、市场进入壁垒等方面。同时，分析竞争对手的优势和劣势，以及未来的竞争趋势。

（4）市场细分。对每个市场细分进行深入分析，包括市场规模、增长率和趋势，以及主要竞争对手和市场份额等。

（5）技术趋势和创新。分析行业内的技术趋势和创新，包括新兴技术的应用、行业标准的变化和颠覆性创新的影响等。评估这些趋势和创新对行业的影响和潜在机会。

（6）政策和法规环境。分析行业的政策和法规环境，包括政府的监管政策、市场准入要求和行业标准等。评估这些政策和法规对行业的影响和潜在风险。

（7）SWOT 分析。对行业的优势、劣势、机会和威胁进行 SWOT 分析。评估行业的内外部环境因素对行业发展的影响，为行业的战略规划提供参考。

（8）未来展望。根据对行业的分析和趋势预测，给出对行业未来发展的展望和建议，包括行业的增长潜力、发展方向和可能的挑战。

思考题

1. 应用文一般分为几种，各自有什么特点？
2. 应用文一般有哪些基本构成要素？
3. 试述请示的正文由哪些部分组成。
4. 试述请示和报告的区别。
5. 下面是一篇病文，请根据文中提供的信息重新撰写这一请示。

购置办公家具的请示

总行：

我支行所用办公家具是 2010 年购置的，已使用十余年，现已陈旧不堪，部分家具已破损无法修理，既影响办公又有损我行形象，为此，根据固定资产购置有关规定，特申请更换部分办公家具，费用约 62 980 元。

　　妥否，请批复

　　　附件：购置家具明细

二零二三年十二月一日

培训课程 2

文书与档案管理基础

学习单元1 文书处理

一、文书处理概述

文书处理是指对企事业单位内部所产生的各类文书进行整理、分类、审核、传递、归档等一系列处理工作的过程。这些文书包括各类文件、函件、备忘录、会议纪要、报告等。

以企业市场部为例,一旦完成了某次营销活动的策划与执行,便会产生一系列的文件、函件及报告。此时,文书处理人员便需发挥关键作用,将这些材料精心整理,并依据活动主题、时间节点或重要性进行细致分类。随后,他们还会对文书内容进行严格审核,确保信息的准确性与完整性。一旦审核通过,这些处理好的文书便会迅速传递给相关部门,如管理层或财务部门,以供其进行深入分析与决策参考。随着时间的推移,这些文书最终将按照既定规则和标准进行归档,方便日后的查阅和审计。

二、行文制度与要求

行文制度是指为规范和统一企事业单位内部书面文件的格式、用语、用词等相关规定。企事业单位的行文制度与要求主要包括以下几个方面:

1. 文件格式和结构

需要规定文件的标题、编号、日期、正文、落款、附件等格式和结构,确保文件的统一、规范和易读性。

2. 正确用词和语言规范

要求使用准确规范的汉字、词语和语法，避免错别字、错用词等问题，注意语言准确、简洁明了。

3. 表达的准确性和清晰性

要求文件表达内容准确无误，逻辑清晰，避免含糊不清和模棱两可的用语，确保信息的准确传达。

4. 文件密级和保密要求

针对不同密级的文件，规定不同的保密级别和相应的保密措施，确保文件的保密性和机密性。

5. 文件签署和盖章要求

规定文件签署的权限和范围，确定需要授权的人员和部门，同时规定公章的使用范围和规定，确保签署和盖章的合规性和正规性。

6. 文件传递和归档要求

确立文件传递的流程和方式，包括传阅、审核、归档等环节，并规定文件的保管期限、归档方式和位置等。

7. 语气稳健和客观性

要求文件语气稳健、客观公正，避免使用过于主观、情绪化的措辞，保持中立、客观的态度。

8. 结合技术手段的文件处理

根据现代办公技术和电子文档管理系统，结合数字化处理手段，规定文件的数字化处理、传递和存储要求。

9. 相关规定和制度要求

根据单位的具体情况和需要，制定相关制度，如会议纪要撰写规范、报告编写要求等。

三、文书处理程序

文书处理工作一般由收文处理和发文处理两个工作程序组成，须由专人进行处理。

1. 收文处理

指对外单位发给本单位的所有文书进行收进处理的一系列程序性工作。在收文处理中，需要确保及时收到并妥善处理各种来文，按照签收、登记、初审、承办、传阅、催办、答复等流程进行文档的收文工作。

2. 发文处理

指各单位答复来文或根据需要向外单位主动发出文件的过程。在发文处理中，需要确保发文的准确性和规范性，按照拟稿、审核、签发、复核、登记、印制、核发、立卷归档等流程，选择适当的方式和渠道发送文书。

学习单元 2　文件归档及档案管理

一、文件归档处理

1. 文件归档处理概述

文件归档是指文书或业务部门按规范将办理完毕且具有保存价值的文件，经系统整理移交至档案室或档案馆。文件归档是文书工作的最后一个环节，也是档案管理工作的起点。

2. 归档文件的分类与组合

归档文件的分类与组合是指将文件按照特定标准进行分类，并将相关文件组合在一起进行归档。这样做可以使文件的管理更加有序，方便查找和访问。

（1）归档文件分类方法。在各组织中归档文件分类的常用方法有年度分类法、组织机构分类法、问题分类法、保管期限分类法。

1）年度分类法。其是根据文件形成的年度将档案进行分类的方法，以每年1月1日至12月31日作为一个年度。按年度分类，可以反映出单位逐年发展变化的历程，是运用最广泛的一种方法。

2）组织机构分类法。其是根据文书形成和处理的组织部门进行分类的方法，每个单位都设有不同的组织机构，也都有自身的工作职能和职权。按组织机构分类，可以较好保持文件之间内容的主要联系。

3）问题分类法。其是根据文件所描述反映的问题来进行分类的方法。按问题分类，能使相同内容性质的文件比较集中，减少同类问题分散的现象，方便后期根据问题查找档案。

4）保管期限分类法。根据划定的不同保管期限对归档文件进行分类的方法。文件保管期限，需要结合文件的价值，依据国家有关规定进行设置。保管期限分类法,一般与年度分类法、组织机构分类法、问题分类法结合使用。

(2)归档文件组合方法。在各组织中归档文件组合的常用方法有按作者特征组合、按问题特征组合、按时间特征组合、按名称特征组合、按通信者特征组合、按地区特征组合等。

1)按作者特征组合。即按同一个作者制发的文书进行组合。按此特征组合,有利于反映同一文件作者的工作内容,依据文件来源确定文件的重要程度和保存价值。

2)按问题特征组合。即将反映的同一事件、案例、人物、问题、业务活动和同一性质工作的文件集中在一起进行组合。按此特征组合,能较好反映同一问题发生、发展及解决的全过程。

3)按时间特征组合。即按照文件形成的时间进行组合。按此特征组合,有利于保持统一时间文件的联系,方便按时间进行检索。

4)按名称特征组合。即按照相同或相似的文件名称进行组合。按此特征组合,要注意区分名称相同而含义不同的文件。

5)按通信者特征组合。即将本单位与某一单位之间就一定问题进行工作联系而形成的来往文件进行组合。按此特殊组合,主要针对具有回复性质的文件。

6)按地区特征组合。即将内容所涉及的同一地区的文件进行组合。按此特征组合,便于反映该地区的工作及问题处理情况。

二、档案管理基础

1. 档案的收集与鉴定

(1)档案的收集。档案收集是接收、征集档案和有关文献的活动。具体来讲,就是按照党和国家的规定,通过例行的接收制度和专门的征集办法,将分散在各机关、单位、个人手中的档案和散失在社会其他地方的档案,分别集中到各个有关机关档案室和各级各类档案馆的活动,从而实现档案的统一领导和分级管理。

档案收集内容主要包括接收本单位需要归档档案、接收撤销单位的具有永久、长期保存价值档案,以及接收各个历史时期形成的档案等。

(2)档案的鉴定。档案的鉴定是指运用专门知识对档案真伪和档案价值鉴别的过程。鉴定档案的目的是确保档案的可靠性和可信度,以便后续的使用、参考和决策。

档案鉴定工作包括档案的价值鉴定和档案的真伪鉴定两个方面的内容。目前,档案界所称的档案鉴定主要是指档案的价值鉴定。档案价值鉴定工作就是各个档案机构按照一定的原则、标准和方法来鉴别和判定档案的价值,确定档案的保管期限,并据此销毁失去保存价值档案的工作。

档案鉴定的方法一般分为直接鉴定法和辅助鉴定法。直接鉴定法是鉴定档案价值的基本方法,要求档案鉴定人员逐件逐页审查档案材料,从它的内容、作者、名称、可靠程度等方面全面考查分析确定其价值。除了直接鉴定法,还有其他一些辅助鉴定法,比如间接鉴定法、抽样鉴定法等。

2. 档案数字化

(1)档案数字化的概念。档案数字化是随着计算机技术、扫描技术、扫描矩阵 CCD 技术、OCR 技术、数字摄影技术(录音、录像)、数据库技术、多媒体技术、存储技术的发展而产生的一种新型档案信息形态,它把各种载体的档案资源转化为数字化的档案信息,以数字化的形式存储,网络化的形式互相连接,利用计算机系统进行管理,形成一个有序结构的档案信息库,及时提供利用,实现资源共享。

(2)档案数字化的基本环节。主要包括档案出库与核对登记、数字化前的预处理、档案扫描、目录数据库建立、图像处理、数据挂接与备份、数据成果验收与移交等。

(3)数字化档案管理的发展趋势。随着人工智能、大数据技术等新一代信息技术的发展,数字化档案管理将成为主流。数字技术的成熟,也将进一步促使档案管理系统呈现移动化、智能化特点,同时能充分保障档案的安全性及对档案信息隐私性的保护。

思考题

1. 文书处理的含义是什么?
2. 收文处理的流程有哪些?
3. 发文处理的流程有哪些?
4. 归档文件分类方法有哪些?
5. 归档文件组合方法有哪些?
6. 档案鉴定的方法有哪些?

培训课程 3

办公设备及软件应用

学习单元1 办公设备管理

一、打印机的使用

打印机是计算机的输出设备之一，用于将计算机处理结果打印在相关介质上。

1. 打印机的分类

按工作方式分为针式打印机、喷墨式打印机、激光打印机等。

按用途分为办公和事务通用打印机、商用打印机、专用打印机、家用打印机、便携式打印机和网络打印机等。

2. 打印机操作步骤

第一步：将打印机连接至主机，打开打印机电源，通过主机的"控制面板"进入"打印机和传真"文件夹，在空白处单击鼠标右键，选择"添加打印机"命令，打开添加打印机向导窗口。选择"连接到此计算机的本地打印机"，并勾选"自动检测并安装即插即用的打印机"复选框。

第二步：此时主机将会进行新打印机的检测，很快便会发现已经连接好的打印机，根据提示将打印机附带的驱动程序光盘放入光驱中，安装打印机驱动程序后，在"打印机和传真"文件夹内便会出现该打印机的图标。

第三步：在新安装的打印机图标上单击鼠标右键，选择"共享"命令，打开打印机的属性对话框，切换至"共享"选项卡，选择"共享这台打印机"，并在"共享名"输入框中填入需要共享的名称，单击"确定"按钮即可完成共享的设定。

第四步：打开需要打印的文件，如 Word 文档、Excel 表格或者 PDF 文件。在文件中选择"打印"选项，通常可以在顶部菜单栏或者快捷键 Ctrl+P 找到。打开打印设置，可以选择打印机、纸张大小、打印质量等参数，可根据需要进行调整，确认打印设置后，点击"打印"按钮开始打印。

打印过程中，可以在打印队列中查看打印进度和取消打印任务。打印完成后，及时关闭打印机和电脑的连接，以节省电源和保护设备。

3. 网络打印机的连接步骤

第一步：通过查看打印机的操作面板或咨询打印机的使用说明书，将打印机连接到网络，并具备有效的 IP 地址。

第二步：根据打印机的型号下载并安装相应的驱动程序。

第三步：在电脑的控制面板中，打开"设备和打印机"设置。在添加打印机向导中，选择"添加网络、无线或蓝牙打印机"。系统会自动搜索网络中的打印机，找到要连接的打印机后，选择"添加"。

第四步：在打印机属性页面中，选择"共享"选项卡，启用打印机共享。

第五步：连接完成后，从电脑打印测试页，以确保打印机正常工作。

二、复印机的使用

复印机是一种自动化办公设备，它可以提高公文形成的速度，节省等待时间，给办公工作带来便利。复印机的操作步骤如下：

预热：按下电源开关，开始预热，面板上应有指示灯显示，并出现等待信号。当预热时间达到，机器即可开始复印，这时会出现可以复印信号或音频信号。

检查原稿：拿到需要复印的原稿，检查原稿的纸张尺寸、质地、颜色、字迹、色调、装订方式、原稿张数，以及有无图片需要改变曝光量的原稿。

检查机器显示：机器预热完毕后，检查操作面板上复印信号、纸盒位置、复印数量显示为"1"、复印浓度调节、纸张尺寸，一切显示正常才可进行复印。

放置原稿：根据稿台玻璃刻度板的指示及当前使用纸盒的尺寸和横竖方向放好原稿。

设定复印份数：按下数字键设定复印份数。若设定有误可按"C"键，然后重新设定。

设定复印倍率：一般复印机的放大仅有一档，按下放大键即可，缩小倍率多以 A3–A4、B4–B5 或百分比等表示。如果无需放大、缩小，可不按任何键。

选择复印纸尺寸：根据原稿尺寸，以放大或缩小倍率按下纸盒选取键。如机内装有所需尺寸纸盒，即可在面板上显示出来；如无显示，则需更换纸盒。

调节复印浓度：根据原稿纸张、字迹的色调深浅，适当调节复印浓度。原稿纸张颜色较深的，如报纸，应将复印浓度调浅些；字迹浅、线条细、不十分清晰的，如复印品原稿是铅笔原稿的，则应将浓度调深些；复印图片时一般应将浓度调淡。

三、扫描仪的使用

扫描仪是一种捕获影像的装置，作为一种光机电一体化的电脑外设产品，扫描仪是继鼠标和键盘之后的第三大计算机输入设备，它可将影像转换为计算机可显示、编辑、存储和输出的数字格式，是功能很强的一种输入设备。

扫描过程包括：准备将要使用的扫描仪；准备和定位扫描仪中的原始图像；激活扫描仪的插入软件模块或软件；检查扫描仪的优先设置值；选择正确的原始图像类型；选择扫描方式；根据打算是在监视器上浏览和编辑图像，还是直接输出到打印机（或印刷）设备，选择目的设备；预扫描原图像；剪辑或调整预览图像；设置分辨率和决定尺寸；调整亮度和阴影点、灰度系数、有关色调设置值；校准颜色沉着或其他色不平衡；如果打算使用鼓形扫描仪，应锐化预扫描图像；扫描图像。

四、一体机的使用

一体机是一种集成了电脑主机、显示器和其他硬件设备的多功能电脑设备。它的使用与传统台式电脑类似，但由于集成了多个设备，使用起来更为简便。以下是一体机的使用方法：

开机和关机：按下一体机的电源按钮即可开启或关闭电脑。

操作系统：一体机通常预装了操作系统，根据需要选择使用相应的操作系统。

使用输入设备：一体机通常配备了键盘和鼠标，可以用它们进行文字输入和操作。

触摸屏操作：有些一体机会配备触摸屏，通过手指触摸屏幕上的图标和按钮进行操作。

连接外部设备：一体机通常也具有多个 USB 接口和其他接口，可以连接外部设备，如打印机、摄像头、耳机等。

上网：一体机可以通过无线网络或有线网络（如以太网线）连接到互联网，用浏览器访问网页、发送电子邮件等。

运行软件：一体机可以安装和运行各种应用软件，如办公软件、娱乐软件、图像处理软件等。

媒体播放：一体机通常内置了音频和视频播放器，可以用来播放音乐、视频等媒体文件。

存储文件：一体机通常也有用于存储文件的内置硬盘，可以创建文件夹、保存文件等。

调整设置：一体机的设置可以通过系统设置或控制面板进行调整，如调整屏幕亮度、声音等。

五、投影仪的使用

投影仪又称投影机，是一种可以将图像或视频投射到幕布上的设备，可以通过不同的接口同计算机、VCD、DVD、BD、游戏机、DV 等相连接并播放相应的视频信号。

1. 准备工作

确保投影仪与电源插座连接，并打开电源。同时，将电脑或其他设备与投影仪连接，可以通过 HDMI 线、VGA 线、USB 线或无线连接。

2. 调整投影仪位置

将投影仪放置在适当位置。

3. 打开投影仪

按下投影仪上的电源按钮，等待投影仪启动。

4. 调整投影画面

投影仪启动后，可以通过投影仪上的按键或遥控器来调整画面的亮度、对比度、色彩等参数，以获得最佳的投影效果。

5. 连接设备

将电脑或其他设备与投影仪连接，根据使用的连接方式，将相应的线缆连接到投影仪和设备的端口上，确保连接稳固。

6. 调整投影画面尺寸

根据投影距离和需要的画面尺寸，调整投影仪与屏幕之间的距离。

7. 调整设备输出

在电脑或其他设备上，将显示设置调整为扩展模式或投影模式。这样可以将桌面或应用程序的内容投影到投影仪上。

8. 调整焦距

通过投影仪上的焦距调节按钮或旋转镜头，调整图像的清晰度。

9. 开始投影

一切准备就绪后，在电脑上打开需要投影的文件或应用程序，确保投影画面正常显示。

投影完成后，关闭投影仪和电源。拔下并妥善保管与投影仪连接的线缆。需要注意的是，具体的操作步骤可能因投影仪型号和设备连接方式而有所不同。在使用前，最好参考投影仪的使用手册或说明书，以获得准确的操作指引。

思考题

1. 打印机类型有哪些？
2. 复印步骤有哪些？

学习单元2 WPS办公软件使用技巧

WPS 打造了一个集协作工作空间、开放平台、云服务于一体的办公环境，适应云办公的现代化办公需求，实现日常办公中常用的文字、表格、演示等多种功能。

一、文档编辑

1. 文档创建

新建与保存空白文字文档是最基本的创建文档的方法。下面详细介绍在 WPS Office 中创建空白文字文档的方法。

操作步骤：

第 1 步　启动 WPS Office，选择【新建】选项卡，如图 4-2 所示。

第 2 步　打开【新建】界面，选择【新建文字】选项卡，单击【新建空白文字】模板，如图 4-3 所示。

职业模块 4　　工作常用知识

图 4-2　新建选项卡图

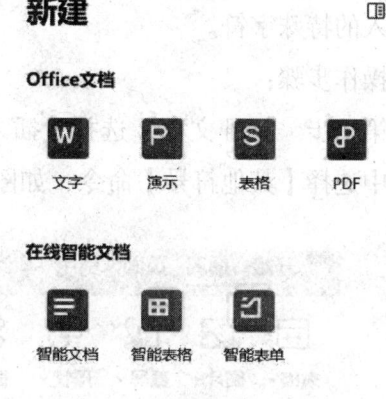

图 4-3　新建空白文字

第 3 步　此时，完成空白文字文档的建立，如图 4-4 所示。

图 4-4　空白文字文档

2. 文档编辑

（1）快速输入中文和英文。创建文档后，需要对文档进行编辑。在任何一个文档中，文本内容是必不可少的。下面介绍如何在文字文档中输入中文与英文。

操作步骤：

第 1 步　新建空白文字文档，在光标闪烁处按住 Shift 键可输入大写英文字母。

第 2 步　按空格键完成输入，继续输入中文文字。

第 3 步　完成快速输入中文与英文的操作，如果选中"SZH"大写英文，按 Shift+F3 组合键，可将其改为"szh"小写英文。

（2）输入特殊字符。用户在编辑文档的过程中，通常会遇到一些通过键盘无法输入的特殊字符。

操作步骤：

第1步　打开文档，选择【插入】选项卡，单击【符号】下拉按钮，在下拉菜单中选择【其他符号】命令，如图4-5、图4-6所示。

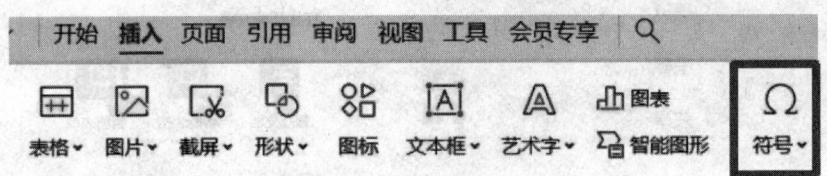

图4-5　插入符号工具栏

图4-6　插入符号

第2步　弹出【符号】对话框，在【子集】下拉列表框中选择【几何图形符】选项，选中准备插入的符号，单击【插入到符号栏】按钮，如图4-7所示。

第3步　选择【符号栏】选项卡，选中刚刚插入的符号，在【快捷键】文本框定位光标，按键盘上的F2键，即可为该符号设置快捷键，单击【关闭】按钮，如图4-7所示，在下拉列表框中选择【几何图形符】选项，选中准备插入的符号，单击【插入到符号栏】按钮。

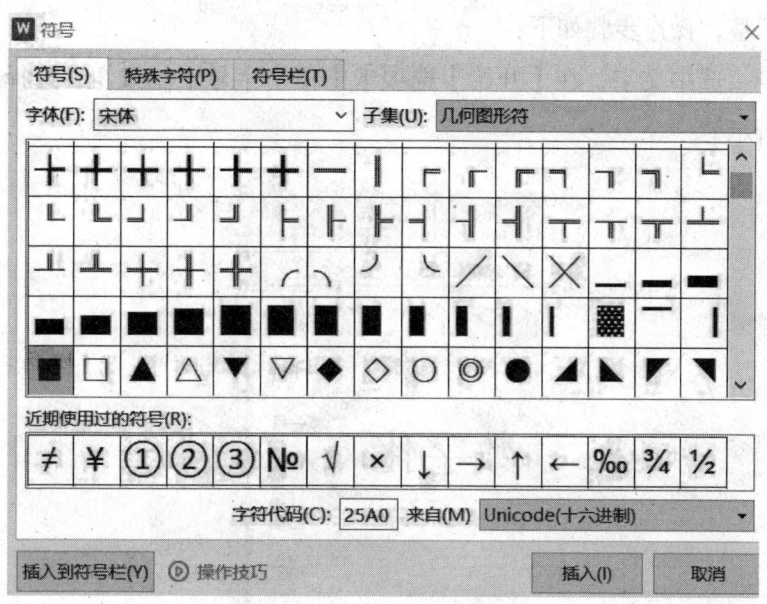

图 4-7 插入几何图形符

第 4 步　在光标定位处按 F2 键，即可插入特殊符号，使用相同的方法可以插入特殊符号。

（3）输入当前日期和时间。如果需要输入当前日期和时间，用户可以使用 WPS 自带的插入日期与时间功能。

操作步骤：

第 1 步　新建空白文字文档，选择【插入】选项卡，单击【日期】按钮。

第 2 步　弹出【日期和时间】对话框，在【可用格式】列表框中选择一种日期格式，单击【确定】按钮。

第 3 步　返回到文档中，可以看到已经插入了当前日期，再次单击【日期】按钮。

第 4 步　弹出【日期和时间】对话框，在【可用格式】列表框中选择一种日期格式，单击【确定】按钮。

第 5 步　返回文档中，可以看到已插入了日期和时间。

二、文档呈现

1. 编排文字

文本格式编排决定字符在屏幕上和打印时的显示形式。在输入所有内容之后，用户即可设置文档中的字体格式，并给字体添加效果，从而使文档看起来层次分

明、结构工整,操作步骤如下:

第1步　选中文字,在【开始】选项卡中单击字号下拉按钮,选择一种字号,如图4-8所示。

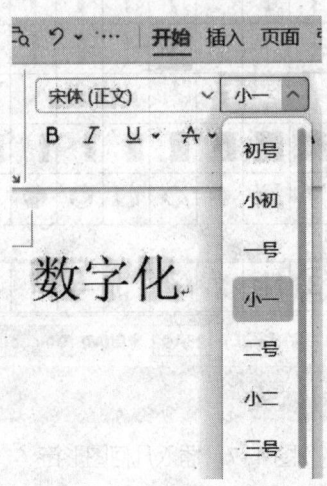

图4-8　字号修改

第2步　单击【字体】下拉按钮,选择一种字体。

第3步　单击【字体颜色】下拉按钮,选择一种颜色,如图4-9所示。

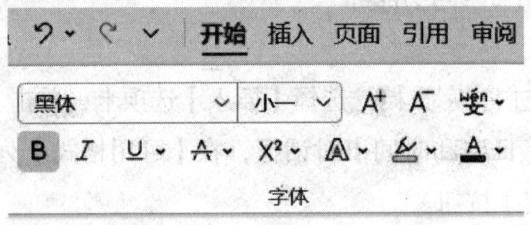

图4-9　字体颜色修改

第4步　单击【字体启动器】按钮,弹出【字体】对话框,选择【字符间距】选项卡,单击【间距】下拉按钮,选择【加宽】选项,在后面的【值】微调框中输入数值,单击【确定】按钮,如图4-10所示。

第5步　返回文档中,可以看到文本的字体、字号、颜色以及字符间距都发生了变化。

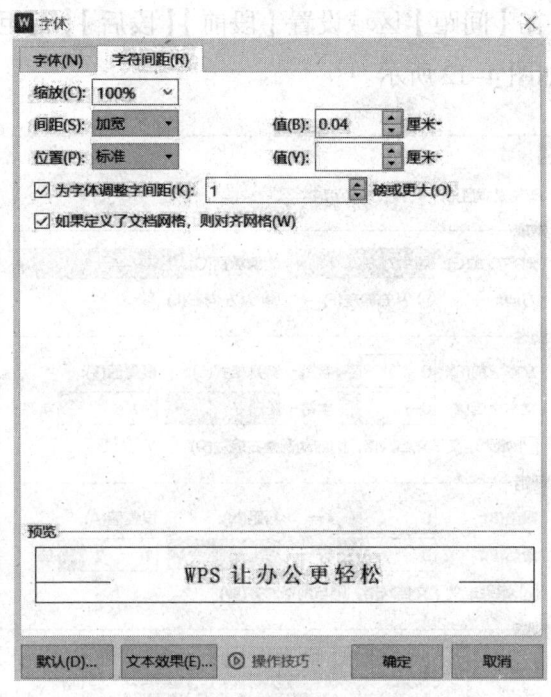

图 4-10　字符间距修改

2. 设置段落、间距和对齐方式

设置段落缩进可以使文本变得工整，从而清晰地表现文本层次。段落的对齐方式共有 5 种，分别为文本左对齐、居中对齐、右对齐、两端对齐和分散对齐。

操作步骤：

第 1 步　选中第 1 行标题，在【开始】选项卡中单击【居中对齐】按钮，如图 4-11 所示。

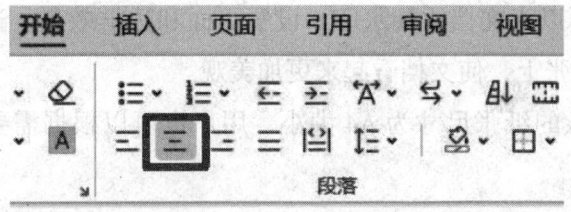

图 4-11　居中对齐

第 2 步　选中文本，在【开始】选项卡中单击【段落启动器】按钮，弹出【段落】对话框，在【缩进和间距】选项卡中单击【特殊格式】下拉按钮，选择

【首行缩进】选项,在【间距】区域设置【段前】【段后】【行距】等选项参数,单击【确定】按钮,如图4-12所示。

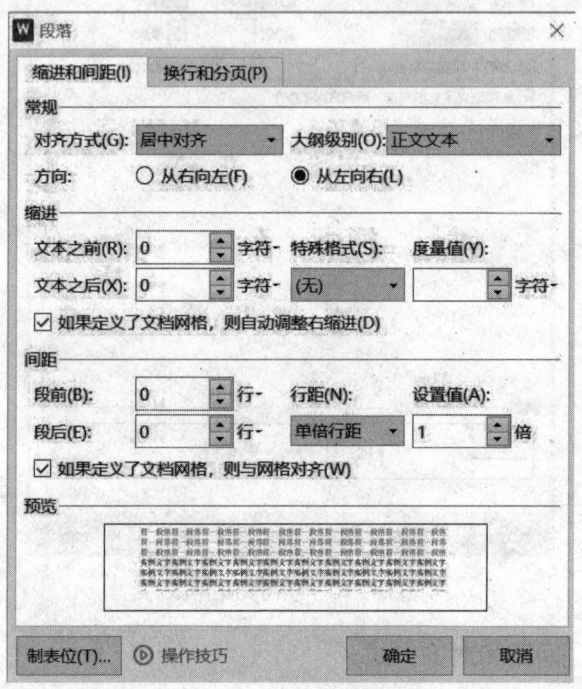

图 4-12 段落启动器设置

第 3 步 返回到文档中,可以看到标题居中对齐显示,选中段落的缩进、间距、行距也都发生了改变。

3. 调整文档页面纸张类型

新建一个文档后,用户可以根据需要对文档的页面大小、页边距、显示方向等进行设置,还可以为文档添加水印、设置页面和边框效果。这些效果在文档打印时都会显示在纸张上,使文档看起来更加美观。

WPS 文档默认的纸张尺寸为 A4 大小,用户也可以根据需要将纸张设置成其他尺寸。

操作步骤:

第 1 步 新建空白文档,选择【页面布局】选项卡,单击【纸张大小】下拉按钮,选择一个选项卡。

第 2 步 可以看到文档的宽度和高度都发生了变化。

有时出于装订和美观的需要,用户可以调整文档的页边距。

操作步骤：

第1步　新建空白文档，选择【页面布局】选项卡，单击【页边距】下拉按钮，在菜单中选择一个命令，如果没有满意的边距值，可以选择【自定义页边距】命令。

第2步　弹出【页面设置】对话框，在【页边距】选项卡的【上】【下】【左】【右】微调框中输入数值，单击【确定】按钮，即可完成自定义页边距的操作。

4. 设置页眉和页脚

页眉是每个页面页边距的顶部区域，页脚是页边距的底部区域。对页眉和页脚进行编辑，可起到美化文档的作用。

（1）在页眉中插入Logo。为了使制作的文档看起来更加专业、正规，需要为其在页眉中添加Logo。

操作步骤：

第1步　新建文档，选择【插入】选项卡，单击【页眉页脚】按钮。

第2步　页眉和页脚处于编辑状态，在【页眉页脚】选项卡中单击【图片】下拉按钮，单击【本地图片】按钮。

第3步　弹出【插入图片】对话框，选中要插入的图片，单击【打开】按钮。

第4步　返回到编辑区，可以看到图片已经插入到页眉中，在【图片工具】选项卡中调整图片的【高度】和【宽度】数值。

第5步　单击文档空白处，返回到【页眉页脚】选项卡，单击【关闭】按钮即可完成在页眉中插入Logo的操作。

（2）页眉或页脚首页不同。用户在文档中插入页眉或页脚时，有时不需要显示文档首页的页眉或页脚，这时就需要将其删除。

操作步骤：

第1步　打开文档，在页眉处双击，进入编辑状态，在【页眉页脚】选项卡中单击【页眉页脚选项】按钮。

第2步　弹出【页眉/页脚设置】对话框，勾选【首页不同】复选框，单击【确定】按钮。

第3步　返回编辑区，单击【关闭】按钮。

第4步　可以看到首页的页眉已经被删除，但其余的页眉还在。

三、演示文稿制作

PPT 用于设计和制作各类演示文稿，而且演示文稿可以通过计算机屏幕或投影机进行播放。演示文稿是由一张张幻灯片组成的。

1. 演示文稿编辑

第 1 步　打开 WPS 软件。可以在桌面或者开始菜单中找到它。点击"新建"打开一个空白的 PPT 文档。

第 2 步　选择合适的模板。WPS 提供了很多精美的 PPT 模板，可以根据需要选择一个适合主题的模板。如果想展示关于科技的内容，就选择一个科技风格的模板；如果想展示关于自然的内容，就选择一个自然风格的模板。

第 3 步　添加文字。在幻灯片中，可以通过点击文本框来添加文字。选择一个文本框，双击进入编辑状态，然后输入想展示的文字内容。记住：文字要简洁明了，不要过多，以免让观众感到困惑。

第 4 步　插入图片。如果想通过图片来更生动地表达，可以在幻灯片中插入图片。点击"插入"选项卡，然后选择"图片"。找到想插入的图片文件，点击【确定】即可。记住：图片要与主题相符，并且不要使用版权受限的图片。

第 5 步　添加动画效果。WPS 提供了丰富的动画效果，可以使 PPT 更加生动有趣。选中一个元素（如文字或图片），点击"动画"选项卡，选择一个适合的动画效果。可以设置动画的持续时间、延迟等参数，以达到最佳的呈现效果。

第 6 步　设置幻灯片切换方式。点击"切换"选项卡，可以选择不同的切换效果和幻灯片之间的切换时间。这些设置可以使演示更加流畅连贯。

第 7 步　预览和保存 PPT。在制作完成后，可以点击"播放"按钮预览整个幻灯片播放效果。如果没有问题，点击"保存"按钮将 PPT 保存到计算机上。

2. 演示文稿的呈现

（1）呈现策略。页面是 PPT 表现的视觉平台，它向学习者传递信息、传达视觉美感。页面的呈现策略主要有 5 个：

1）页面要统一。整个演示文稿背景的结构和色彩的设计尽可能保持风格一致；同一级背景的表现方式尽可能统一，这样可使表现的内容具有层次感；文字的表现要统一。

PPT 中的文字主要有 4 种：标题文字、阐述文字、注释文字和强调文字。无论在文字的字体、大小、颜色，还是在其他艺术表现方式上，每种文字在整个演示文稿中的表现形式应保持一致。

2）页面要选择合适的色彩。教学演示文稿使用的场合往往较为正式，在设计页面时，要根据色彩的表情来用色，以符合观众对色彩的心理感受。

3）画面要保持均衡感。画面均衡常常指量感上的均衡，而量感是一个心理量，往往受客观因素和主观因素的影响。一般地，视觉中心位于页面几何中心偏上的位置，在量感上是均衡的。

4）页面内素材要易读。使用媒体时，需要充分考虑素材的易读性，便于读者观看和学习。如果是深色背景，那么一般要使用浅色文字、图表、表格等素材，使之对比明显，便于浏览；反之，则要使用深色素材。但是，有时会遇到深色背景与饱和度较高的素材相撞的情况，如在深色背景下插入夜晚拍摄的照片，或插入在光线不足的房间里拍摄的视频片段；也会遇到浅色背景与饱和度较低的素材相撞的情况。当遇到此类情形时，解决的途径一般有3种：一是调整背景的色彩；二是调整素材的饱和度或亮度；三是在不调整背景和素材色彩的情况下给素材加边框。如果是浅色背景，则为素材加深色边框；如果是深色背景，则为素材加浅色边框。也可以创建一个底纹色块作为素材的背景墙：如果是浅色背景，则创建一个深色的背景墙；如果是深色背景，则创建一个浅色的背景墙。总之，应尽量使背景和素材形成明显的对比，使素材内容鲜明突出。

5）页面内要有留白。留白是指PPT中上下左右所预留一定幅度的空白。页面内呈现的信息一般占版面的30%~70%，相应地，留白则占版面的30%~70%。设置留白主要目的是限制页面内容的信息量，使其不致拥挤紧张，让页面中的信息有呼吸的空间。但留白并不意味着预留的全是空的白色区域，它可以是颜色、线条、抽象画、风景图片等，这样的留白不会让观众感到单调乏味。因此，在制作幻灯片时，需要考虑如何设置留白，还要考虑如何分配留白与信息的比例。

（2）内容的呈现策略。PPT承载的内容就是要传递的知识信息，内容要靠素材来呈现。内容的呈现策略主要有2个。

1）中心要明确。在设计页面内容时，要注重对中心内容的表现。在设计每张幻灯片的内容时，要把握好该页需要呈现的中心内容，并把它放置在中心位置，以突出显示。

2）多使用图表。使用图表，既可以对逻辑复杂、长篇大段的文字从逻辑上加以梳理，让学习者通过图表了解所要表达的内容之间的逻辑关系，又可把繁杂的数字或数据以形象化的图形方式展示出来。

四、图表设计

使用 WPS 表格创建的文档称为工作簿，它是用于存储和处理数据的主要文档，也称为电子表格。默认新建的工作簿以"工作簿1"命名，并显示在标题栏的文档名处。

要使用 WPS 表格制作电子表格，首先创建工作簿，然后以相应的名称保存工作簿。

1. 数值计算

数据是表格中不可缺的元素，WPS 中常见的数据类型有文本型、数字型、日期时间型和公式等，输入不同数据类型的显示方式也有所不同。

（1）输入文本和数值。文本是 Excel 常用的一种数据类型，如表格的标题、行标题和列标题等。电子表格是处理各种数据有效的工具，因为在日常操作中经常要输入大量的数字内容。

操作步骤：

第1步　新建空白工作簿，将 A1–H1 单元格区域合并居中，选中合并后的单元格，使用输入法输入标题"考评成绩表"，如图 4-13 所示。

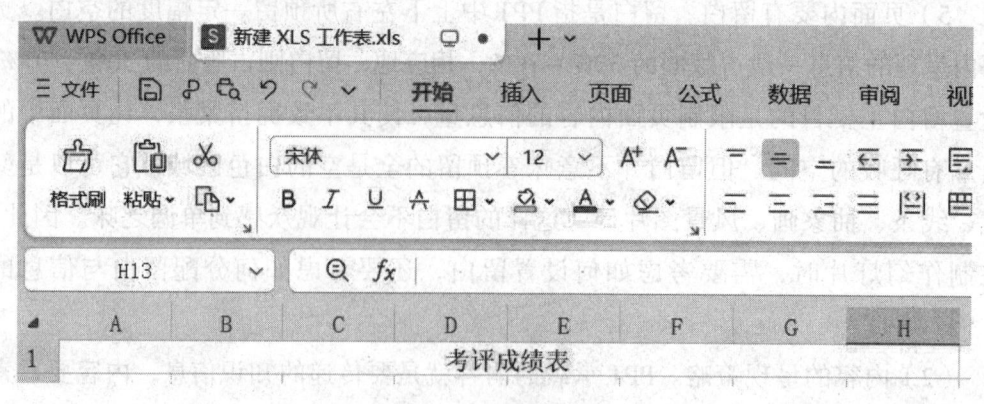

图 4-13　输入标题

第2步　按空格键完成标题的输入，使用相同的方法在其他单元格中输入内容。

第3步　选中 C3 单元格并输入数值，如图 4-14 所示。

	A	B	C	D	E
	考生姓名	考生单位	理论成绩	实操成绩	考评成绩表 总评成绩
	陈某	某学校	85		
	代某				
	付某				
	高某				
	胡某				
	黄某				

图 4-14 输入数值

第 4 步 按 Enter 键完成数值的输入，使用相同方法输入其他数值，如图 4-15 所示。

				考评成绩表
考生姓名	考生单位	理论成绩	实操成绩	总评成绩
陈某	某学校	85	83	
代某	某学校	82	80	
付某	某学校	80	84	
高某	某学校	75	86	
胡某	某学校	86	78	
黄某	某学校	87	80	

图 4-15 输入数值

（2）输入和编辑公式。在 WPS 表格中输入计算公式进行数据计算时，需要遵循一个特定的次序或语法：最前面是等号"="，然后是计算公式，公式中可以包含运算符、常量数值、单元格引用、单元格区域引用和函数等。

操作步骤：

第 1 步 选中 E3 单元格，输入"=SUM(C3:D3)"，编辑栏中将同步显示输入内容，如图 4-16 所示。

	A	B	C	D	E
					考评成绩表
	考生姓名	考生单位	理论成绩	实操成绩	总评成绩
	陈某	某学校	85	83	=SUM(C3:D3)
	代某	某学校	82	80	
	付某	某学校	80	84	
	高某	某学校	75	86	
	胡某	某学校	86	78	
	黄某	某学校	87	80	

图 4-16 公式输入

第 2 步 按 Enter 键，表格将对公式进行计算，并在 E3 单元格中显示计算结果，用鼠标拖动表格，可计算所有的总评成绩，如图 4-17 所示。

考生姓名	考生单位	理论成绩	实操成绩	考评成绩表 总评成绩
陈某	某学校	85	83	168
代某	某学校	82	80	162
付某	某学校	80	84	164
高某	某学校	75	86	161
胡某	某学校	86	78	164
黄某	某学校	87	80	167

图 4-17 计算总评成绩

（3）使用运算符。运算符是用来对公式中的元素进行运算而规定的特殊字符。WPS 表格中包含 3 种类型的运算符，即算术运算符、字符连接运算符和关系运算符。

1）算术运算符。算术运算符用来完成基本的数学运算，如加、减、乘、除等。算术运算符的基本含义见表 4-1。

表 4-1　算术运算符

算术运算符	含义	示例
+（加号）	加法	9+6
-（减号）	减法或负号	9-6；-5
*（星号）	乘法	3*9
/（正斜号）	除法	6/3
%（百分号）	百分比	69%
^（脱字号）	乘方	5^2

2）字符连接运算符。字符连接运算符是可以将一个或多个文本连接为一个组合文本的一种运算符号，它使用和号"&"连接一个或多个文本字符串，从而产生新的文本字符串。字符连接运算符的基本含义见表 4-2。

表 4-2　字符连接运算符

字符连接运算符	含义	示例
&（和号）	将两个文本连接起来并产生一个连续的文本值	"漂"&"亮"得到"漂亮"

3）关系运算符。关系运算符用于比较两个数值间的大小关系，并产生逻辑值真（TRUE）或假（FALSE），关系运算符的基本含义见表 4-3。

表 4-3　关系运算符

关系预算符	含义	示例
=（等于）	等于	A1=B1
>（大于号）	大于	A1>B1
<（小于号）	小于	A1<B1
>=（大于等于号）	大于或等于	A1>=B1
<=（小于等于号）	小于或等于	A1<=B1
<>（不等号）	不等于	A1<>B1

4）函数的基本操作。在 WPS 表格中，将一组特定功能的公式组合在一起，就形成了函数。利用公式可以计算一些简单的数据，而利用函数则可以很容易地完成各种复杂数据的处理工作，并简化公式的使用。

①函数的结构和类型。在 WPS 表格中，调用函数时需要遵守 Excel 对于函数所制定的语法结构，否则将会产生语法错误。函数的语法结构由等号、函数名称、

括号、参数组成,如图 4-18 所示。

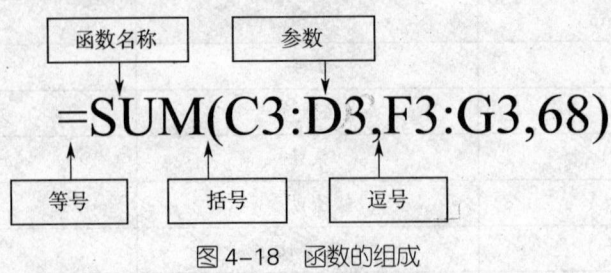

图 4-18 函数的组成

等号:函数一般以公式的形式出现,必须在函数名称前面输入"="号。

函数名称:用来标识调用功能函数的名称。

参数:可以是数字、文本、逻辑值和单元格引用,也可以是公式或其他函数。

括号:用来输入函数参数,各参数之间需用逗号(必须是半角状态下的逗号)隔开。

逗号:各参数之间用来表示间隔的符号。

WPS 表格为用户提供了 6 种常用的函数类型,包括财务函数、逻辑函数、查找与引用函数、文本函数、日期和时间函数、数学和三角函数等,在【公式】选项卡中即可查看函数类型,见表 4-4。

表 4-4 函数类型

分类	功能
财务函数	用于对财务进行分析和计算
逻辑函数	用于进行数据逻辑方面的运算
查找与引用函数	用于查找数据或单元格的引用
文本函数	用于处理公式中的字符、文本或对数据进行计算与分析
日期和时间函数	用于分析和处理时间及日期值
数学和三角函数	用于进行数学计算

②输入函数。SUM 函数是常用的求和函数,用来返回某一单元格区域中数字、逻辑值及数字的文本表达式之和。下面以输入函数为例,介绍输入函数的方法。

操作步骤:

第 1 步 选中 E3 单元格,输入 "=SUM(C3:D3)"。

第 2 步 按 Enter 键,表格将对公式进行计算,并在 E3 单元格中显示计算结果。

2. 创建图表

在 WPS 表格中，图表不仅能够增强视觉效果、起到美化表格的作用，而且还能更直观、形象地显示出表格中各个数据之间的复杂关系，更易于理解和交流。

在 WPS 表格中创建图表的方法非常简单，系统自带了很多图表类型，如柱形图、条形图、折线图等，用户只需根据需要进行选择即可。

操作步骤：

第1步　选中数据区域内的任意单元格，选择【插入】选项卡，单击【全部图表】下拉按钮，选择【全部图表】选项，插入图表，如图 4-19 所示。

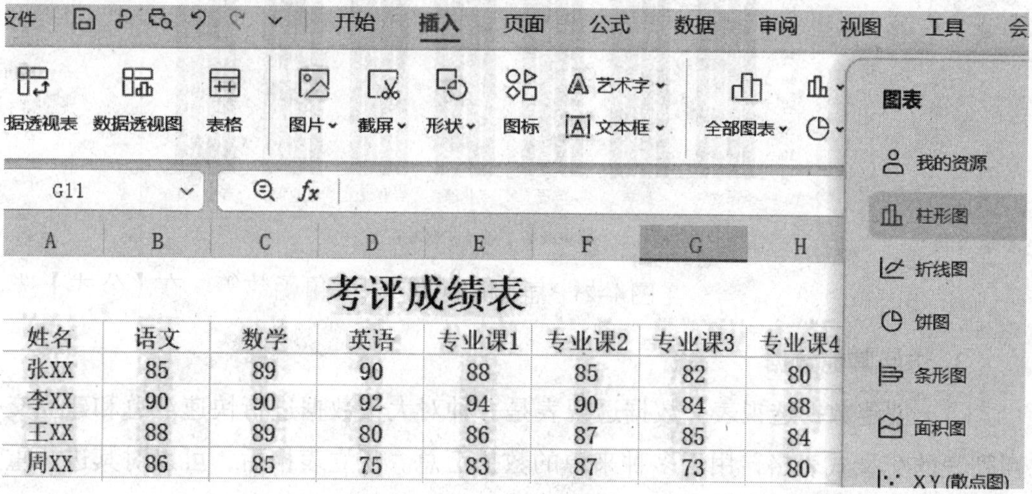

图 4-19　插入图表

第2步　弹出【图表】对话框，选择【柱形图】选项卡，选择【簇状柱形图】选项，单击【插入预设图表】模板，如图 4-20 所示。

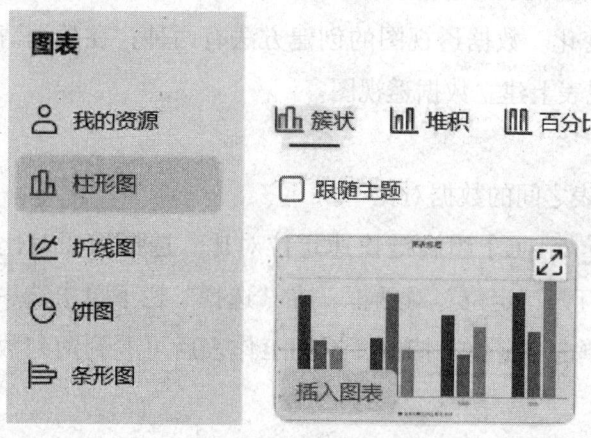

图 4-20　插入柱形图

第 3 步　完成簇状柱形图的插入，如图 4-21 所示。

考评成绩表

姓名	语文	数学	英语	专业课1	专业课2	专业课3	专业课4
张XX	85	89	90	88	85	82	80
李XX	90	90	92	94	90	84	88
王XX	88	89	80	86	87	85	84
周XX	86	85	75	83	87	73	80

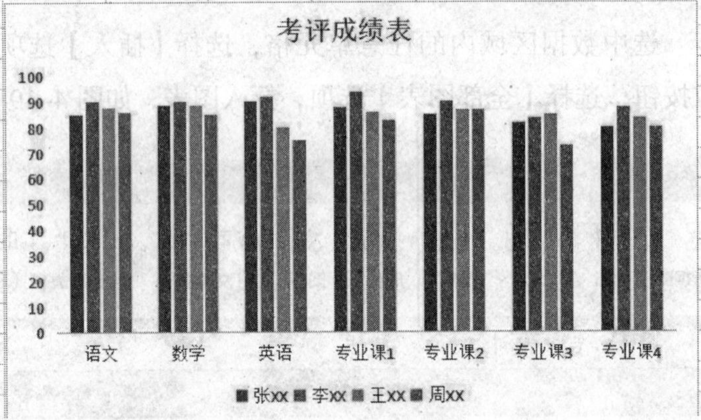

图 4-21　插入簇状柱形图

3. 访问其他数据

（1）创建数据透视表。数据透视表是一种对大量数据进行快速汇总和建立交互列表的交叉式表格，用于多种来源的数据汇总。建立表格后，可以对其进行重新排列，深入分析数值数据，并且还可以回答一些预料之外的数据问题，以便用户从不同的透视角度观察数据。

（2）创建数据透视图。数据透视图可以以图表的形式直观地分析数据透视表中的数据，与数据透视表息息相关，无论哪一个对象发生了变化，另外一个对象也会发生相同的变化。数据透视图的创建方法有两种：在数据清单上建立数据透视图；在数据透视表上建立数据透视图。

（3）数据对比

1）同一工作表之间的数据对比

方法一：按【Ctrl+G】组合键快速定位对比。选择需要对比的两列数据，按【Ctrl+G】组合键打开"定位"对话框，在"选择"栏下单击选中"行内容差异单元格"单选项，单击"定位"按钮，返回工作表后可看到两列数据中的差异单元格已被标出。

方法二：利用 IF 函数进行对比。在需要进行数据对比单元格的相邻单元格中输入公式"=IF(D1=E1,"相同","不相同")",该公式表示的是若对比的数据相同，则显示的结果是"相同"，否则显示为"不相同"。

2）不同工作表之间的数据对比。按【Ctrl+C】组合键复制第一个表格，然后在第二个表格的第一个单元格处单击鼠标右键，在弹出的快捷菜单中选择"选择性粘贴"命令，在打开的"选择性粘贴"对话框中单击选中"运算"栏下的"减"复选框，单击"确定"按钮，返回工作表后可看到相同的数据运算结果为"0"，而不同的数据的运算结果不为"0"，从而实现了数据对比的目的。

3）不同工作簿之间的数据对比。打开需要进行数据对比的两个工作簿，单击"视图"选项卡下的"并排比较"按钮，两个工作簿将显示在同一个窗口中，然后拖曳鼠标进行对比即可。

如果不想两个工作簿同时滚动，则可单击"视图"选项卡下的"同步滚动"按钮，再次单击"并排比较"按钮或关闭其中一个工作簿可退出对比状态。

4）突出显示重复项。选择需要查找重复项的单元格区域，单击"数据"选项卡下的"重复项"按钮，在打开的下拉列表中选择"设置高亮重复项"选项，打开"高亮显示重复值"对话框，确认单元格区域选择正确后，单击"确定"按钮，返回工作表后可看到重复数据的单元格背景变成了橙色。

5）WPS表格内置的数据对比功能。登录WPS账号，单击"数据"选项卡下的"数据对比"按钮。在打开的下拉列表中根据需要选择"标记重读数据""提取重复数据"选项，然后打开相应的对话框，进行相应的设置后单击自动化复杂任务"确认标记"按钮，返回工作表后可看到所选的单元格区域中将用颜色突出显示对比结果。

任务资料：

某股份有限公司为了拓展新业务，需要筹集1 000万元资本，有两种备选方案，见表4-5。

表4-5 某股份有限公司备选资本筹集方案

筹资方式	方案A		方案B	
	金额/万元	资本成本/%	金额/万元	资本成本/%
长期借款	300	4		
公司债券			400	7
优先股	400	10		
普通股	300	13	600	13

①根据上述资料,计算两个方案的资本成本。

②从中选择出最优筹资方案。

学习单元 3　CAD 制图

在设计数字化解决方案时,设计人员需要利用计算机辅助设计(Computer Aided Design,CAD)帮助设计人员进行项目具体实施的方案设计,提高工作效率。目前 CAD 已经广泛应用于机械、建筑、通信、电子等相关领域。

一、制图基础概述

1. 制图的概念

将图形符号、文字符号等按不同专业的要求画在一个平面上就组成了一张工程图样。专业人员可通过图样了解工程规模、工程内容、统计出工程量、安排施工工序、开展施工作业、编制出工程概算、预算和完工结算等相关活动。

2. 制图的要求

(1)选取合适的图样及表达手段,表述专业的性质、目的及内容。当多种手段可以达到目的时,应采用简单的表达方式。当多种画法均可表达目的时,图样宜简不宜繁。

(2)图面应布局合理、排列均匀、轮廓清晰和便于识别。如系统图中电路或装置应按工作顺序排列,便于识别信息流向。

(3)选用合适的图线宽度,避免图中的线条过粗、过细。在通信线路工程中,一般习惯于将粗线条线宽按 0.6 mm 设置,细线条按 0.25 mm 设置。

(4)正确使用国标和行标的图形符号。派生新的符号时,应符合国标符号的派生规律,并应在合适的地方加以说明。

(5)在保证图面布局紧凑和使用方便的前提下,应选择合适的图样幅面,使原图大小适中、合理。

(6)应准确地按规定标注各种必要的技术数据和注释,并按规定进行书写或打印。

(7)工程图样应按规定设置图签,并按规定的责任范围签字,一般不得用计算机打印代替签名。

（8）各种图样应按规定顺序编号。编号顺序应按图样主次关系系统排列。

3. 制图的统一规定

（1）图幅尺寸。工程图样幅面和图框大小应符合国家标准《电气技术用文件的编制 第1部分：规则》（GB/T 6988.1—2008）的规定，应采用 A0、A1、A2、A3、A4 及 A3、A4 加长的图样幅面，图样的基本幅面尺寸如图 4-22 所示。

幅面代号	A0	A1	A2	A3	A4
$L \times B$	841×1 198	594×841	420×594	297×420	210×297
c		10			5
a			25		

图 4-22　图样的基本幅面尺寸（单位：mm）

应根据表述对象的规模大小、复杂程度、所要表达的详细程度、有无图衔及注释的数量来选择较小的合适幅面。

（2）图线型式及应用。线型分类及用途应符合表 4-6 的规定。

表 4-6　线型分类及用途表

图线名称	图线型式	一般用途
虚线	------	辅助线条：屏蔽线、机械连接线、不可见轮廓线、计划扩展内容用线
点画线	—·—·—	图框线：表示分界线、结构图框线、功能图框线、分级图框线
双点画线	—··—··—	辅助图框线：表示更多的功能组合或从某种图框中区分不属于它的功能部件

接图时必须严格按绘制内容方向坐标进行衔接，不得随意更改方向，接图线常用号见表 4-7。

表 4-7　接图线常用符号

序号	图形符号	说明
1	←A　　A'→	本张图样内接图线
2	←接×××-3/5→	相邻图样接图线。其中×××为工程编号或图样名称，3/5 表示 5 张总图的第 3 张图样

图线宽度一般从以下系列中选用：0.25 mm，0.35 mm，0.5 mm，0.7 mm，1.0 mm，1.4 mm。

通常宜选用两种宽度的图线。粗线的宽度为细线宽度的两倍，主要图线采用粗线，次要图线采用细线。复杂的图样也可采用粗、中、细三种线宽，线的宽度按2的倍数依次递增，但线宽种类不宜过多。

（3）图框及图签。图框由内、外两框组成。外框用细实线绘制，大小为幅面尺寸，内框用粗实线绘制，内外框周边的间距尺寸与图框格式有关。图幅尺寸规格如图4-23所示。

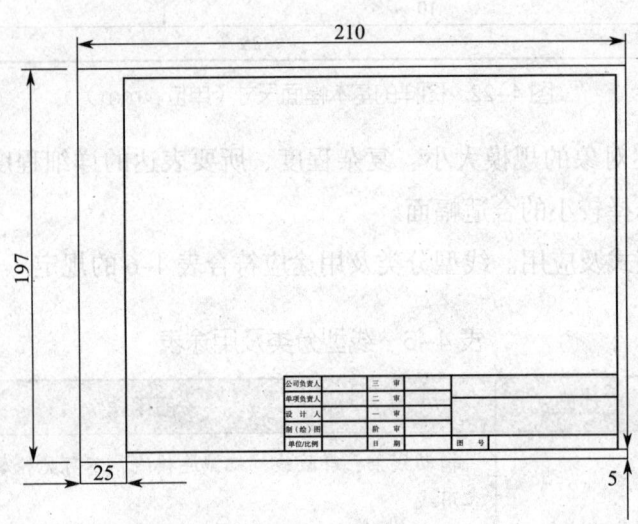

图4-23 图幅尺寸规格

通信管道及线路工程图样应有图签，若一张图不能完整画出，可分为多张图样，第一张图样使用标准图签，其后续图样使用简易图签。

通信工程常用标准图签的规格要求如图4-24所示。

单位主管		审核		（单位名称）	
部门主管		校核			
总负责人		制图		（图名）	
单项负责人		单位/比例			
设计人		日期		图号	
20mm	30mm	20mm	20mm	90mm	

图4-24 标准图签格式

（4）比例。平面布置图、管道及光（电）缆线路图、设备加固图及零件加工图等图样，应按比例绘制；方案示意图、系统图、原理图等可不按比例绘制，但应按工作顺序、线路走向、信息流向排列。

平面布置图、线路图和区域规划性质的图样，宜采用以下比例：

1∶10，1∶20，1∶50，1∶100，1∶200，1∶500，1∶1 000，1∶2 000，1∶5 000，1∶10 000，1∶50 000 等。

设备加固图及零件加工图等图样宜采用的比例为 1∶2、1∶4 等。

应根据图样表达的内容深度和选用的图幅选择合适的比例。

（5）尺寸标注。一个完整的尺寸标注应由尺寸数字、尺寸界线、尺寸线及其终端等组成。

图中的尺寸数字，应注写在尺寸线的上方或左侧，也可注写在尺寸线的中断处，但同一张图样上的注法应一致。

尺寸界线应用细实线绘制，且宜由图形的轮廓线、轴线或对称中心线引出，也可利用轮廓线、轴线或对称中心线作尺寸界线。尺寸界线应与尺寸线垂直。

尺寸线的终端，可采用箭头或斜线两种形式，但同一张图中只能采用一种尺寸线终端形式，不得混用。

（6）字体及写法。图中书写的文字（包括汉字、字母、数字、代号等）均应做到字体工整、笔画清晰、排列整齐、间隔均匀。其书写位置应根据图面妥善安排，文字多时宜放在图的下面或右侧。

文字书写应自左向右水平方向书写，标点符号占一个汉字的位置。中文书写时，应采用国家正式颁布的汉字，字体宜采用宋体或仿宋体。

图中的"技术要求""说明"或"注"等字样，应写在具体文字的左上方，并使用比文字内容大一号的字体书写。具体内容多于一项时，应按下列顺序号排列：

1、2、3、……

（1）、（2）、（3）、……

①、②、③、……

图中所涉及数量的数字，均应用阿拉伯数字表示；计量单位应使用国家颁布的法定计量单位。

二、软件介绍

1. 中望 CAD 概述

中望 CAD（ZWCAD）是一款功能强大的计算机辅助设计软件。它支持多种图形和实体建模，可以用于 2D 绘图和 3D 建模。中望 CAD 还提供了丰富的绘图和编辑工具，包括直线、多边形、圆、弧、修剪、延伸等，使用户能够方便快捷地创建和修改图形。它具有较强的文件兼容性，可以导入和导出多种文件格式，包括 DWG、DXF、DGN、DWF 等。这使得用户可以与其他 CAD 软件进行无缝的协作和交流。

中望 CAD 还提供了一些专业的功能和工具，例如标注和尺寸工具、图形对齐和约束、批量打印等，帮助用户更高效地完成设计任务。此外，中望 CAD 还支持自定义菜单和快捷键，使用户可以根据自己的需求进行个性化设置。

2. 绘制环境设置

（1）中望 CAD 2023 用户界面介绍。中望 CAD 2023 工作界面由标题栏、菜单栏、固定工具栏、绘图窗口、光标、坐标系图标、命令窗口、状态栏等组成，如图 4-25 所示。

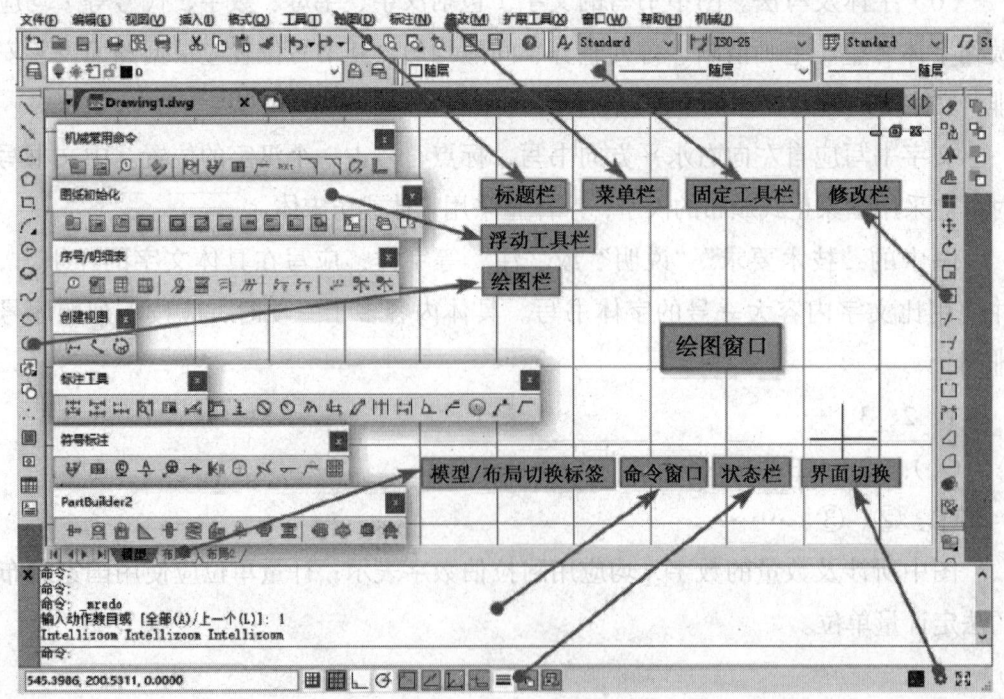

图 4-25　中望 CAD 2023 用户界面

1）标题栏。用于显示中望 CAD 2023 的程序图标以及当前所操作图形文件的名称。

2）菜单栏。菜单栏是主菜单，可利用其执行中望 CAD 的大部分命令。单击菜单栏中的某一项，会弹出相应的下拉菜单。下拉菜单中，右侧有小三角的菜单项，表示它还有子菜单。

3）工具栏。中望 CAD 2023 提供了 40 多个工具栏，每一个工具栏上均有一些形象化的按钮。单击某一按钮，可以启动中望 CAD 的对应命令。

用户可以根据需要打开或关闭任一个工具栏。方法是：在已有工具栏上用右键单击，中望 CAD 弹出工具栏快捷菜单，通过其可实现工具栏的打开与关闭。

此外，通过选择与下拉菜单"工具"|"工具栏"|"中望 CAD"对应的子菜单命令，也可以打开 CAD 的各工具栏。

4）绘图窗口。绘图窗口是用户进行绘图的工作区域，类似于手工绘图时的图样，所有的绘图结果都可以直观地在这个窗口反映出来。窗口背景颜色一般为黑色，用户可以根据自己的习惯通过工具——选项子菜单内的相应操作改变它的颜色。绘图窗口的下方有"模型"和"布局"选项卡，在需要的时候单击其标签可以在模型空间和图样空间之间来回切换。

5）光标。当光标位于中望 CAD 的绘图窗口时为十字形状，所以又称十字光标。十字线的交点为光标的当前位置。中望 CAD 的光标用于绘图、选择对象等操作。

6）坐标系图标。坐标系图标通常位于绘图窗口的左下角，表示当前绘图所使用的坐标系的形式以及坐标方向等。中望 CAD 提供有世界坐标系（World Coordinate System，简称 WCS）和用户坐标系（User Coordinate System，简称 UCS）两种坐标系。世界坐标系为软件默认坐标系。

7）命令窗口。命令窗口是中望 CAD 显示用户从键盘键入的命令和显示中望 CAD 提示信息的地方。默认时，中望 CAD 在命令窗口保留最后 3 行所执行的命令或提示信息。用户可以通过拖动窗口边框的方式改变命令窗口的大小，使其显示多于 3 行或少于 3 行的信息。

8）状态栏。状态栏用于显示或设置当前的绘图状态。状态栏上位于左侧的一组数字反映当前光标的坐标，其余按钮从左到右分别表示当前是否启用了捕捉模式、栅格显示、正交模式、极轴追踪、对象捕捉、对象捕捉追踪、动态 UCS、动态输入、显示/隐藏线宽、快捷特性、当前的绘图空间等信息。在通信工程制图中，常用的状态按钮分别是正交模式、对象捕捉、显示/隐藏线宽。

（2）工程绘图环境配置与参数选项设置

1）启动中望CAD 2023图标进入软件用户界面，完成工作空间选择。

第1次选择空间：单击中望CAD用户界面屏幕右下角设置✿，"状态栏"上"切换空间"旁边的黑色向下小三角，即可切换到"草图与注释"模式，工作空间切换如图4-26所示。

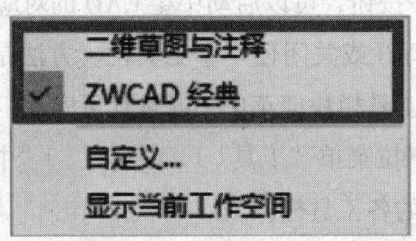

图4-26 工作空间切换

第1次之后选择空间，也可以通过单击"工具"菜单栏—下拉菜单"工作空间"—选择"草图与注释"模式来完成。

2）完成绘图平台搭建，调用"对象捕捉工具条、缩放工具条配置"。

"工具"菜单栏—下拉菜单"草图设置选项卡"—"对象捕捉"或将光标移动到绘图工作区域并单击鼠标右键，在弹出的快捷菜单中选择"草图设置"。在该下拉菜单下勾选"对象捕捉""缩放"等工具完成所需功能的配置。绘图平台配置如图4-27所示。

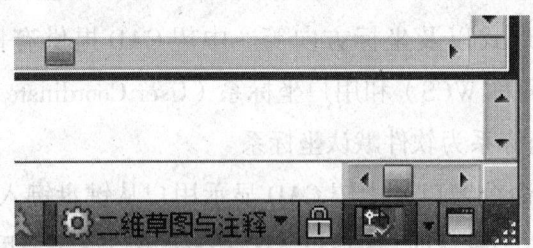

图4-27 绘图平台配置

3）完成绘图平台"所配置的工具栏及窗口"的全部锁定或解锁操作。单击"窗口"菜单栏下拉菜单—"锁定位置"—选择"全部—锁定或全部—解锁"。

4）选择"文件"菜单，完成图形文件的管理操作。选择文件菜单或命令栏输入命令，完成图形文件新建、打开、保存操作。

文件新建：单击"文件"—"新建"，弹出"选择样板"对话框—选择

"zwcad.dwt"文件—打开,完成图形新建,如图4-28所示。

图4-28 文件新建

文件打开:单击"文件"菜单—"打开",弹出"选择文件"对话框,在查找范围选择框或滚动条可视框中选择后缀为"*.dwt"的格式文件即可完成文件打开操作。

文件保存:单击左上角"保存"快捷键,弹出"图形另存为"对话框—输入文件名"****.dwg",单击"保存于"下拉按钮选择存放位置,最后单击"保存"按钮,如图4-29所示。

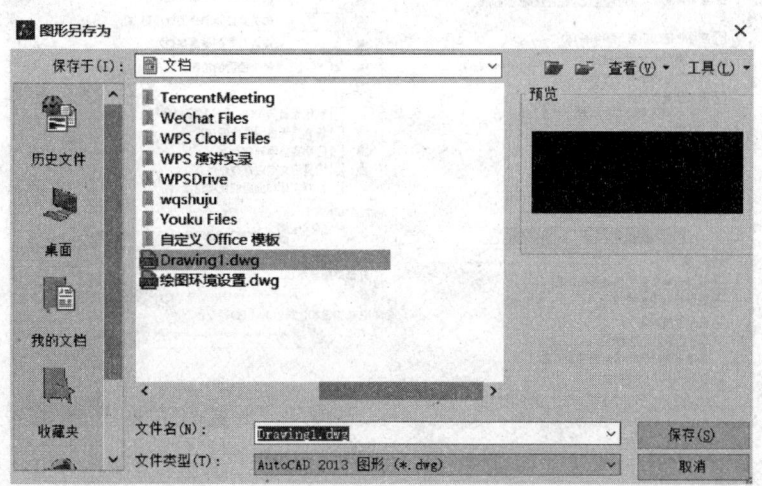

图4-29 文件保存

5)完成绘图环境参数设置:完成工具选项配置。

①选择"工具—选项—显示选项卡—颜色—图形窗口颜色"—选择"颜色下

拉菜单"中的"黑色或其他颜色",即完成绘图区域背景设置,如图4-30所示。

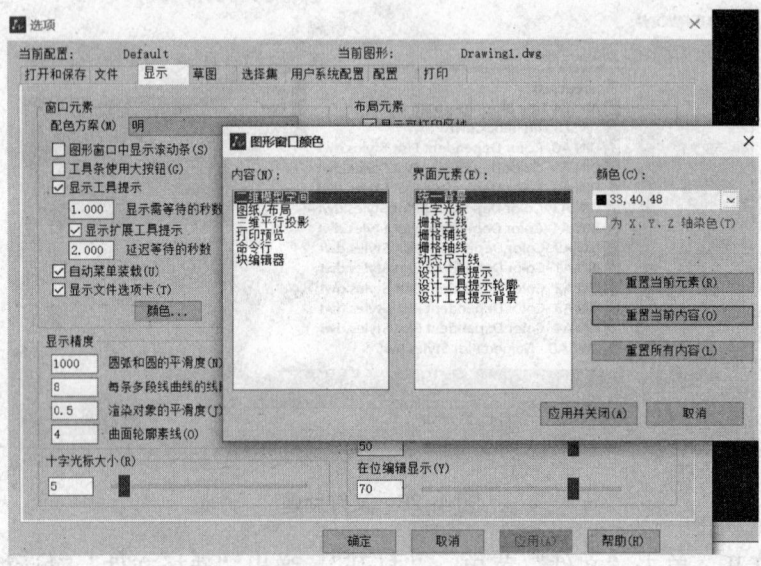

图4-30 窗口颜色设置

②选择"工具—选项—显示选项卡—十字光标大小",完成全屏光标设置,如图4-31所示。

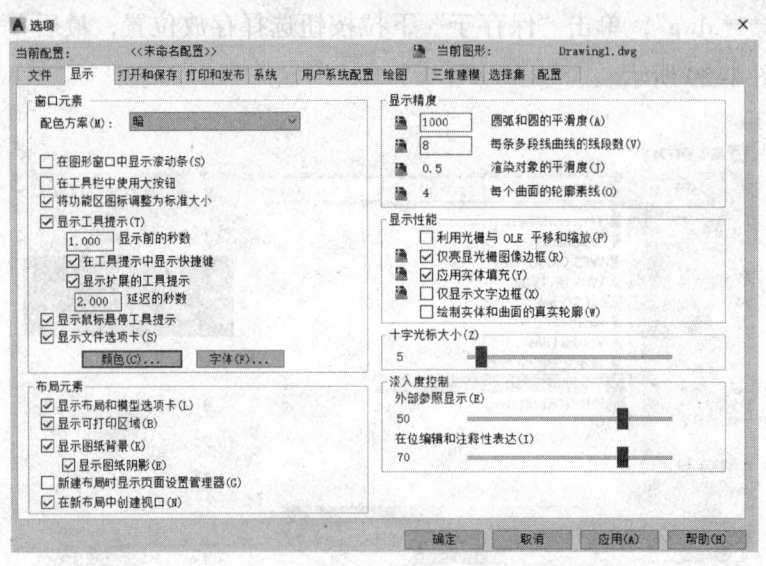

图4-31 全屏光标设置

③选择"工具—选项—打开和保存"选项卡,在另存为对话框中选择"保存为",然后输入图样名称和保存路径,单击"确认"。

④选择"工具—选项—草图选项卡",找到"自动捕捉标记大小和靶框大小",

调整其滑块到满意的位置，可以完成其大小设置。选择"工具—选项—选择集"选项卡，设置"拾取框大小"和"夹点大小"等，如图 4-32、图 4-33 所示。

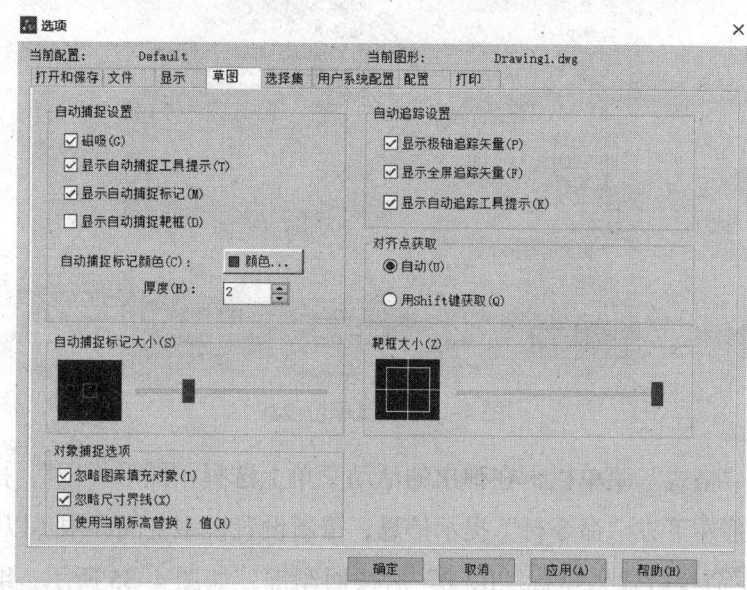

图 4-32　自动捕捉标记和靶框大小设置

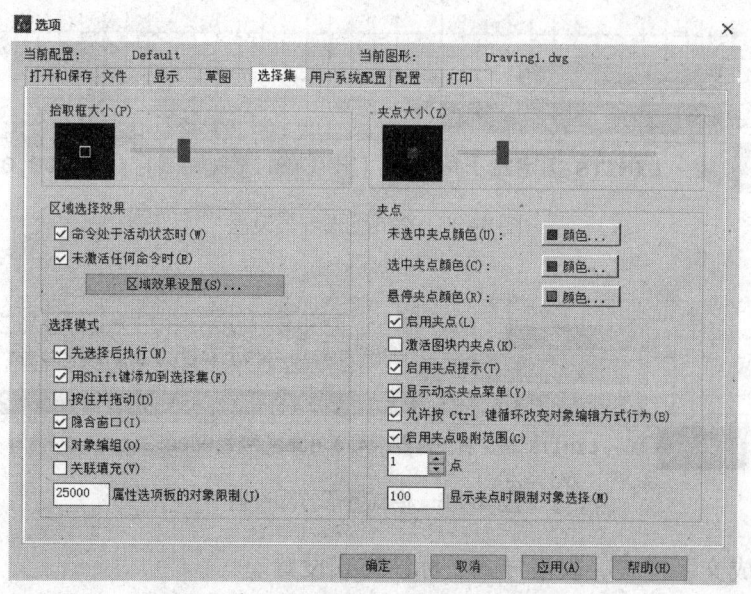

图 4-33　拾取框大小和夹点大小设置

6）完成格式单位、图形界限设置。

①单击"格式"菜单栏—"单位"，完成图形单位长度、精度、插入时的缩放单位等设置，如图 4-34 所示。

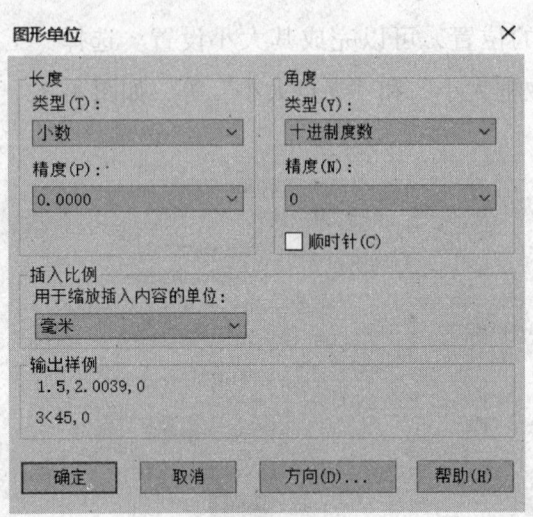

图 4-34 格式单位设置

②单击"格式"菜单栏,在弹出的活动菜单上选择"图形界限",操作后注意观察跟踪屏幕左下方"命令行"提示信息,重新设置模型空间界限(以 A3 图样设置为例):在命令行输入坐标"0,0"后按回车键,如图 4-35 所示;继续在命令行输入坐标"420,297"后按回车键,如图 4-36 所示,即可完成设置。

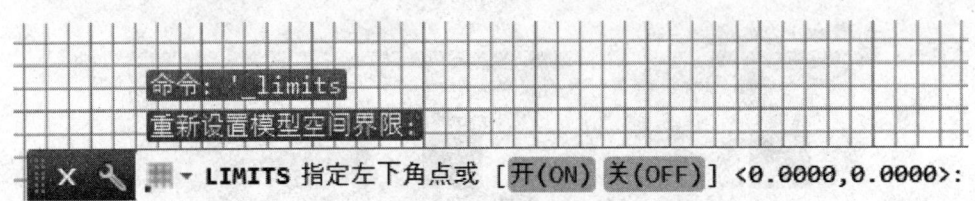

图 4-35 格式图形界限设置

图 4-36 格式图形界限设置

7)完成文字样式、表格样式、标注样式设置。

①文字样式设置。单击"格式"菜单栏内子项目"文字样式",弹出"文字样式"对话框,单击"新建"按钮,弹出"新建文字样式"对话框,输入样式名"数字设计师"后单击"确定",可以看到当前样式名已更新为新输入的名字,如图 4-37 所示。

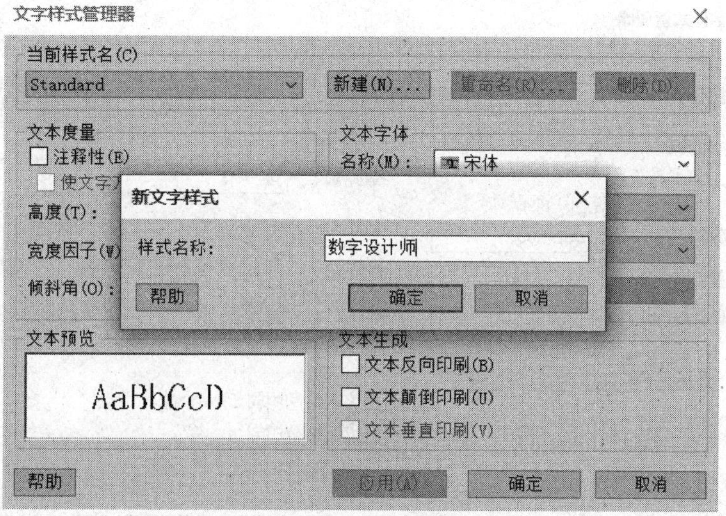

图 4-37　文字样式设置（一）

字体：在字体名方框内选择宋体（如果方框内没有选择对象宋体，在使用大字体前面的矩形框内去掉"√"再重新选择即可），字体大小注释性、使文字方向与布局匹配、字体效果之颠倒和反向，应根据需要进行选择。

字体样式为常规（默认），在"高度"文本框内输入 2.5，宽度因子为 1（默认），倾斜角度为 0（默认）；最后单击"应用"按钮后关闭。

若只设置一个样式名，则单击"置为当前"后关闭启动应用；若需继续新建样式，则单击"新建"按钮，输入新的样式名如"数字设计师"后，将高度值 0.0 修改为 2.5 即可，如图 4-38、图 4-39 所示。

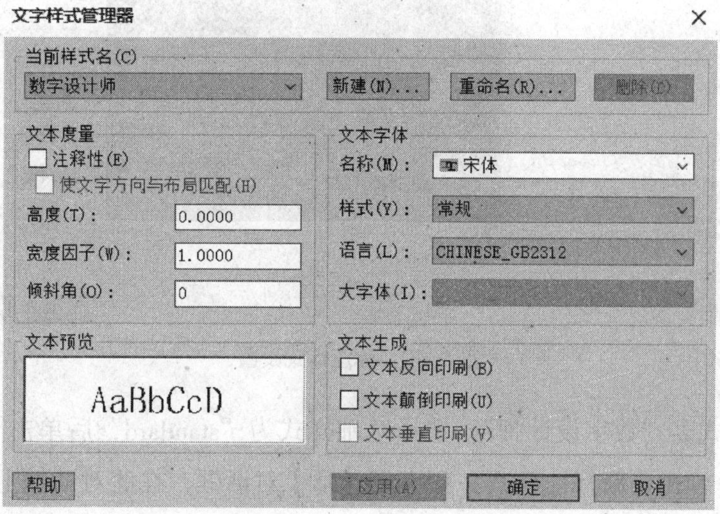

图 4-38　文字样式设置（二）

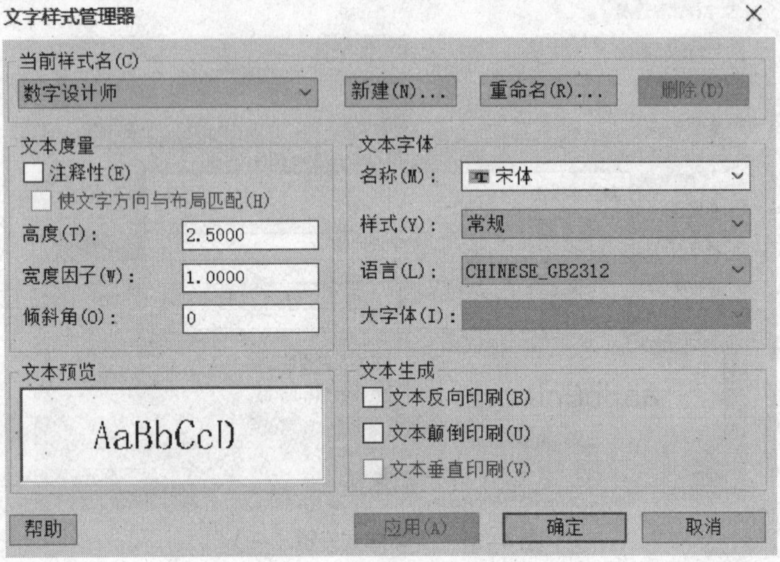

图4-39 文字样式设置（三）

②标注样式设置。单击"格式"菜单栏子项目"标注样式"，弹出"标注样式管理器"对话框，单击"新建"按钮，弹出"创建新标注样式"对话框，如图4-40所示。

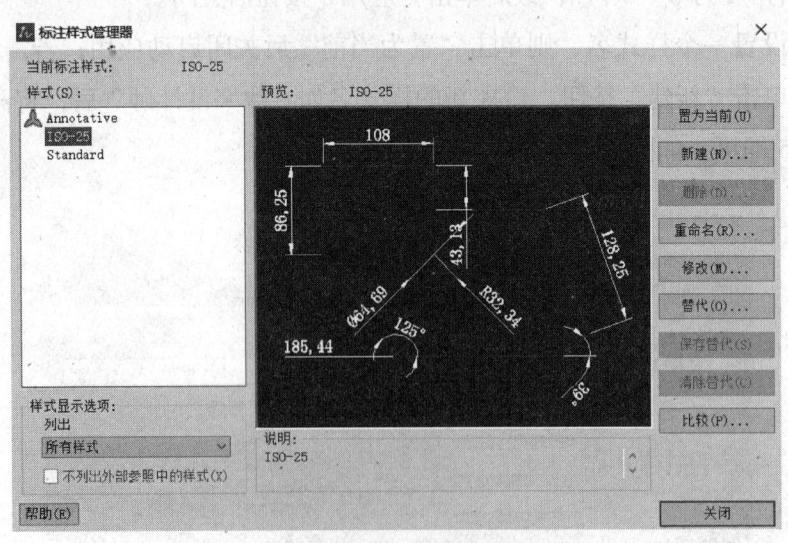

图4-40 标注样式设置

输入样式名"数字设计师"，选择基础样式为"standard"后单击"确定"，单击"继续"，弹出【新标注样式：数字设计师】对话框，在此对话框上选择"符号和箭头""文字""主单位"三个选项卡进行设置即可，如图4-41所示。

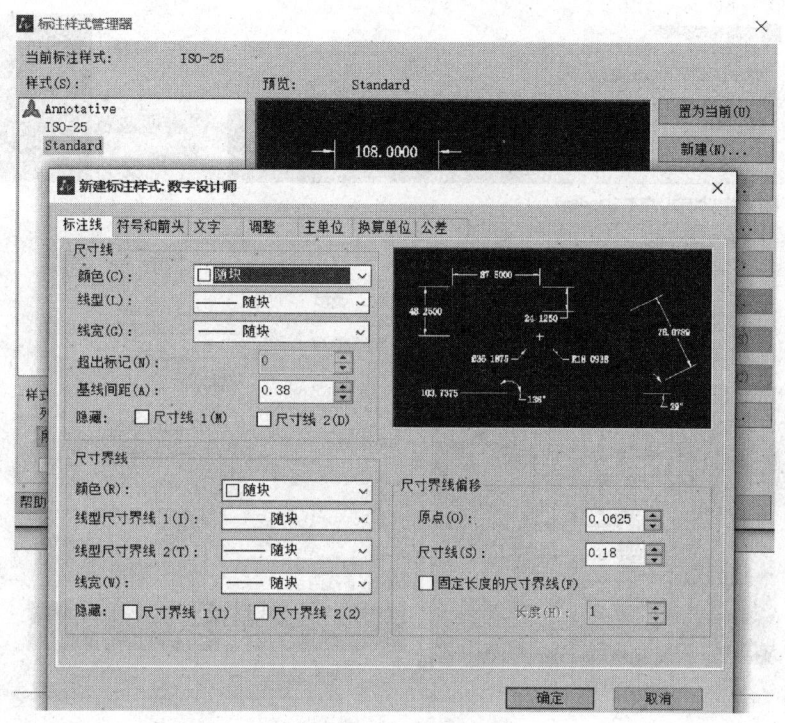

图 4-41　标注设置

"符号和箭头"选项卡，设置"箭头大小"值为 2.5，其他采用默认设置。

"文字"选项卡"文字高度"设置为 2.5，其他采用默认设置。

"主单位"选项卡线性标注"精度"设置为 0.0 格式，其他采用默认设置。

③表格样式设置。单击"格式"菜单—"表格样式"—"新建"—"创建新的表格样式"—"输入样式名"—"继续"—"新建表格样式"—"常规"选项卡，选择"对齐正中"，页边距（水平、垂直）均设置为 1.5；"文字选项卡"—"文字高度"—"输入 2.5"—"确定"—"置为当前"—"关闭"，退出至窗口，如图 4-42 所示。

文字高度设置：A4、A3 模板建议设置为 2.5 mm，A2、A1 建议设置为 3.5 mm。

三、基本图形绘制

1. 基本操作命令

工程图样是由基本图形元素（如直线、圆、圆弧和文字等）组成的，学习 CAD 绘图首先应掌握基本图形元素的绘图方法。

（1）命令的输入方式。在中望 CAD 中，对任何一种操作（或命令）的执行都同时提供了 3 种不同的方式。方式 1：菜单栏，完整清晰；方式 2：工具栏，直观

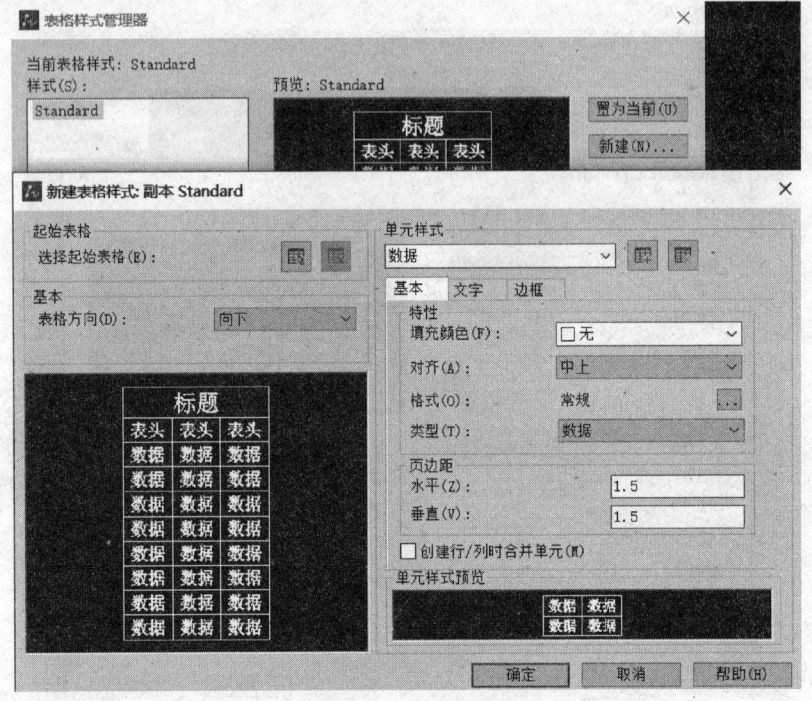

图 4-42 表格样式设置

明了；方式 3：命令行，执行速度快。用户可以根据绘制对象的需要及个人绘图的习惯，选择最适合自己的输入方法。

1）命令的主动结束。当一个命令在执行中途想主动结束该命令，则可按 Esc 键取消执行。

2）命令的重复。当需要重复执行 ×× 命令时，可以在绘图区域单击鼠标右键，选择"重复 ×× 命令"或直接按 Enter 键。

3）命令的撤销。在菜单栏单击"编辑"—"放弃"；或在命令栏输入"U"命令；或在工具栏单击"放弃"按钮，可以撤销。

4）命令的重做。在菜单栏单击"编辑"—"重做"；或在命令栏输入"REDO"命令；或在工具栏单击"重做"按钮，可以重做命令。

（2）数据的输入。在中望 CAD 中，可以通过输入数据来实现精确绘图。一般有以下几种方法。

1）移动鼠标定点。当所需要的点在鼠标所确定的位置时，直接单击鼠标左键即可。

2）键盘输入点坐标定点。坐标按数值的类型分为直角坐标和极坐标两种；按相对性分为绝对坐标和相对坐标两种。这里只介绍绝对直角坐标和相对直角坐标两种。

①绝对直角坐标：（x，y）即所给点与坐标原点（0，0）的水平、垂直距离分别为 x、y。

②相对直角坐标：（@x，y）即所给点与图上指定点（x，y）的水平、垂直距离分别为 x、y。

3）键盘直接输入距离定点。用鼠标导向，从键盘直接输入相对上一点的距离，按回车键确定点的位置。适用于绘制一般水平线、垂直线，或设置有明确方向的线等。

2. 精准定位工具的使用方法

精确定位工具能够快速、准确地定位某些特殊点（如端点、中心点等）和特殊位置（如水平位置、垂直位置），包括"捕捉""栅格""正交""对象捕捉""对象追踪"等功能。使用这类工具，可以很容易地在屏幕中捕捉到特殊点，并进行精确绘图。

（1）捕捉。可以使光标在绘图窗口按指定的步距移动，就像在绘图屏幕上隐含分布着按指定行间距和列间距排列的栅格点。这些栅格点对光标有吸附作用，即能够捕捉光标，使光标只能落在由这些点确定的位置上，从而使光标只能按指定的步距移动。

（2）栅格。其是一些标定位置的小点，起坐标纸的作用，可以提供直观的距离和位置参照，如图 4-43 所示。

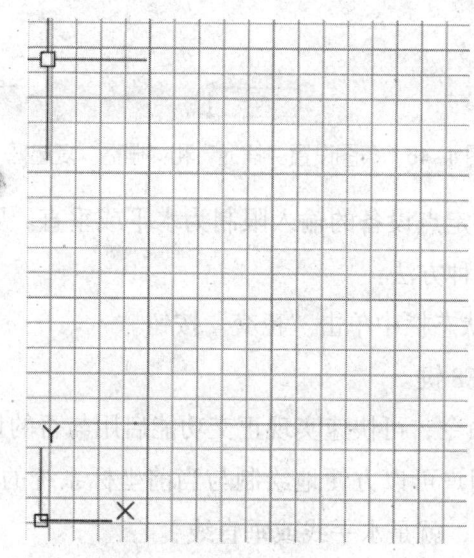

图 4-43 栅格

（3）"捕捉"和"栅格"的打开或关闭，可以选择以下几种方法：

1）在中望 CAD 程序窗口的状态栏中，单击"捕捉"snap 和"栅格"grid 按钮，如图 4-44 所示。

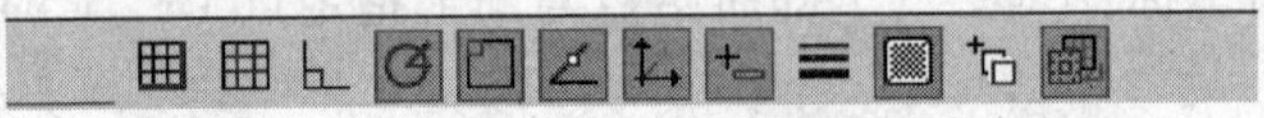

图 4-44 "捕捉"snap 和"栅格"grid 按钮

2）按 F7 键打开或关闭栅格，按 F9 键打开或关闭捕捉。

3）选择"工具"—"草图设置"命令，打开"草图设置"对话框，在"捕捉和栅格"选项卡中选中或取消"启用捕捉"和"启用栅格"复选框，如图 4-45 所示。

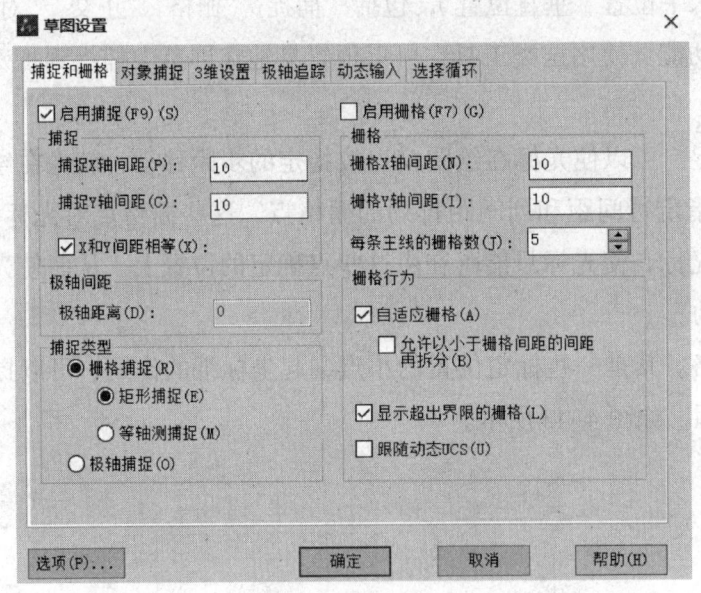

图 4-45 草图设置"捕捉"和"栅格"复选框

（4）正交模式。将定点设备的输入限制为水平或垂直。要打开或关闭"正交"功能，可以选择以下几种方法：

1）在程序窗口的状态栏中单击"正交"按钮。

2）或按键盘上的 F8 键。

3）使用 ORTHO 命令，可快速实现正交功能启用与否的切换。

利用正交功能，用户可以方便地绘制与当前坐标系统的 X 轴或 Y 轴平行的线段（对于二维绘图而言，就是水平线或垂直线）。

（5）对象捕捉。在绘图过程中，经常要指定一些对象上已有的点，例如端点、圆心和两个对象的交点等。如果只凭观察来拾取，不可能非常准确地找到这些点。可以通过"对象捕捉"工具栏和"草图设置"对话框等方式调用对象捕捉功能，迅速、准确地捕捉到某些特殊点，从而精确地绘制图形。

1）对象捕捉工具栏。在绘图过程中，当要求指定点时，单击"对象捕捉"工具栏中相应的特征点按钮，再把光标移到要捕捉对象上的特征点附近，即可捕捉到相应的对象特征点，如图 4-46 所示。

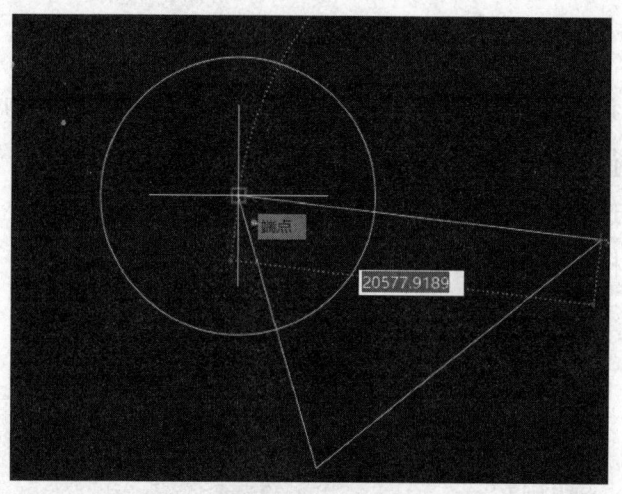

图 4-46　对象捕捉

2）对象捕捉快捷菜单。在绘图过程中，当要求指定点时，可以按下 Shift 键或者 Ctrl 键，右击打开对象捕捉快捷菜单。选择需要的子命令，再把光标移到要捕捉对象的特征点附近，即可捕捉到相应的对象特征点。

（6）对象捕捉追踪。按与对象的某种特定关系来追踪，这种特定的关系确定了一个未知角度。如果事先不知道具体的追踪方向和角度，但知道与其他对象的特征点的某种关系（如相交），可用对象捕捉追踪。用对象捕捉追踪时，可单击状态栏上"对象捕捉追踪"按钮，或按 F11 键。

（7）极轴追踪。要指定点时（例如在创建直线时），可以使用极轴追踪来引导光标以特定方向移动。例如，指定下面直线的第一个点后，将光标移动到右侧，然后在"命令"窗口中输入距离及直线的精确水平长度，如图 4-47 所示。

极轴追踪是用户设置特殊的角度追踪，默认情况下，极轴追踪处于打开状态并引导光标以水平或垂直方向（0°或 90°）移动。

1）极轴的选项设置，如图 4-48 所示。

启用极轴追踪：选择是否打开极轴追踪。

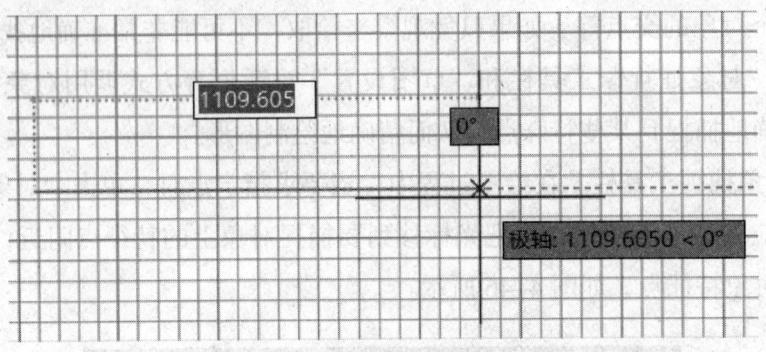

图 4-47 极轴追踪

增量角度：设置极轴增量角度，当光标接近此角度或角度的倍数时，就会显示极轴追踪的路径。

附加角：勾选复选框，可以使用自定义的其他极轴角度。

新建：新增极轴追踪的其他角度。

删除：删除不用的角度。

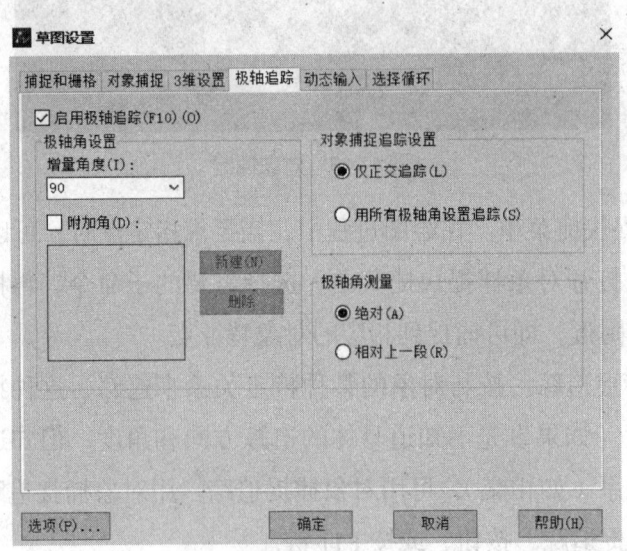

图 4-48 极轴追踪选项设置

2）极轴追踪功能启用：可以在状态栏单击"极轴追踪"按钮；可以按 F10 键；可在"草图设置"对话框中选择"极轴追踪"选项卡。

（8）动态输入。该功能可以在绘图平面直接地动态输入绘制对象的各种参数，使绘图变得直观便捷。

1）动态输入类型

①指针输入，用于输入坐标值。

②标注输入,用于输入距离和角度。

③动态提示是配合指针输入和标注输入使用的。

2)执行方式

命令行:DSETTINGS。

菜单:工具→草图设置。

状态栏:DYN(只限于打开与关闭)。

快捷键:F12(只限于打开与关闭)。

3)动态输入功能设置。按照上面的执行方式操作或者在"DYN"开关上右键单击,在快捷菜单中选择"设置"命令,系统打开"草图设置"对话框的"动态输入"选项卡,如图4-49所示。

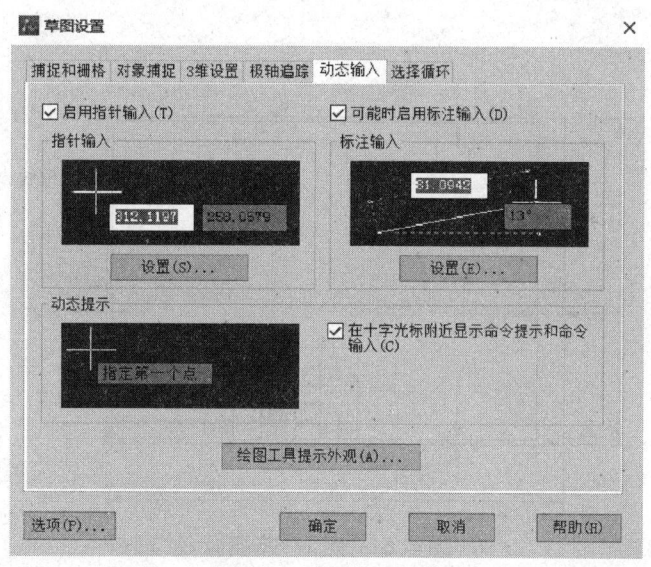

图4-49 动态输入设置

该选项卡中有三个组件:"指针输入""标注输入"和"动态提示",选中"启用指针输入"复选框即可激活动态输入的指针输入功能。

4)实际操作:用动态输入功能绘制一条起点(0,0)、距离100、角度45°的线段。

具体步骤:

①在命令行输入L,指定起点。

②打开"动态输入"功能,在动态指针项输入(0,0),确定起点为(0,0);输入距离为100,按Tab键输入角度为45°,如图4-50所示。

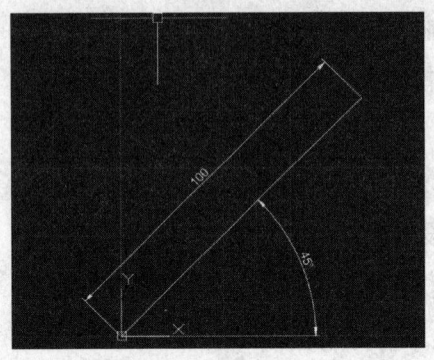

图 4-50 动态输入

3. 图样模板边框的绘制

图样模板一般由外框线、图框线（内框线）、绘图区、图签组成，如图 4-51 所示。

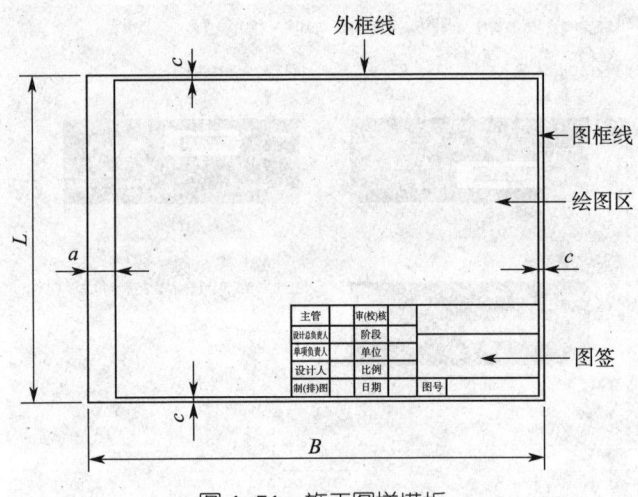

图 4-51 施工图样模板

（1）绘制外边框

1）矩形命令绘制外框线。单击矩形快捷键命令，指定外边框的左下角点（即命令行提示信息：指定第一角点）：在弹出的命令行输入（0，0）后按"回车"键；指定外边框的右上角点（即命令行提示信息：指定另一角点）：在弹出的命令行输入（x，y）后按"回车"键，则完成外边框绘制。

2）直线命令绘制外框线。在命令行输入 L；输入（0，0）确定起点，单击状态栏按钮，打开正交模式，输入直线长度，按 C 键闭合。

（2）绘制内边框

1）计算内边框坐标值：左下角坐标（25，10），右上角坐标（x-10，y-10）。

2）单击矩形快捷键命令，指定外边框的左下角点（即命令行提示信息：指定第一角点）；在弹出的命令行输入（0,0）后按"回车"键。

（3）图样边框设置。当边框绘制完成后，单击工具栏上的"线宽控制"按钮将内边框线由 0.25 mm 更改为 0.6 mm，单击程序状态栏的显示和隐藏线宽，如图 4-52 所示，可以看到已绘制的图样边框效果图。

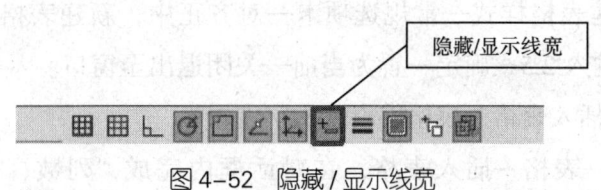

图 4-52　隐藏/显示线宽

（4）注意事项。当输入法为全角标点状态时，矩形命令坐标输入呈现形如"25,10"样式，则为无效执行状态；当输入法为半角标点状态时，矩形命令坐标输入呈现形如"25,10"样式，则为有效执行状态。

4. 工程图签绘制

工程图样应有图签，工程图签位于图样右下角，有标准图签和简易图签两种，如图 4-53、图 4-54 所示。若一张图样不能完整画出，可分为多张图样，第一张图样就用标准图签，后续图样使用简易图签。

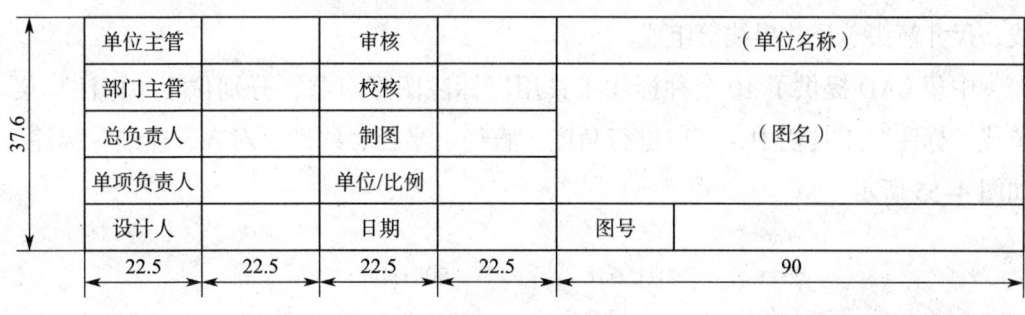

图 4-53　标准图签

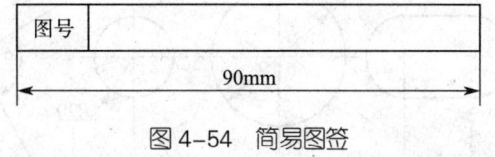

图 4-54　简易图签

（1）简易图签的绘制

1）直线命令绘制简易图签。

2）单击状态栏按钮，打开正交模式。

3）命令行输入直线命令 LINE。

4）回车，单击确定直线起点，移动鼠标，确定方向，输入距离。完成信息文字的编辑。

（2）标准图签的绘制

1）表格样式设置。单击格式—表格样式—新建—创建新的表格样式—输入样式名—继续—新建表格样式—常规选项卡—对齐正中；新建表格样式—文字选项卡—文字高度—输入 2.5—确定—置为当前—关闭退出至窗口。

2）完成表格插入表格、表格编辑及文字编辑。

①单击绘图—表格—插入表格，在对话框内完成"列数、行数、列宽"设置—光标移动到插入位置。

②选择目标单元，完成鼠标行列的删除和单元格的合并调整。右键单击删除多余的标题行和表头行，选择单元格，单击鼠标右键特性—单元宽度（列宽）、单元高度（行高），完成"列数、行数、列宽、行高"参数值调整。

③完成项目信息的文字编辑。设置文字样式后，单击单元格完成文字编辑和排版。

5. 尺寸标注

尺寸是工程图中不可缺少的内容，一个完整的尺寸标注应由标注文字、尺寸线、尺寸箭头、尺寸界线等组成。

中望 CAD 提供了 10 余种标注工具用以标注图形对象，分别位于"标注"菜单或"标注"工具栏中，可以进行角度、直径、半径、线性、对齐、连续等标注，如图 4-55 所示。

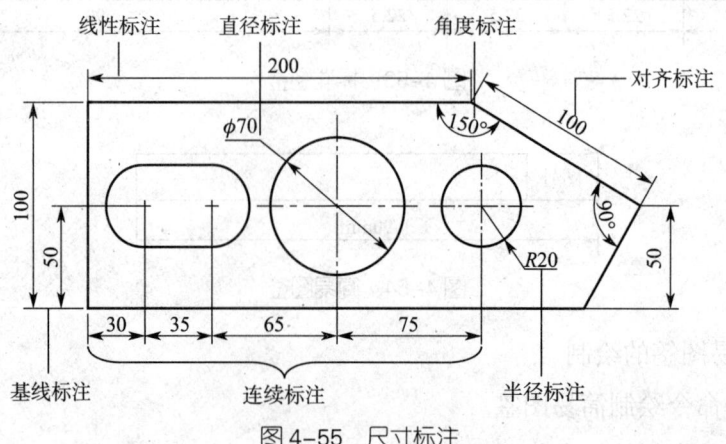

图 4-55 尺寸标注

(1) 尺寸标注基本步骤如下:

1) 选择"格式"—"图层"命令,在打开的"图层特性管理器"对话框中创建一个独立的图层,用于尺寸标注。

2) 选择"格式"—"文字样式"命令,在打开的"文字样式"对话框中创建一种文字样式,用于尺寸标注。

3) 选择"格式"—"标注样式"命令,在打开的"标注样式管理器"对话框设置标注样式。

(2) 创建标注样式。选择"格式"—"标注样式"命令,打开"标注样式管理器"对话框,如图4-56所示。单击"新建"按钮,在打开的"新建标注样式"对话框中即可创建新标注样式,如图4-57所示。

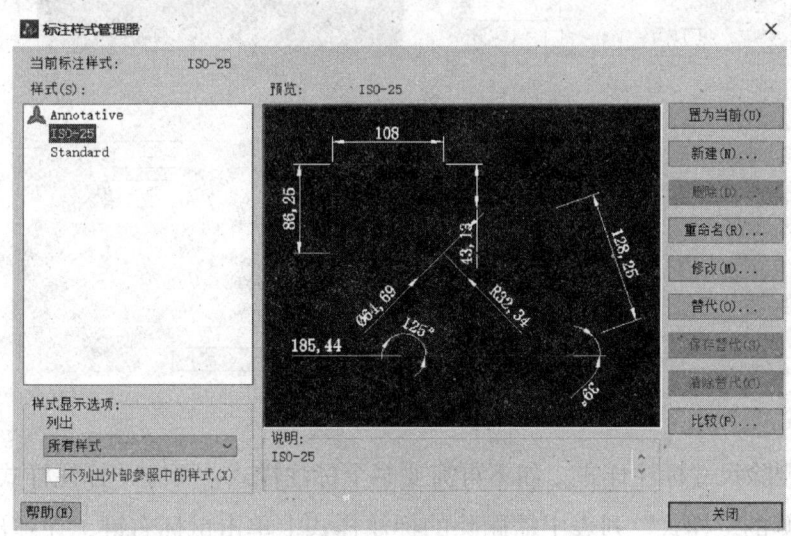

图4-56 标注样式管理器

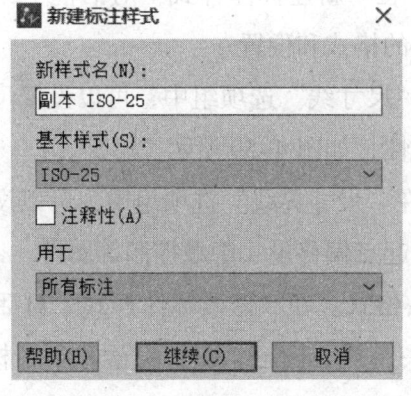

图4-57 创建新标注样式

（3）修改与删除尺寸标注样式。设置尺寸标注样式后，可修改其参数设置，还可将不需要的标注样式删除。在"标注样式管理器"对话框中，选择要修改的标注样式名称，单击"修改"按钮，在打开的"修改标注样式"对话框中即可修改标注样式，如图4-58所示，该对话框的设置方法与"新建标注样式"对话框相同。

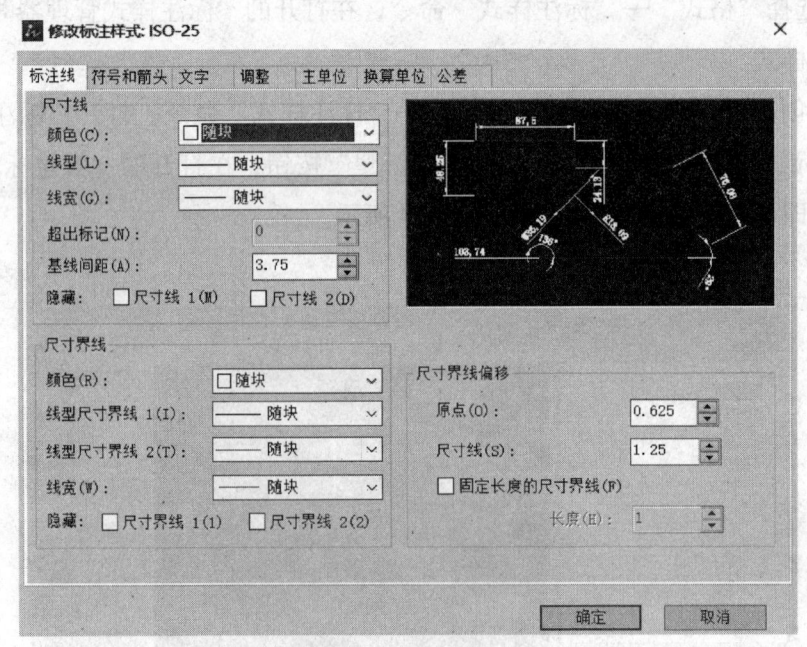

图4-58 修改标注样式

（4）删除尺寸标注样式。如不再需要某个标注样式，可在"标注样式管理器"对话框左侧的"样式"列表中需删除的标注样式上单击鼠标右键，在弹出的快捷菜单中选择"删除"命令。应注意，当前尺寸标注样式不能被删除。

（5）设置直线格式。在"新建标注样式"对话框中，使用"直线"选项卡可以设置尺寸线、尺寸界线的格式和位置。

1）设置尺寸线。在"尺寸线"选项组中，可以设置尺寸线的颜色、线宽、超出标记以及基线间距等属性，如图4-59所示。

2）设置尺寸界线。在"尺寸界线"选项组中，可以设置尺寸界线的颜色、线宽、超出尺寸线的长度和起点偏移量、隐藏控制等属性。

（6）设置符号和箭头格式。在"修改标注样式"对话框中，使用"符号和箭头"选项卡可以设置箭头、圆心标记、弧长符号和半径标注折弯的格式与位置，如图4-60所示。

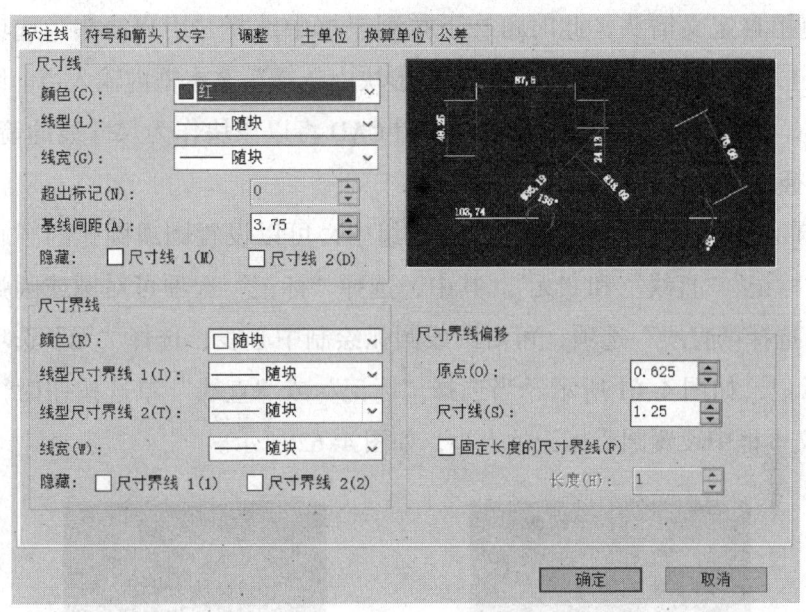

图 4-59 尺寸线图

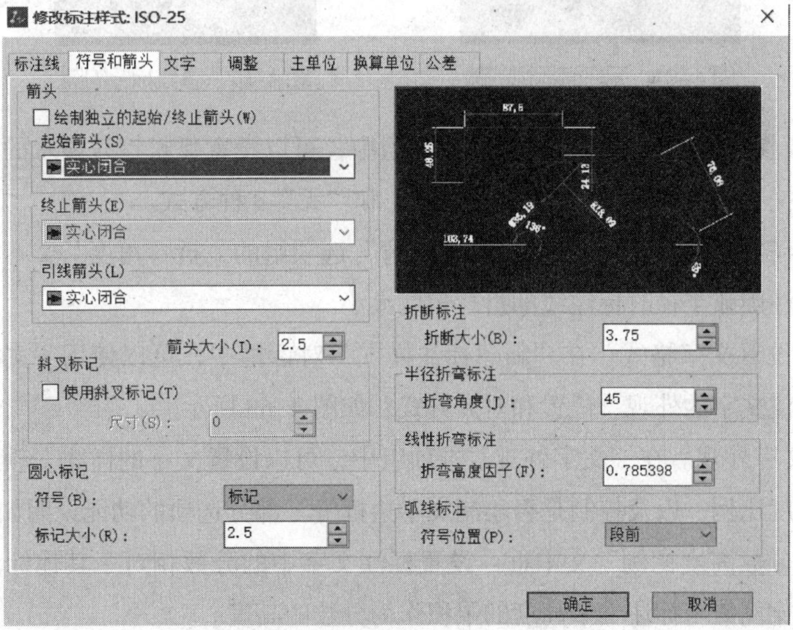

图 4-60 符号和箭头选项卡

1) 箭头。在"箭头"选项组中,可以设置尺寸线和引线箭头的类型及尺寸大小等。通常情况下,尺寸线的两个箭头应一致。

为了适用于不同类型的图形标注需要,中望 CAD 设置了 20 多种箭头样式。可以从对应的下拉列表框中选择箭头,并在"箭头大小"文本框中设置其大小。

也可以使用自定义箭头,此时可在下拉列表框中选择"用户箭头"选项,打开"选择自定义箭头块"对话框。在"从图形块中选择"文本框内输入当前图形中已有的块名,然后单击"确定"按钮,中望CAD将以该块作为尺寸线的箭头样式,此时块的插入基点与尺寸线的端点重合。

2)圆心标记。在"圆心标记"选项组中,可以设置圆或圆弧的圆心标记类型,如"标记""直线"和"无"。其中,选择"标记"选项可对圆或圆弧绘制圆心标记;选择"直线"选项,可对圆或圆弧绘制中心线;选择"无"选项,则没有任何标记,如图4-61所示。当选择"标记"或"直线"单选按钮时,可以在"大小"文本框中设置圆心标记的大小,如图4-62所示。

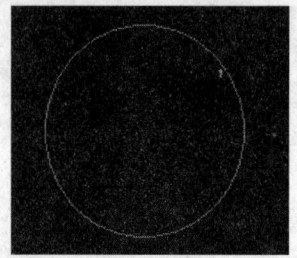
图4-61 无任何标记的圆

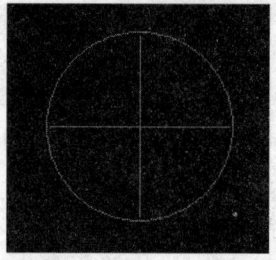
图4-62 直线标记的圆

3)弧长符号。在"弧长符号"选项组中,可以设置弧长符号显示的位置,包括"标注文字的前缀""标注文字的上方"和"无"3种方式。

4)半径标注折弯。在"半径标注折弯"选项组的"折弯角度"文本框中,可以设置标注圆弧半径时标注线的折弯角度大小。

(7)设置文字格式。在"新建标注样式"对话框中,可以使用"文字"选项卡设置标注文字的外观、位置和对齐方式,如图4-63所示。

1)文字外观。在"文字外观"选项组中,可以设置文字的样式、颜色、高度和分数高度比例,以及控制是否绘制文字边框等。部分选项的功能说明如下:

① "分数高度比例"文本框:设置标注文字中的分数相对于其他标注文字的比例,该比例值与标注文字高度的乘积作为分数的高度。

② "绘制文字边框"复选框:设置是否给标注文字加边框。

2)文字位置。在"文字位置"选项组中,可以设置文字的垂直、水平位置以及从尺寸线的偏移量。

3)文字对齐。在"文字对齐"选项组中,可以设置标注文字是保持水平还是与尺寸线平行。

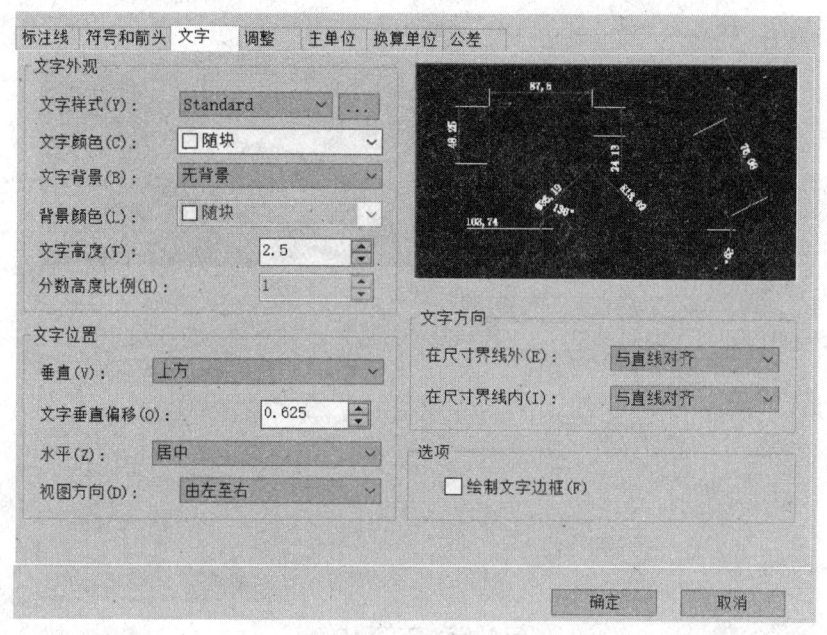

图 4-63 文字格式

（8）设置调整格式。在"新建标注样式"对话框中，可以使用"调整"选项卡设置标注文字、尺寸线、尺寸箭头的位置，如图 4-64 所示。

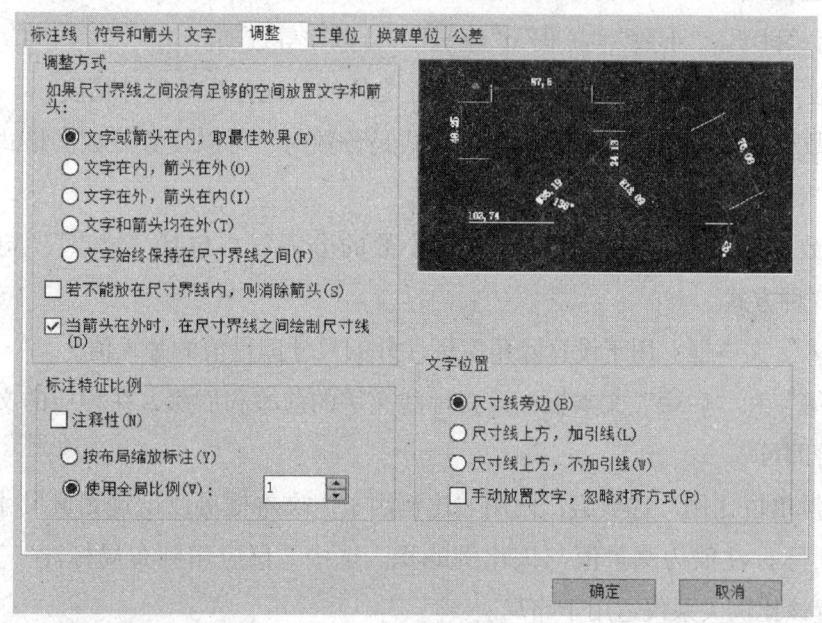

图 4-64 调整格式

（9）设置主单位格式。在"新标注样式"对话框中，可以使用"主单位"选项卡设置主单位的格式与精度等属性，如图 4-65 所示。

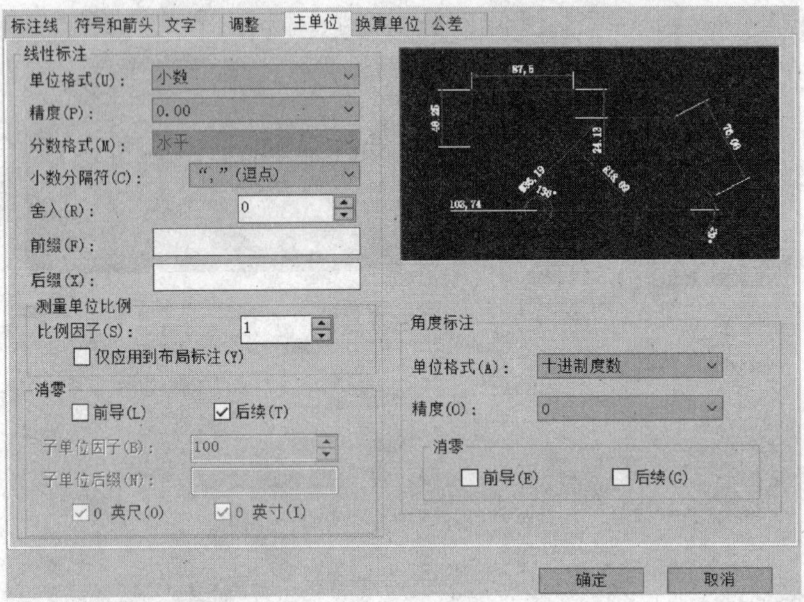

图 4-65 主单位格式

1）设置线性标注。在"线性标注"选项组中可以设置线性标注的单位格式与精度，主要选项功能如下。

"单位格式"下拉列表框：设置除角度标注之外的其余各标注类型的尺寸单位，包括"科学""小数""工程""建筑""分数"等选项。

"精度"下拉列表框：设置除角度标注之外的其他标注的尺寸精度。

"分数格式"下拉列表框：当单位格式是分数时，可以设置分数的格式，包括"水平""对角"和"非堆叠"3种方式。

"小数分隔符"下拉列表框：设置小数的分隔符，包括"逗点""句点"和"空格"3种方式。

"舍入"文本框：用于设置除角度标注外的尺寸测量值的舍入值。

"前缀"和"后缀"文本框：设置标注文字的前缀和后缀，在相应的文本框中输入字符即可。

"测量单位比例"选项组：使用"比例因子"文本框可以设置测量尺寸的缩放比例，实际标注值为测量值与该比例的积。选中"仅应用到布局标注"复选框，可以设置该比例关系仅适用于布局。

"消零"选项组：可以设置是否显示尺寸标注中的"前导"和"后续"零。

2）设置角度标注。在"角度标注"选项组中，可以使用"单位格式"下拉列表框设置标注角度时的单位，使用"精度"下拉列表框设置标注角度的尺寸精度，使用"消零"选项组设置是否消除角度尺寸的前导和后续零。

（10）完成 A4 图样的尺寸标注，如图 4-66 所示。

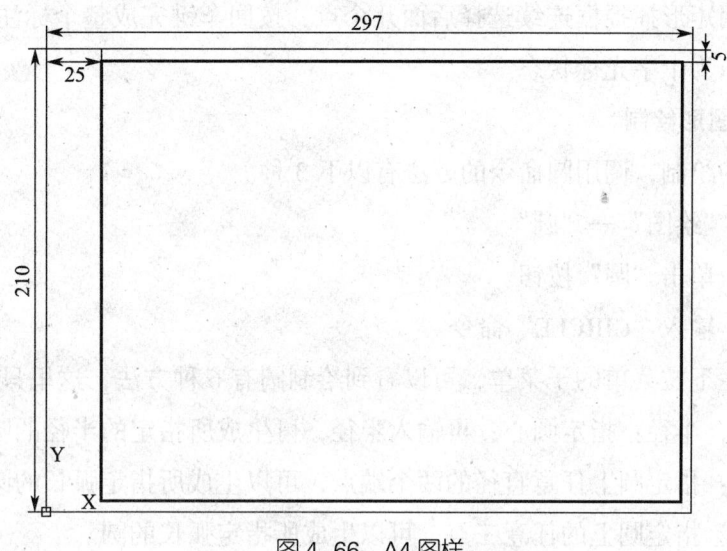

图 4-66 A4 图样

1）单击状态栏上的"对象捕捉"为"< 对象捕捉开 >"状态。

2）单击"标注"工具栏上的 ![] "线性"按钮，或选择"标注"—"线性"命令，即执行 DIMLINEAR 命令，中望 CAD 命令窗口提示如下。

指定第一条延伸线原点或 < 选择对象 >，当光标为自动捕捉矩形方框状态时，用捕捉框选择外框线的顶点；命令窗口再次提示："指定第二条延伸线原点或 < 选择对象 >"；此时，用捕捉框再选择外框线的第二个点，将光标向标注物体的外围方向推出一段合适的距离（即标注的位置），单击鼠标左键确定，则线性标注完成。

3）完成工程图签的尺寸标注，如图 4-67 所示。

	180					
	单位主管		审核		（单位名称）	
	部门主管		校核			
	总负责人		制图		（图名）	
	单项负责人		单位/比例			
	设计人		日期		图号	
22.5	22.5	22.5	22.5		90	

图 4-67 工程图签

输入快捷命令 DIM，完成第一个尺寸的线性标注，在线性标注之后，单击"标注"工具栏上的 ![]（连续）按钮，或选择"标注"—"连续"命令，中望

CAD 命令窗口提示如下。

指定第二条延伸线原点或 <选择对象>：

此时，用矩形捕捉框连续选择后面几个点，按回车键完成整个标注，再按 Esc 键，光标还原为十字光标状态。

6. 基本图形绘制

（1）圆的绘制，调用圆命令的方法有以下 3 种。

菜单栏："绘图"—"圆"。

工具栏：单击"圆"按钮。

命令栏：输入"CIRCLE"命令。

在菜单栏下拉菜单的子菜单，可以看到绘制圆有 6 种方法，这里只介绍 3 种。

1）圆心，半径：指定圆心，再输入半径，可生成所指定的半径的圆。

2）两点：指定圆上任意直径的两个端点，可以生成所指定弧长的圆。

3）三点：指定圆上的任意三点，可以生成所指定弧长的圆。

单击"绘图"菜单栏内下拉菜单圆—"圆心，半径"命令，命令行提示信息："指定圆的圆心或［三点（3P）/两点（2P）/切点、切点、半径（T）］"，此时，移动光标在屏幕上抓取一点，命令行提示信息："指定圆的半径或［直径（D）］（6.225）"，输入"3"回车，屏幕显示图形如图 4-68 所示。

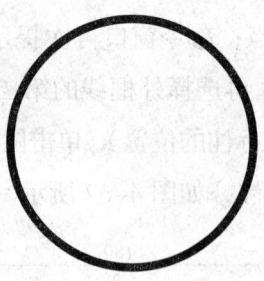

图 4-68　绘制圆

（2）圆环的绘制

菜单栏："绘图"—"圆环"。

命令栏：输入"DONUT"命令。

单击"绘图"菜单栏内下拉菜单"圆环"命令，命令行提示信息："指定圆环的内径 <0.5>"，命令行输入"3"回车；命令行提示信息："指定圆环的内径 <1.000>"，命令行输入"6"回车；屏幕显示图形如图 4-69 所示。若将圆环的内径输入为 0 mm、外径为 6 mm，则执行结果为实心的圆，如图 4-70 所示。

图 4-69 绘制圆环

图 4-70 绘制实心圆

（3）圆弧的绘制。调用圆弧命令的方法有 3 种：在菜单栏中单击"绘图"—"圆弧"；在工具栏中单击"圆弧"按钮；在命令栏中输入"ARC"命令。

在菜单栏下拉菜单的子菜单，可以看到绘制圆弧有 11 种方法，这里只介绍 3 种：

1）三点绘制圆弧。

2）起点、圆心、端点：以圆弧为起点、圆弧中心点和端点三点方式确定圆弧。

3）圆心、起点、长度：以圆弧为中心点、起点和弦长的方式确定圆弧。

（4）多段线的绘制。单击创建工具条上的"多段线"按钮，命令行提示信息"指定起点"，光标在屏幕上指定一点后，在命令行输入"W"回车；命令行提示"指定起点宽度"，输入"0"回车；命令行提示"指定端点宽度"，输入"5"，单击状态栏"正交为开"，"指定下一点"同时前后滚动滚轮，使图形放大或缩小到满意状态后按鼠标左键确定，再回车确定；单击创建工具条上的"直线"按钮，捕捉箭头端头的中点为线段的指定起点，然后再指定线段的另一端点为终点，屏幕上生成箭头图形，如图 4-71 所示。

图 4-71 多段线的绘制

（5）样条曲线。单击创建工具条上的"样条曲线"按钮，在屏幕上沿某个方向指定开始的第 1 点、第 2 点、第 3 点、最末的第 N 点之后，沿切向方向按下鼠标左键及回车键，然后光标状态自动回到起始位置时，再沿图形的切线方向按下鼠标左键及回车键即可以生成所需要的图形，如图 4-72 所示。

图 4-72 样条曲线的绘制

(6)矩形绘制

1)绘制方法

菜单栏:"绘图"—"矩形"。

工具栏:单击"矩形"。

命令栏:输入"RECTANG"命令。

2)实际操作。绘制边长为 3 mm 的实心正方形。

命令组合:正交模式 < 正交开 >+ 矩形命令。

单击打开正交模式,选择"矩形"绘制工具,在命令窗口输入"W"修改矩形的线宽为 3 mm;单击鼠标确定矩形的一个角点;在命令窗口输入"D",选择按尺寸绘制矩形,然后输入矩形的长和宽均为 3 mm;最后在屏幕上单击鼠标即可绘制一个边长为 3 mm 的实心正方形。

(7)正多边形。以图 4-73、图 4-74 为例做正多边形。

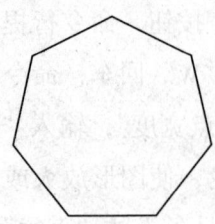 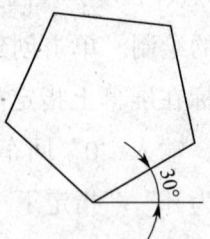

图 4-73 正七边形　　　图 4-74 与 X 轴有一定夹角的正多边形

点击多边形命令,命令栏命令变为输入侧面数,输入数字 7,按回车,命令变为指定正多边形的中心点。采用任意绘制方式,在面板上任意采取一点为中心点,点击鼠标左键,命令变成内接于圆或外切于圆。这次绘图,采用内接于圆,点击内接于圆,命令变成指定圆的半径,可以直接输入半径,也可以拖动鼠标,确定多边形的大小和位置,确定好后,点击左键即可。

点击多边形命令按钮,输入边数 5,命令栏命令变为指定正多边形的中心点或边,使用边命令,在面板上任意点击一点为第一端点。这时命令变为指定边的第二端点,先拖动鼠标,确定多边形的大小,确定好后,按 TAP 键,命令切换至角度输入框,直接输入角度 30°,按回车即可。

四、完成 ×× 室内系统布局系统框图绘制

如图 4-75 所示。

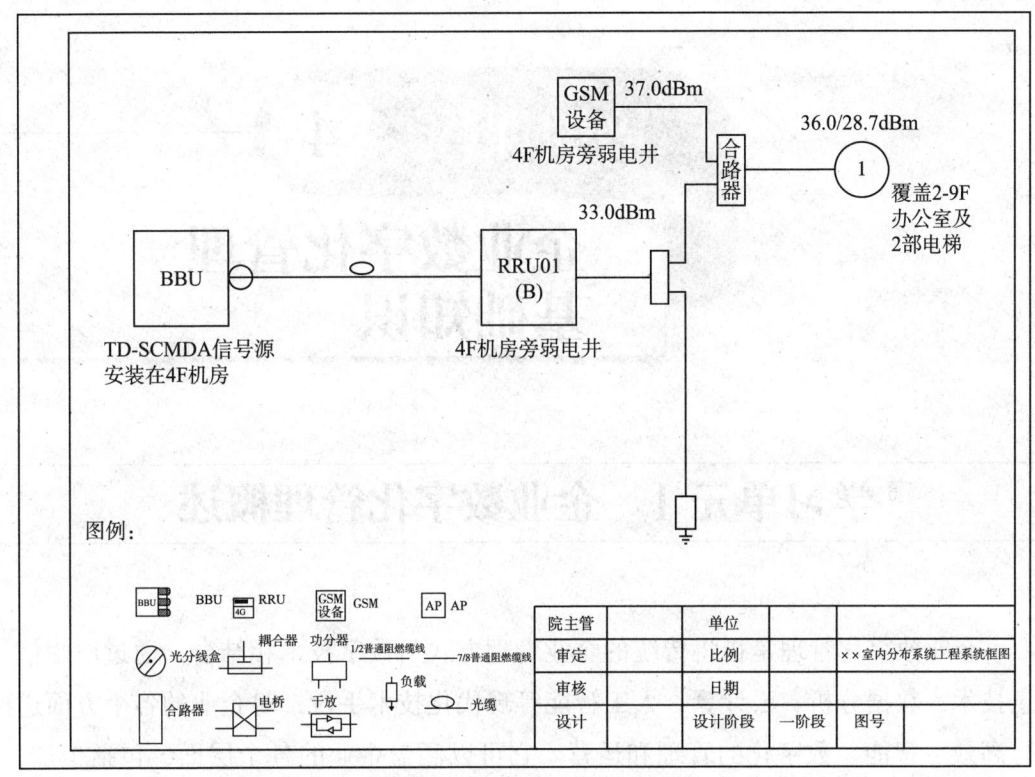

图 4-75 ××室内系统布局系统框图

具体操作步骤：

1. 完成 A4 图样幅面的绘制；
2. 完成图签的绘制；
3. 完成图例的绘制；
4. 完成室内分布系统框图绘制。

思考题

1. 文件保存的操作顺序是什么？
2. CAD 中用于绘制圆弧和直线结合体的命令是什么？
3. 创建 10 行、20 列、边长为 50 的矩形用哪种方法最合理？

培训课程 4

企业数字化管理基础知识

学习单元1　企业数字化管理概述

企业数字化管理是指将传统的企业管理方式与数字技术相结合,通过应用信息技术、数据分析、云计算、人工智能等现代化技术手段,对企业的各个方面进行高效、智能、数字化的管理和运营。它可以涵盖企业的各个层面,包括生产、供应链、销售、财务、人力资源等,以提高企业的效率、降低成本、提升竞争力。

企业数字化管理的核心内容包括以下几个方面:

1. 数字化流程和系统

将企业的各项业务流程数字化,建立高效的信息系统和平台,实现数据的集中管理和共享,提高工作效率和准确性。

2. 数据分析和决策支持

通过收集、存储和分析大数据,提供决策支持的数据和洞察,帮助企业管理层做出基于数据的决策,优化业务和战略规划。

3. 智能化技术应用

应用人工智能、机器学习、自然语言处理等技术,实现自动化、智能化的业务处理,提高生产和管理效率。

4. 供应链和物流优化

通过数字化技术对供应链和物流进行优化,实现精细化供需匹配、库存管理,降低物流成本并提高交付效率。

5. 客户关系管理

通过数字化工具和渠道,建立客户关系管理系统,实现对客户的全面了解和个性化服务，提升客户满意度和忠诚度。

6. 人力资源管理

利用数字化工具管理员工的招聘、培训、绩效评估等环节，优化人力资源管理，提高员工满意度和组织绩效。

7. 安全与风险管理

数字化管理也需要关注信息安全和风险管理，加强数据的保护和隐私安全，预防和识别潜在的网络风险。

学习单元 2　企业数字化管理框架

1. 业务目标与战略规划

（1）业务目标

1）提高工作效率。通过实施数字化管理，企业能够更快地处理业务，减少人工操作和错误，提高工作效率和准确性。

2）降低成本。通过自动化和集成技术，企业能够减少人工工作量和资源浪费，降低运营成本。此外，数字化管理还可以帮助企业更好地管理供应链、库存和资源，从而节约成本。

3）提升客户体验。通过数字化管理，企业可以更好地跟踪客户需求，提供个性化的产品和服务，并提供更高效的客户支持和响应。这可以增强客户满意度，提升品牌形象。

4）实现创新和快速响应。通过数字化管理，企业能够更快地收集和分析数据，掌握市场动态，及时调整业务策略。此外，数字化管理还可以促进企业内部的合作和知识共享，推动创新和灵活性。

5）提高决策效果。通过数字化管理，企业能够更好地收集、整理和分析数据，发现业务趋势和问题，并基于数据进行决策和规划。这可以提高决策的准确性和效果，降低风险。

（2）战略规划。企业数字化管理框架战略规划是指，企业在数字化转型过程中制定的一系列战略和规划，以建立和实施有效的数字化管理框架，从而提升企业的运营效率和竞争力。企业数字化管理框架战略规划的关键要素如下：

1）目标和愿景。确定企业数字化转型的目标和愿景，明确企业希望通过数字化管理框架实现的效益。

2）组织结构和流程。重新设计组织结构和流程，以适应数字化管理框架的实施。优化决策层级，加强跨部门协作，提高信息共享和流动。

3）技术和系统建设。选择合适的技术和系统，以支持数字化管理框架的实施，包括企业资源计划（ERP）系统、客户关系管理（CRM）系统、供应链管理（SCM）系统等。

4）数据分析和智能化应用。利用大数据分析和人工智能等技术，对企业数据进行深度挖掘和分析，提供决策支持和业务优化的智能化应用。

5）培训和人员发展。为员工提供必要的培训和技能提升，以适应数字化管理框架的需求。建立学习型组织，鼓励员工持续学习和创新。

6）风险和安全管理。确保数字化管理框架的安全性和合规性，加强数据保护和风险管理措施，防范信息安全风险和业务中断风险。

7）持续改进和创新。建立持续改进和创新机制，不断优化数字化管理框架，适应市场变化和技术发展，保持竞争优势。

2. 数字化基础设施建设

数字化基础设施建设是指为实现企业数字化管理框架的顺利运行和发展所必需的基础设施建设工作。这些基础设施包括硬件设备、软件系统、网络设备、数据中心、安全设备等，用于支持企业的数字化管理工作。

在数字化基础设施建设过程中，需要考虑以下几个方面：

（1）硬件设备建设。包括服务器、存储设备、计算机终端等。根据企业规模和需求，选择适当硬件设备，并进行合理配置，以满足企业数字化管理的需求。

（2）软件系统建设。根据企业的数字化管理需求，选择适当的软件系统。这些系统可以包括企业资源计划（ERP）系统、客户关系管理（CRM）系统、供应链管理（SCM）系统等，用于支持企业的各个管理领域。

（3）网络设备建设。包括网络基础设施、安全设备等。企业数字化管理需要一个高效稳定的网络环境，以保证数据的传输和安全。

（4）数据中心建设。对于大型企业来说，建设一个高可用性的数据中心是必要的。数据中心可以提供企业数字化管理所需的计算和存储资源，同时也可以提供数据备份和容灾保护等功能。

（5）安全设备建设。包括防火墙、入侵检测与防御系统、安全审计系统等。

企业数字化管理涉及大量的敏感数据，因此建设一套完善的安全设备非常重要。

除以上几个方面，企业还需要制订相应的数字化基础设施建设规划，并进行合理的投资和管理。同时，还需要与相关供应商合作，选择可靠的设备和系统，并进行定期的维护和升级，以确保数字化基础设施的稳定运行和持续发展。

3. 数字管理与分析

（1）数字管理。其指通过数字技术和工具对企业内部的业务流程、资源配置、绩效评估等进行管理。数字化管理可以帮助企业实现业务流程的自动化和优化，提高工作效率，降低成本。数字管理的核心是建立完善的信息系统，包括企业资源计划（ERP）系统、客户关系管理（CRM）系统、人力资源管理（HRM）系统等，通过这些系统实现对企业各个环节的管理。数字管理主要表现几个方面：

1）数据收集和整合。企业需要从各个部门和业务流程中收集和整合数据，包括客户数据、销售数据、供应链数据等。这些数据可以来自如企业内部系统、社交媒体、传感器等渠道。

2）数据分析和解析。通过使用数据分析工具和技术，企业可以深入分析数据，从中提取出有价值的信息和解析，可以用来了解客户需求、优化业务流程、预测市场趋势等。

3）实时监控和反馈。数字管理还包括实时监控和反馈机制，企业可以通过实时监控业务指标和关键绩效指标，及时发现问题和机会，并采取相应措施。

4）自动化和智能化。数字化管理框架还可以包括自动化和智能化功能，如自动化工作流程、智能决策支持系统等。这些功能可以提高企业的效率和决策质量。

5）数据安全和隐私保护。数字管理中的数据安全和隐私保护是非常重要的一部分。企业需要采取措施来保护数据的安全性和隐私性，如数据加密、访问控制等。

（2）数字化分析。其指利用大数据分析、人工智能等技术对企业内部和外部的各种数据进行分析和挖掘，以提供决策支持和业务优化的依据。通过数字化分析，企业可以更好地了解市场需求、研究竞争对手、优化产品和服务、提高营销效果等。数字化分析还可以帮助企业发现潜在的商机和风险，提前做出调整和应对措施。

主要包括以下几个方面：

1）业务流程数字化分析。对企业的各项业务流程进行数字化分析，包括业务流程的流程图、数据流图、决策流程等，以便于企业对业务流程进行优化和改进。

2）数据资源数字化分析。对企业的数据资源进行数字化分析，包括数据的来源、流动、存储、处理和应用等，以便于企业充分利用数据资源进行决策和创新。

3）技术基础数字化分析。对企业技术基础进行数字化分析，包括硬件设备、软件应用、网络架构等，以便于企业了解自身的技术基础是否满足数字化管理的需求。

4）组织与人员数字化分析。对企业的组织结构和人员能力进行数字化分析，包括组织架构、岗位职责、人员能力等，以便于企业进行组织架构和人员能力的优化和调整。

4. 业务流程优化与自动化

在企业数字化管理框架中，业务流程优化是一个重要的内容。通过对企业现有的业务流程进行分析和评估，找出其中存在的问题和瓶颈，并进行优化，以提高业务处理的效率和质量。

业务流程优化的具体方法包括：

（1）流程重组。将原有的流程进行重新设计和排列，优化流程的顺序和步骤，减少冗余和重复的操作，提高流程的执行效率。

（2）自动化。利用信息技术手段，将一些烦琐、重复的操作自动化。例如，通过引入企业资源计划（ERP）系统，实现订单处理、物流跟踪、库存管理等环节的自动化。

（3）数据驱动。利用企业内部的数据资源，进行数据分析和挖掘，找出业务流程中存在的问题和改进的空间，并基于数据的分析结果进行调整和优化。

（4）协同合作。在优化业务流程的过程中，要强调各个部门之间的协同合作。通过建立跨部门的沟通和协作机制，使得整个企业的业务流程更加协调和高效。

（5）持续改进。优化业务流程是一个持续不断的过程。企业应该建立起一个持续改进的机制，对业务流程进行监测和评估，及时发现和解决问题，保持流程的优化状态。

5. 系统集成与应用

系统集成与应用是指将企业数字化管理框架与各种系统进行集成，并在实际应用中发挥作用。

（1）系统集成是指将企业内部的各种业务系统，如财务管理系统、人力资源管理系统、销售管理系统等业务系统，以及与外部的合作伙伴进行信息交互的系统，如供应链管理系统、客户关系管理系统等整合在一起，使其能够相互通信和协作不同的系统,以实现不同系统之间的数据共享和业务流程的无缝衔接,提高工作效率和准确性。

(2)应用是指在实际工作中利用集成的系统进行业务操作和管理。通过企业数字化管理框架的系统集成与应用,企业可以实现全面的数字化管理,提高决策的准确性和及时性,优化资源配置,提升企业竞争力。

(3)具体的系统集成与应用方式可以根据企业的具体需求来设计,包括系统接口的设计与开发、数据的集成与转换、业务流程的设计与优化等。在实际应用中,需要进行系统的测试和调试,确保系统的稳定性和可靠性。

6. 客户关系管理

企业数字化管理框架的客户关系管理是指在企业数字化转型过程中,通过整合企业内外部的数字化资源和技术,以及建立相应的管理流程和系统,实现对客户关系的全面管理和优化,提升客户满意度和企业竞争力。其主要关键要素包括:

(1)客户数据整合与分析。通过整合企业内外部的客户数据来源,如销售、市场、客服等,对客户数据进行分析,以了解客户需求、行为和偏好,从而进行精准的客户定位和个性化的服务。

(2)多渠道客户互动。通过数字化技术和平台,实现多渠道的客户互动,如电子邮件、社交媒体、在线客服等,以便及时响应客户需求,提供便捷的服务体验。

(3)客户关系管理系统。建立客户关系管理系统,通过集成业务部门的客户数据和信息,实现对客户全生命周期的管理,包括客户招募、开发、维护和增值。

(4)个性化营销和服务。通过客户数据分析和客户关系管理系统,实现个性化的营销和服务,包括推送个性化的产品和服务、定制化营销活动等,以增强客户满意度和忠诚度。

(5)数据安全和隐私保护。在数字化管理过程中,要重视客户数据的安全和隐私保护,确保客户数据不被泄露、滥用或非法使用,符合相关法规和规定。

7. 人才培养与管理

数字化人才培养与管理是指在数字化转型过程中,企业建立的一套有组织、有系统的方法和流程,以培养和管理数字化人才。主要包括以下内容:

(1)识别数字化人才需求。企业首先要明确数字化转型的战略和目标,然后根据战略需求,识别所需的数字化人才类型和能力。

(2)招聘和选拔。根据数字化人才需求,企业可以通过内部招聘、校园招聘、猎头机构等渠道，吸引和选拔具备数字化能力和经验的人才。

（3）培训和发展。通过内部培训、外部培训、在线学习等方式，为数字化人才提供必要的培训和发展机会，以提升数字化技能和丰富数字化知识。

（4）职业发展规划。为数字化人才制定职业发展规划，明确晋升机会，提供跨部门和跨功能的发展机会，鼓励员工设定个人发展目标，并提供支持和指导。

（5）知识共享和团队合作。建立内部知识共享平台，促进数字化人才之间的交流和学习。同时，鼓励团队合作，通过项目组织和跨团队合作，提供实际的项目经验和机会。

（6）激励和奖励。为数字化人才提供有竞争力的薪酬和激励机制，如绩效奖金、股票期权等，以吸引和留住优秀人才。

（7）持续学习和适应。数字化领域发展迅速，企业应鼓励数字化人才进行持续学习，提供学习资源和组织内部研讨会，鼓励参与行业活动等。

（8）绩效评估和反馈。建立有效的绩效评估和反馈机制，定期评估数字化人才的工作表现和发展进展，并提供有针对性的反馈和指导。

（9）建立合作关系。与高校、科研机构和专业咨询公司等建立合作关系，获取最新的数字化知识和技术，提供员工参与项目和实践的机会。

（10）领导力发展。培养数字化人才的领导力和创新能力，鼓励他们在数字化转型中发挥领导作用，并推动创新和变革。

8. 安全与分享管理

（1）安全管理。对企业数字化管理系统的安全性进行管理和保护的措施，包括以下方面：

1）访问控制。确保只有授权的人员才能访问企业数字化管理系统，通过身份验证、访问权限控制等方式对系统进行访问控制。

2）数据保护。对企业数字化管理系统中的数据进行加密、备份和恢复，防止数据泄露、丢失或被篡改。

3）网络安全。对网络进行保护，包括防火墙、入侵检测系统、反病毒软件等安全措施，防止网络攻击、病毒传播等威胁。

4）系统安全。对企业数字化管理系统的安全性进行定期审计和监测，发现潜在的安全问题并及时进行修复。

（2）分享管理。分享管理是指对企业数字化管理系统中的信息进行共享和管理的措施，包括以下方面：

1)权限管理。为不同用户或用户组设置不同的权限,控制其对信息的访问和操作权限,确保信息的安全和合规性。

2)协作平台。提供协作平台,方便不同部门、团队之间的信息共享和协作,提高工作效率和沟通效果。

3)文档管理。对企业数字化管理系统中的文档进行分类、版本控制和共享,确保文档的完整性和一致性。

4)社交功能。提供社交功能,方便员工之间的交流和知识共享,促进团队合作和创新。

思考题

1. 简述什么是企业数字化管理。
2. 企业数字化管理的核心内容包括哪几个方面?
3. 简述什么是企业数字化管理框架的业务目标。
4. 什么是企业数字化管理框架战略规划?主要包括哪些关键要素?
5. 什么是企业数字化管理框架的数字化基础设施建设?主要包括哪些方面?
6. 什么是企业数字化管理框架的数字管理?主要表现为哪几个方面的内容?
7. 什么是企业数字化管理框架的数字分析?能为企业带来哪些帮助?
8. 企业数字化管理框架业务流程优化的主要方法是什么?
9. 什么是企业数字化管理框架的系统集成与应用?
10. 什么是企业数字化管理框架的客户关系管理?其关键要素有哪些?
11. 企业数字化管理框架人才培养与管理的主要内容有哪些?
12. 企业数字化管理框架的安全与分享管理主要包括哪些内容?

职业模块 5 相关法律、行政法规知识

培训课程 1

法律相关知识

学习单元1 《中华人民共和国民法典》相关知识

一、适用范围

适用于调整平等主体的自然人、法人和非法人组织之间的人身关系和财产关系。

二、相关内容

《中华人民共和国民法典》共有7编，1 260条法条，本学习单元学习与本职业最具相关性的内容。

1. 合同

合同是民事主体之间设立、变更、终止民事法律关系的协议。一般包含：合同的订立、合同的效力、合同的履行、合同的保全、合同的变更和转让、合同的权利义务终止及违约责任。

2. 典型合同

典型合同在市场经济活动和社会生活中应用最为普遍。典型合同包括买卖合同，供用电、水、气、热力合同，赠与合同，借款合同，技术合同等。依据本职业特征和工作需要，学习技术合同。

（1）技术合同的一般规定。技术合同是当事人就技术开发、转让、许可、咨询或者服务订立的确立相互之间权利和义务的合同。

技术合同的内容一般包括项目的名称，标的的内容、范围和要求，履行的计划、地点和方式，技术信息和资料的保密，技术成果的归属和收益的分配办法，验收标准和方法，名词和术语的解释等条款。

（2）技术开发合同。技术开发合同是当事人之间就新技术、新产品、新工艺、新品种或者新材料及其系统的研究开发所订立的合同。

（3）技术转让合同和技术许可合同。技术转让合同是合法拥有技术的权利人，将现有特定的专利、专利申请、技术秘密的相关权利让与他人所订立的合同。技术许可合同是合法拥有技术的权利人将现有特定的专利、专利申请、技术秘密的相关权利让与他人所订立的合同。

（4）技术咨询合同和技术服务合同。技术咨询合同是当事人一方以技术知识为对方就特定技术项目提供可行性论证、技术预测、专题技术调查、分析评价报告等所订立的合同。技术服务合同是当事人一方以技术和知识为对方解决特定技术问题所订立的合同，不包括承揽合同和建设工程合同。

典型案例

App 开发之争

【基本案情】2019 年 9 月，A 公司和 B 公司签订《技术开发合同》，合同约定：由 B 公司开发 A 公司所需 "App"，开发总费用 10 万元。A 公司按照开发进度分四个阶段支付费用，确认 UE 付 40%，确认 UI 付 20%，前端版本付 30%，最终版本验收后付剩余 10%。合同另约定"具体交付前端版本、最终版本的时间由双方在开发期间另行协商，A 公司应当提供启动委托项目开发所需的全部资料、接口及完成项目开发必需的其他条件"。合同签订后的 2019 年 12 月，B 公司告知 A 公司软件前端版已全部完成，但 A 公司提供的硬件接口无法对接，要求重新对接。后因开发需求，B 公司自行购买硬件先行完成最终版软件开发，并于 2020 年 5 月 9 日交付，但 A 公司以无法使用为由拒绝验收。5 月 12 日，B 公司向 A 公司发出《律师函》要求解除双方的技术开发合同，A 公司予以拒绝后双方就后续事项达成《补充协议》。5 月 20 日，A 公司以 B 公司未按合同约定交付最终版 App 为由，将其诉至法院，请求判令双方的《技术开发合同》于 2020 年 5 月 12 日解除，并要求 B 公司退还已经支付的 90 000 元合同款及违约金 50 000 元。A 公司的做法合法吗？

【案例分析】《中华人民共和国民法典》规定：合同解除后，尚未履行的，终止履行；已经履行的，根据履行情况和合同性质，当事人可以要求恢复原状、采取其他补救措施，并有权要求赔偿损失。本案中，涉案合同前三个阶段已实际履行完毕，按照合同约定，B 公司基本完成 App 软件的开发工作并交付了基本符合合同约定的软件，其获得 A 公司支付的 90 000 元合同款项的条件已经成立。鉴于涉案软件尚存在不完善之处，综合评价 B 公司所付出的劳动、交付成果的质量、双方合同履行的进度等情况，B 公司的劳务与其已获得的 90 000 元对价基本相当，B 公司也无须返还 90 000 元合同价款。A 公司的做法不合法。

学习单元 2 《中华人民共和国劳动法》相关知识

一、适用范围

在中华人民共和国境内的企业、个体经济组织（以下统称用人单位）和与之形成劳动关系的劳动者，适用本法。

二、相关内容

1. 劳动者的权利与义务

劳动者享有平等就业和选择职业的权利、取得劳动报酬的权利、休息休假的权利、获得劳动安全卫生保护的权利、接受职业技能培训的权利、享受社会保险和福利的权利、提请劳动争议处理的权利以及法律规定的其他劳动权利。劳动者应当完成劳动任务，提高职业技能，执行劳动安全卫生规程，遵守劳动纪律和职业道德。

2. 就业保障

劳动者就业，不因民族、种族、性别、宗教信仰不同而受歧视。妇女享有与男子平等的就业权利。

3. 劳动争议

（1）用人单位与劳动者发生劳动争议，当事人可以依法申请调解、仲裁、提起诉讼，也可以协商解决。并应当根据合法、公正、及时处理的原则，依法维护劳动争议当事人的合法权益。

（2）劳动争议发生后，当事人可以向本单位劳动争议调解委员会申请调解；

调解不成,当事人一方要求仲裁的,可以向劳动争议仲裁委员会申请仲裁。当事人一方也可以直接向劳动争议仲裁委员会申请仲裁。对仲裁裁决不服的,可以向人民法院提起诉讼。

4. 法律责任

(1)用人单位制定的劳动规章制度违反法律、法规规定的,由劳动行政部门给予警告,责令改正;对劳动者造成损害的,应当承担赔偿责任。

(2)劳动者违反本法规定的条件解除劳动合同或者违反劳动合同中约定的保密事项,对用人单位造成经济损失的,应当依法承担赔偿责任。

学习单元3 《中华人民共和国劳动合同法》相关知识

一、适用范围

中华人民共和国境内的企业、个体经济组织、民办非企业单位等组织(以下称用人单位)与劳动者建立劳动关系,订立、履行、变更、解除或者终止劳动合同,适用本法。

二、主要内容

1. 劳动合同的订立

(1)劳动合同应当采用书面形式,并明确约定劳动双方的权利和义务,包括工作内容、工作地点、工作时间、劳动报酬等。

(2)劳动合同分为固定期限劳动合同、无固定期限劳动合同和以完成一定工作任务为期限的劳动合同。

(3)对负有保密义务的劳动者,用人单位可以在劳动合同或者保密协议中与劳动者约定竞业限制条款,并约定在解除或者终止劳动合同后,在竞业限制期限内按月给予劳动者经济补偿。劳动者违反竞业限制约定的,应当按照约定向用人单位支付违约金。

(4)竞业限制的人员限于用人单位的高级管理人员、高级技术人员和其他负有保密义务的人员。

2. 劳动合同的履行和变更

（1）用人单位与劳动者应当按照劳动合同的约定，全面履行各自的义务。用人单位应当按照劳动合同约定和国家规定，向劳动者及时足额支付劳动报酬。

（2）用人单位与劳动者协商一致，可以变更劳动合同约定的内容。变更劳动合同，应当采用书面形式。

3. 劳动合同的解除和终止

（1）用人单位与劳动者协商一致，可以解除劳动合同。劳动者提前三十日以书面形式通知用人单位，可以解除劳动合同。劳动者在试用期内提前三日通知用人单位，可以解除劳动合同。

（2）出现劳动合同期满等法律、行政法规规定的其他情形的，劳动合同终止。

4. 法律责任

（1）用人单位提供的劳动合同文本未载明本法规定的劳动合同必备条款或者用人单位未将劳动合同文本交付劳动者的，由劳动行政部门责令改正；给劳动者造成损害的，应当承担赔偿责任。

（2）劳动者违反本法规定解除劳动合同，或者违反劳动合同中约定的保密义务或者竞业限制，给用人单位造成损失的，应当承担赔偿责任。

学习单元4 《中华人民共和国安全生产法》相关知识

一、适用范围

在中华人民共和国领域内从事生产经营活动的单位（以下统称生产经营单位）的安全生产，适用本法。

二、主要内容

1. 安全生产的基本要求

（1）各企事业单位、个体工商户等以人的生命安全为重点，建立健全安全生产责任制，加强安全生产标准化和专业化建设。

（2）对发生的重大事故进行调查和处置，并建立应急救援系统，及时有效地应对突发事件。

（3）对违反安全生产法规定的单位和个人，将依法追究行政、刑事和民事责任。

2. 从业人员的安全生产权利义务

（1）从业人员发现直接危及人身安全的紧急情况时，有权停止作业或者在采取可能的应急措施后撤离作业场所。

（2）从业人员在作业过程中，应当严格落实岗位安全责任，遵守本单位的安全生产规章制度和操作规程，服从管理，正确佩戴和使用劳动防护用品。

（3）从业人员应当接受安全生产教育和培训，掌握本职工作所需的安全生产知识，提高安全生产技能，增强事故预防和应急处理能力。

（4）从业人员发现事故隐患或者其他不安全因素，应当立即向现场安全生产管理人员或者本单位负责人报告；接到报告的人员应当及时予以处理。

3. 生产安全事故的应急救援与调查处理

生产经营单位发生生产安全事故后，事故现场有关人员应当立即报告本单位负责人。单位负责人接到事故报告后，应当迅速采取有效措施，组织抢救，防止事故扩大，减少人员伤亡和财产损失，并按照国家有关规定立即如实报告当地负有安全生产监督管理职责的部门，不得隐瞒不报、谎报或者迟报，不得故意破坏事故现场、毁灭有关证据。任何单位和个人不得阻挠和干涉对事故的依法调查处理。

学习单元5 《中华人民共和国招标投标法》相关知识

一、适用范围

在中华人民共和国境内进行招标投标活动，适用本法。

二、主要内容

1. 招投标的基本要求

（1）在中华人民共和国境内进行工程建设项目包括项目的勘察、设计、施工、监理以及与工程建设有关的重要设备、材料等的采购，必须进行招投标。

（2）招标投标活动应当遵循公开、公平、公正和诚实信用的原则。

2. 招标

（1）招标分为公开招标和邀请招标。

（2）招标人采用公开招标方式的，应当发布招标公告。采用邀请招标方式应当向三个以上具备承担招标项目的能力、资信良好的特定的法人或者其他组织发出投标邀请书。

（3）招标人应当根据招标项目的特点和需要编制招标文件。招标文件应当包括招标项目的技术要求、对投标人资格审查的标准、投标报价要求和评标标准等所有实质性要求和条件以及拟签订合同的主要条款。

倾斜的招标

【基本案情】某省级单位建设一个局域网，采购预算为450万元。该项目招标文件注明的合格投标人资质必须满足：注册资金在2 000万元以上、有过3个以上省级成功案例的国内供应商，同时载明：有过本系统一个以上省级成功案例的优先。招标结果，一个报价只有398万元且技术服务条款最优的外省供应商落标，而中标的是报价为448万元的本地供应商，该供应商确实做过3个成功案例，其中在某省成功开发了本系统的局域网。这样的招标合法吗？

【案例分析】采购人可以根据采购项目的特殊要求，规定供应商的特定条件，但不得以不合理的条件对供应商实行差别待遇或者歧视待遇，更不得以任何手段排斥其他供应商参与竞争。在招标公告或资质审查公告中，如果以不合理的条件限制、排斥其他潜在投标人公平竞争的权利，这就等于限制了竞争的最大化，有时可能会加大采购成本，度身定向招标，这样的招标违法违规。

3. 投标

（1）投标人是响应招标、参加投标竞争的法人或者其他组织。投标人应当具备承担招标项目的能力。

（2）投标人应当按照招标文件的要求编制投标文件。投标文件应当对招标文件提出的实质性要求和条件作出响应。

（3）两个以上法人或者其他组织可以组成一个联合体，以一个投标人的身份共同投标。联合体各方均应当具备承担招标项目的相应能力。

（4）投标人不得以低于成本的报价竞标，也不得以他人名义投标或者以其他方式弄虚作假，骗取中标。

（5）投标人不得相互串通投标报价，不得排挤其他投标人的公平竞争，损害招标人或其他投标人的合法权益。

（6）投标人不得与招标人串通投标，损害国家利益、社会公共利益或者他人的合法权益。

（7）禁止投标人向招标人或者评价委员会成员行贿的手段谋取中标。

低于成本的投标

【基本案情】A单位数据平台系统建设政府采购项目进行公开招标，B科技有限公司成为中标候选人。投标供应商C科技有限公司提出投诉。投诉人的投诉事项主要包括：本次采购中一投标人D科技有限公司竞标报价为人民币100万元，远低于其他通过符合性审查投标人的报价（其他报价均在500万元以上），投诉人认为该行为属于低于成本价的恶意报价竞争行为。

【案例分析】财政部门经调查后，关于评标委员会做法的问题，根据本法规定，该项目评标委员会在对待D科技有限公司的明显低价报价问题上存在违规行为，影响本项目的公正评审，给予支持，并责令该项目重新采购。

4. 开标、评标和中标

（1）开标应当在招标文件确定的提交投标文件截止时间的同一时间公开进行；开标地点应当为招标文件中预先确定的地点。

（2）评标由招标人依法组建的评标委员会负责。依法必须进行招标的项目，其评标委员会由招标人的代表和有关技术、经济等方面的专家组成，人数为五人以上单数，其中技术、经济等方面的专家不得少于成员总数的三分之二。

（3）中标人确定后，招标人应当向中标人发出中标通知书，并同时将中标结果通知所有未中标的投标人。

（4）在确定中标人前，招标人不得与投标人就投标价格、投标方案等实质性内容进行谈判。

5. 法律责任

违反本法规定，必须进行招标的项目而不招标的，将必须进行招标的项目化整为零或者以其他任何方式规避招标的，责令限期改正，可以处项目合同金额千分之五以上千分之十以下的罚款；对全部或者部分使用国有资金的项目，可以暂停项目执行或者暂停资金拨付；对单位直接负责的主管人员和其他直接责任人依法给予处分。

学习单元 6 《中华人民共和国知识产权法》相关知识

我国的知识产权法是一个法律学科概念或知识产权系列法律规范的统称，包含《中华人民共和国著作权法》《中华人民共和国商标法》《中华人民共和国专利法》等法律，以及相关的法规、规章。本单元学习与职业相关度较高的法律内容。

一、《中华人民共和国著作权法》相关内容

1. 中国公民、法人或者非法人组织的作品，不论是否发表，依照本法享有著作权。

2. 本法所称的作品，是指文学、艺术和科学领域内具有独创性并能以一定形式表现的智力成果，包括：工程设计图、产品设计图、地图、示意图等图形作品和模型作品；计算机软件等符合作品特征的其他智力成果。

3. 著作权人和与著作权有关的权利人行使权利，不得违反宪法和法律，不得损害公共利益。国家对作品的出版、传播依法进行监督管理。

二、《中华人民共和国商标法》相关内容

1. 申请注册和使用商标，应当遵循诚实信用原则。

2. 有害于社会主义道德风尚或者有其他不良影响的不得作为商标使用。

3. 商标国际注册遵循中华人民共和国缔结或者参加的有关国际条约确立的制度，具体办法由国务院规定。

三、《中华人民共和国专利法》相关内容

1. 对违反法律、社会公德或者妨害公共利益的发明创造，不授予专利权。

2. 执行本单位的任务或者主要是利用本单位的物质技术条件所完成的发明创造为职务发明创造。职务发明创造申请专利的权利属于该单位，申请被批准后，该单位为专利权人。

学习单元7 《中华人民共和国网络安全法》相关知识

一、适用范围

在中华人民共和国境内建设、运营、维护和使用网络，以及网络安全的监督管理，适用本法。

二、相关内容

1. 网络运行安全

（1）网络运营者应当按照网络安全等级保护制度的要求，履行安全保护义务，保障网络免受干扰、破坏或者未经授权的访问，防止网络数据泄露或者被窃取、篡改。

（2）网络产品、服务的提供者不得设置恶意程序；发现其网络产品、服务存在安全缺陷、漏洞等风险时，应当立即采取补救措施，按照规定及时告知用户并向有关主管部门报告。

2. 网络信息安全

（1）网络运营者应当对其收集的用户信息严格保密，并建立健全用户信息保护制度。

（2）网络运营者收集、使用个人信息，应当遵循合法、正当、必要的原则，公开收集、使用规则，明示收集、使用信息的目的、方式和范围，并经被收集者

同意。

（3）任何个人和组织不得窃取或者以其他非法方式获取个人信息，不得非法出售或者非法向他人提供个人信息。

3. 监测预警与应急处置

（1）负责关键信息基础设施安全保护工作的部门，应当建立健全本行业、本领域的网络安全监测预警和信息通报制度，并按照规定报送网络安全监测预警信息。

（2）发生网络安全事件时，网络运营者采取技术措施和其他必要措施，消除安全隐患，防止危害扩大，并及时向社会发布与公众有关的警示信息。

4. 法律责任

网络运营者或关键信息基础设施的运营者不得出现违反本法的行为，否则将按照本法规定承担相应的法律责任。

学习单元8 《中华人民共和国保守国家秘密法》相关知识

一、适用范围

国家秘密受法律保护。一切国家机关、武装力量、政党、社会团体、企业事业单位和公民都有保守国家秘密的义务。任务危害国家秘密安全的行为，都必须受到法律追究。

二、相关内容

1. 国家秘密的范围和密级

（1）国家秘密的范围包括：1）国家事务重大决策中的秘密事项；2）国防建设和武装力量活动中的秘密事项；3）外交和外事活动中的秘密事项以及对外承担保密义务的秘密事项；4）国民经济和社会发展中的秘密事项；5）科学技术中的秘密事项；6）维护国家安全活动和追查刑事犯罪中的秘密事项；7）经国家保密行政管理部门确定的其他秘密事项。政党的秘密事项中符合前款规定的，属于国家秘密。

(2)国家秘密的密级分为绝密、机密、秘密三级。

2. 保密制度

(1)存储、处理国家秘密的计算机信息系统(以下简称涉密信息系统)按照涉密程度实行分级保护。涉密信息系统应当按照国家保密规定和标准规划建设、运行、维护,并配备保密设施、设备保密设施、设备应当与涉密信息系统同步规划,同步建设,同步运行。

(2)任何组织和个人不得将涉密计算机、涉密存储设备接入互联网及其他公共信息网络;不得在未采取防护措施的情况下,在涉密信息系统与互联网及其他公共信息网络之间进行信息交换。

(3)任何组织和个人不得使用非涉密信息系统、非涉密存储设备存储、处理国家秘密信息;不得擅自卸载、修改涉密信息系统的安全技术程序、管理程序。

(4)任何组织和个人不得将未经安全技术处理的退出使用的涉密计算机、涉密存储设备赠送、出售、丢弃或者改作其他用途。

(5)禁止非法复制、记录、存储国家秘密。禁止在互联网及其他公共信息网络或者未采取保密措施的有线和无线通信中传递国家秘密。

(6)互联网及其他公共信息网络运营商、服务商应当配合公安机关、国家安全机关、检察机关对泄密案件进行调查;发现利用互联网及其他公共信息网络发布的信息涉及泄露国家秘密的,应当立即停止传输,并根据公安机关、国家安全机关或者保密行政管理部门的要求,删除涉及泄露国家秘密的信息。

3. 法律责任

违反本法规定,非法获得、持有、买卖、邮寄、传递、存储国家秘密的依法给予处分;构成犯罪的,依法追究刑事责任。

重装的操作系统

【基本案情】某涉密单位在保密自查时发现,该单位工作人员王某因使用的涉密计算机出现故障,私自重装操作系统,且未及时请单位保密管理人员重装访问控制系统,导致该涉密计算机技术防护能力明显下降。事后,该单位给予王某行政警告处分,并进行了严肃的批评教育。

【案例分析】 安全技术程序、管理程序,是指为确保涉密信息系统的运行安全、信息安全而安装在涉密信息系统中,对系统进行安全保密防护的应用程序。擅自卸载、修改,将造成涉密信息系统技术防护和管控能力下降或丧失,大大增加泄密风险。

学习单元 9 《中华人民共和国密码法》相关知识

一、适用范围

国家对密码实行分类管理。密码分为核心密码、普通密码和商用密码。核心密码、普通密码属于国家秘密。密码管理部门依照本法和有关法律、行政法规、国家有关规定对核心密码、普通密码实行严格统一管理。商用密码用于保护不属于国家秘密的信息。公民、法人和其他组织可以依法使用商用密码保护网络与信息安全。

二、相关内容

1. 主要内容

(1)密码是指采用特定变换的方法对信息进行加密保护、安全认证的技术、产品和服务。

(2)根据不同的应用场景和安全等级,密码可分为国家秘密密码、商用密码、行业应用密码和个人密码等。

(3)密码工作机构应当按照法律、行政法规、国家有关规定以及核心密码、普通密码标准的要求,建立健全安全管理制度,采取严格的保密措施和保密责任制,确保核心密码、普通密码的安全。

(4)任何组织或者个人不得窃取他人加密保护的信息或者非法侵入他人的密码保障系统。任何组织或者个人不得利用密码从事危害国家安全、社会公共利益、他人合法权益等违法犯罪活动。

2. 法律责任

(1)窃取他人加密保护的信息,非法侵入他人的密码保障系统,或者利用密码从事危害国家安全、社会公共利益、他人合法权益等违法活动的,由有关部门依照《中华人民共和国网络安全法》和其他有关法律、行政法规的规定追究法律责任。

（2）未经认定从事电子政务电子认证服务的，由密码管理部门责令改正或者停止违法行为，给予警告，没收违法产品和违法所得；并依据违法所得金额依法处以罚款。

学习单元 10 《中华人民共和国数据安全法》相关知识

一、适用范围

在中华人民共和国境内开展数据处理活动及其安全监管，适用本法。

二、相关内容

1. 数据安全制度

国家建立数据分类分级保护制度，根据数据在经济社会发展中的重要程度，以及一旦遭到篡改、破坏、泄露或者非法获取、非法利用，对国家安全、公共利益或者个人、组织合法权益造成的危害程度，对数据实行分类分级保护。

2. 数据安全保护义务

（1）开展数据处理活动应当依照法律、法规的规定，建立健全全流程数据安全管理制度，组织开展数据安全教育培训，采取相应的技术措施和其他必要措施，保障数据安全。

（2）利用互联网等信息网络开展数据处理活动，应当在网络安全等级保护制度的基础上，履行上述数据安全保护义务。重要数据的处理者应当明确数据安全负责人和管理机构，落实数据安全保护责任。

（3）开展数据处理活动应当加强风险监测，发现数据安全缺陷、漏洞等风险时，应当立即采取补救措施。

（4）重要数据的处理者应当按照规定对其数据处理活动定期开展风险评估，并向有关主管部门报送风险评估报告。

（5）关键信息基础设施的运营者在中华人民共和国境内运营中收集和产生的

重要数据的出境安全管理，适用《中华人民共和国网络安全法》的规定。

出境的数据

【基本案情】某信息科技公司接受一境外公司委托，在对方规定的16个城市及相应高铁线路上采集了我国铁路信号数据，并在数据采集设备上为该境外公司开通了远程登录端口，方便境外公司实时获取对应的测试数据。经鉴定，两家公司为境外公司收集、提供的数据涉及铁路 GSM-R 敏感信号。

【案例分析】GSM-R 是高铁移动通信专网，直接用于高铁列车运行控制和行车调度指挥，相关数据被国家保密行政管理部门鉴定为情报，该公司的行为导致了数据出境。数据处理者需要遵守数据安全流动原则和数据自由流动原则，若向境外提供在中华人民共和国境内收集和产生的重要数据，应当开展数据出境风险自评估，并通过所在地省级网信部门向国家网信部门申报数据出境安全评估。

（6）任何组织、个人收集数据，应当采取合法、正当的方式，不得窃取或者以其他非法方式获取数据。法律、行政法规对收集、使用数据的目的、范围有规定的，应当在法律、行政法规规定的目的和范围内收集、使用数据。

3. 政务数据安全与开放

国家机关委托他人建设、维护电子政务系统，存储、加工政务数据，应当经过严格的批准程序，并应当监督受托方履行相应的数据安全保护义务。受托方应当依照法律、法规的规定和合同约定履行数据安全保护义务，不得擅自留存、使用、泄露或者向他人提供政务数据。

4. 法律责任

（1）违反国家核心数据管理制度，危害国家主权、安全和发展利益的，由有关主管部门处罚款，并根据情况责令暂停相关业务、停业整顿、吊销相关业务许可证或者吊销营业执照；构成犯罪的，依法追究刑事责任。

（2）违反本法相关规定，向境外提供重要数据的，由有关主管部门责令改正，给予警告，可以并处罚款。

学习单元 11 《中华人民共和国个人信息保护法》相关知识

一、适用范围

在中华人民共和国境内处理自然人个人信息的活动,适用本法。

二、相关内容

1. 个人信息处理规则

(1)一般规定

1)个人信息处理者应当取得个人同意。当出现为订立、履行个人作为一方当事人的合同所必需、为履行法定职责或者法定义务所必需、为应对突发公共卫生事件,或者紧急情况下为保护自然人的生命健康和财产安全所必需等法律规定的必需情形时,个人信息处理者方可处理个人信息。

2)个人信息处理者不得公开其处理的个人信息,取得个人单独同意的除外。

3)在公共场所收集的个人图像、身份识别信息只能用于维护公共安全的目的,不得用于其他目的。

典型案例

"剪切板"之争

【基本案情】某网络科技公司开发、运营的电子商务平台 App 的《隐私政策》在"用户信息的收集和使用"中列举了拟收集的用户信息,并未包括用户剪贴板信息,安装 App 后手机页面显示的权限内容也未包含剪贴板信息。2020 年 1 月,李某通过扫描某网络科技公司的官方网站下载该 App,其在使用过程中发现该 App 存在未经用户许可监测、读取剪贴板信息的行为。李某认为剪贴板可以存储身份证号等个人敏感隐私信息,该网络科技公司的行为侵害其个人信息权益以及隐私权,遂诉至法院,要求某网络科技公司赔礼道歉、消除影响等。请问该电商平台 App 合法吗？

【案例分析】《中华人民共和国个人信息保护法》明确规定，"处理个人信息应当具有明确、合理的目的，并应当与处理目的直接相关，采取对个人权益影响最小的方式""收集个人信息，应当限于实现处理目的的最小范围，不得过度收集个人信息"。

某公司作为该 App 实际运营者、网络服务提供者，未向李某主动告知上述情况，且未经李某许可，存在过错。因此，案涉 App 未经许可监测、读取李某手机剪贴板信息的行为，侵害李某的隐私权和个人信息权益。故判决某网络科技公司向李某赔礼道歉。

（2）敏感个人信息处理规则

1）敏感个人信息的定义。敏感个人信息是一旦泄露或者非法使用，容易导致自然人的人格尊严受到侵害或者人身、财产安全受到危害的个人信息，包括生物识别、宗教信仰、特定身份、医疗健康、金融账户、行踪轨迹等信息，以及不满十四周岁未成年人的个人信息。

2）处理敏感个人信息应当取得个人的单独同意，法律、行政法规对处理敏感个人信息规定应当取得书面同意的，从其规定。

2. 个人信息跨境提供的规则

（1）个人信息处理者因业务等需要，确需向中华人民共和国境外提供个人信息的，应当遵循法律、行政法规或者国家网信部门规定的条件。

（2）个人信息处理者应当采取必要措施，保障境外接收方处理个人信息的活动达到本法规定的个人信息保护标准。

（3）个人信息处理者向中华人民共和国境外提供个人信息的，应当向个人告知境外接收方的名称或者姓名、联系方式、处理目的、处理方式、个人信息的种类以及个人向境外接收方行使本法规定权利的方式和程序等事项，并取得个人的单独同意。

3. 个人信息处理者的义务

（1）个人信息处理者应当根据个人信息的处理目的、处理方式、个人信息的种类以及对个人权益的影响、可能存在的安全风险等，采取措施确保个人信息处理活动符合法律、行政法规的规定，并防止未经授权的访问以及个人信息泄露、篡改、丢失。

（2）个人信息处理者应当定期对其处理个人信息遵守法律、行政法规的情况进行合规审计。

（3）发生或者可能发生个人信息泄露、篡改、丢失的，个人信息处理者应当立即采取补救措施，并通知履行个人信息保护职责的部门和个人。

4. 法律责任

违反本法规定处理个人信息，或者处理个人信息未履行本法规定的个人信息保护义务的，根据本法规定承担相应法律责任。

学习单元 12 《中华人民共和国环境保护法》相关知识

一、适用范围

本法适用于中华人民共和国领域和中华人民共和国管辖的其他海域。

二、相关内容

1. 保护和改善环境

（1）加强农业环境的保护，促进农业环境保护新技术的使用，加强对农业污染源的监测预警。

（2）国家建立、健全环境与健康监测、调查和风险评估制度；鼓励和组织开展环境质量对公众健康影响的研究，采取措施预防和控制与环境污染有关的疾病。

2. 防治污染和其他公害

（1）排放污染物的企业事业单位，应当建立环境保护责任制度，明确单位负责人和相关人员的责任。

（2）重点排污单位应当按照国家有关规定和监测规范安装使用监测设备，保证监测设备正常运行，保存原始监测记录。

（3）严禁通过暗管、渗井、渗坑、灌注或者篡改、伪造监测数据，或者不正常运行防治污染设施等逃避监管的方式违法排放污染物。

被篡改的数据

【基本案情】A市生态环境局通过利用大数据分析、视频监控等非现场监管手段,强化非现场监管与现场检查的有效衔接,通过打击监控数据弄虚作假违法行为,促进企业自律和规范。A市某洗水厂企业在线监测设备故障期间,运用了补充手工监测。A市生态环境局执法人员会同技术专家对手工监测结果进行检查发现:该公司根据过往日常运行情况、样品分析结果推算等方式伪造了《设备故障手工监测数据》报表,其中废水pH值、流量等多项监测数据,存在隐瞒、伪造、篡改自动监控数据行为。A市生态环境局依据本省环境保护条例下达行政处罚决定书,处罚款六万元,并将有关负责人移送公安机关实施行政拘留。

【案例分析】该公司作为自动监控设施的管理运营单位存在弄虚作假,以及隐瞒、伪造、篡改自动监控数据的行为,违反《中华人民共和国环境保护法》第四十一条、第六十二条的规定。该案涉及自动监测数据弄虚作假,是生态环境主管部门重点打击环境违法行为。

3. 信息公开和公众参与

(1)公民、法人和其他组织依法享有获取环境信息、参与和监督环境保护的权利。

(2)公民、法人和其他组织发现任何单位和个人有污染环境和破坏生态行为的,有权向环境保护主管部门或者其他负有环境保护监督管理职责的部门举报。

4. 法律责任

环境影响评价机构、环境监测机构以及从事环境监测设备和防治污染设施维护、运营的机构,在有关环境服务活动中弄虚作假,对造成的环境污染和生态破坏负有责任的,除依照有关法律法规规定予以处罚外,还应当与造成环境污染和生态破坏的其他责任者承担连带责任。

思考题

1. 什么是合同？合同的一般性原则有哪些？
2. 劳动者有哪些权利与义务？
3. 竞业限制适用范围是什么？
4. 从业人员在安全生产方面有哪些义务？
5. 评标委员会应具备哪些条件？
6. 哪些类型的作品依法享有著作权？
7. 发生网络安全事件时，网络运营者应采取哪些措施？
8. 《中华人民共和国保守国家秘密法》的保密制度对互联网及其他公共信息网络运营商、服务商的泄密案件有何要求？
9. 《中华人民共和国密码法》主要内容是什么？
10. 如何防范数据提供中的安全风险？
11. 个人信息处理者应遵循哪些规则处理个人信息？

培训课程 2

行政法规相关知识

学习单元1 《中华人民共和国电信条例》相关知识

一、适用范围

在中华人民共和国境内从事电信活动或者与电信有关的活动，必须遵守本条例。本条例所称电信，是指利用有线、无线的电磁系统或者光电系统，传送、发射或者接收语音、文字、数据、图像以及其他任何形式信息的活动。

二、相关内容

1. 关于电信市场的相关规定

（1）从事电信业务经营活动需取得电信业务经营许可证。

（2）经营基础电信业务，应当具备下列条件：

1）经营者为依法设立的专门从事基础电信业务的公司，且公司中国有股权或者股份不少于51%；

2）有可行性研究报告和组网技术方案；

3）有与从事经营活动相适应的资金和专业人员；

4）有从事经营活动的场地及相应的资源；

5）有为用户提供长期服务的信誉或者能力；

6）国家规定的其他条件。

（3）经营增值电信业务，应当具备下列条件：

1）经营者为依法设立的公司；

2)有与开展经营活动相适应的资金和专业人员;

3)有为用户提供长期服务的信誉或者能力;

4)国家规定的其他条件。

2. 关于电信服务的相关规定

(1)电信业务经营者在电信服务中,不得有下列行为:

1)以任何方式限定电信用户使用其指定的业务;

2)限定电信用户购买其指定的电信终端设备或者拒绝电信用户使用自备的已经取得入网许可的电信终端设备;

3)无正当理由拒绝、拖延或者中止对电信用户的电信服务;

4)对电信用户不履行公开作出的承诺或者作容易引起误解的虚假宣传;

5)以不正当手段刁难电信用户或者对投诉的电信用户打击报复。

(2)电信业务经营者在电信业务经营活动中,不得有下列行为:

1)以任何方式限制电信用户选择其他电信业务经营者依法开办的电信服务;

2)对其经营的不同业务进行不合理的交叉补贴;

3)以排挤竞争对手为目的,低于成本提供电信业务或者服务,进行不正当竞争。

3. 关于电信安全的相关规定

(1)任何组织或者个人不得利用电信网络制作、复制、发布、传播含有反对宪法所确定的基本原则;危害国家安全,泄露国家秘密,颠覆国家政权,破坏国家统一;损害国家荣誉和利益、煽动民族仇恨、民族歧视,破坏民族团结;破坏国家宗教政策,宣扬邪教和封建迷信;散布谣言,扰乱社会秩序,破坏社会稳定;散布淫秽、色情、赌博、暴力、凶杀、恐怖或者教唆犯罪;侮辱或者诽谤他人,侵害他人合法权益及含有法律、行政法规禁止的其他内容的信息。

(2)电信业务经营者应当按照国家有关电信安全的规定,建立健全内部安全保障制度,实行安全保障责任制。

(3)电信业务经营者在电信网络的设计、建设和运行中,应当做到与国家安全和电信网络安全的需求同步规划、同步建设、同步运行。

4. 法律责任

(1)扰乱电信市场秩序,构成犯罪的,依法追究刑事责任;尚不构成犯罪的,由国务院信息产业主管部门或者省、自治区、直辖市电信管理机构依据职权责令改正。

（2）在电信业务经营活动中进行不正当竞争的，由国务院信息产业主管部门或者省、自治区、直辖市电信管理机构依据职权责令改正，情节严重的，责令停业整顿。

学习单元 2 《中华人民共和国无线电管理条例》相关知识

一、适用范围

在中华人民共和国境内使用无线电频率，设置、使用无线电台（站），研制、生产、进口、销售和维修无线电发射设备，以及使用辐射无线电波的非无线电设备，应当遵守本条例。

二、相关内容

1. 频率管理

（1）取得无线电频率使用许可，应当符合下列条件：所申请的无线电频率符合无线电频率划分和使用规定，有明确具体的用途；使用无线电频率的技术方案可行；有相应的专业技术人员；对依法使用的其他无线电频率不会产生有害干扰。

（2）使用其他国家、地区的卫星无线电频率开展业务，应当遵守我国卫星无线电频率管理的规定，并完成与我国申报的卫星无线电频率的协调。

2. 无线电台（站）管理

（1）设置、使用无线电台（站）应当向无线电管理机构申请取得无线电台执照。

（2）设置、使用无线电台（站），应当符合下列条件：有可用的无线电频率；所使用的无线电发射设备依法取得无线电发射设备型号核准证且符合国家规定的产品质量要求；有熟悉无线电管理规定、具备相关业务技能的人员；有明确具体的用途，且技术方案可行；有能够保证无线电台（站）正常使用的电磁环境，拟设置的无线电台（站）对依法使用的其他无线电台（站）不会产生有害干扰。

（3）使用无线电台（站）的单位或者个人不得故意收发无线电台执照许可事项之外的无线电信号，不得传播、公布或者利用无意接收的信息。

3. 无线电发射设备管理

（1）研制无线电发射设备使用的无线电频率，应当符合国家无线电频率划分规定。

（2）研制、生产、销售和维修大功率无线电发射设备，应当采取措施有效抑制电波发射，不得对依法设置、使用的无线电台（站）产生有害干扰。

4. 法律责任

（1）违反本条例规定，未经许可擅自使用无线电频率，或者擅自设置、使用无线电台（站）的，由无线电管理机构责令改正，没收从事违法活动的设备和违法所得，可以并处罚款。

（2）违反本条例规定，构成违反治安管理行为的，依法给予治安管理处罚；构成犯罪的，依法追究刑事责任。

学习单元 3 《中华人民共和国计算机信息系统安全保护条例》相关知识

一、适用范围

中华人民共和国境内的计算机信息系统的安全保护，适用本条例。未联网的微型计算机的安全保护办法，另行制定。

二、相关内容

1. 安全保护制度

（1）计算机信息系统的建设和应用，应当遵守法律、行政法规和国家其他有关规定。

（2）计算机机房应当符合国家标准和国家有关规定。在计算机机房附近施工，不得危害计算机信息系统的安全。

（3）运输、携带、邮寄计算机信息媒体进出境的，应当如实向海关申报。

（4）对计算机信息系统中发生的案件，有关使用单位应当在24小时内向当地县级以上人民政府公安机关报告。

2. 法律责任

（1）任何组织或者个人，不得利用计算机信息系统从事危害国家利益、集体利益和公民合法利益的活动，不得危害计算机信息系统的安全。

（2）任何组织或者个人违反本条例的规定，给国家、集体或者他人财产造成损失的，应当依法承担民事责任。

学习单元4 《关键信息基础设施安全保护条例》相关知识

一、适用范围

本条例所称关键信息基础设施，是指公共通信和信息服务、能源、交通、水利、金融、公共服务、电子政务、国防科技工业等重要行业和领域的，以及其他一旦遭到破坏、丧失功能或者数据泄露，可能严重危害国家安全、国计民生、公共利益的重要网络设施、信息系统等。

二、相关内容

1. 关键信息基础设施认定

（1）本条例涉及的重要行业和领域的主管部门、监督管理部门是负责关键信息基础设施安全保护工作的部门。

（2）保护工作部门结合本行业、本领域实际，制定关键信息基础设施认定规则，并报国务院公安部门备案。制定认定规则应当主要考虑下列因素：网络设施、信息系统等对于本行业、本领域关键核心业务的重要程度；网络设施、信息系统等一旦遭到破坏、丧失功能或者数据泄露可能带来的危害程度；对其他行业和领域的关联性影响。

2. 运营者责任义务

（1）安全保护措施应当与关键信息基础设施同步规划、同步建设、同步使用。运营者应当建立健全网络安全保护制度和责任制。

（2）运营者应当自行或者委托网络安全服务机构对关键信息基础设施每年至少进行一次网络安全检测和风险评估，对发现的安全问题及时整改，并按照保护工作部门要求报送情况。

3. 保障和促进

（1）保护工作部门应当建立健全本行业、本领域的关键信息基础设施网络安全监测预警制度，及时掌握本行业、本领域关键信息基础设施运行状况、安全态势，预警通报网络安全威胁和隐患，指导做好安全防范工作。

（2）保护工作部门应当按照国家网络安全事件应急预案的要求，建立健全本行业、本领域的网络安全事件应急预案，定期组织应急演练；指导运营者做好网络安全事件应对处置，并根据需要组织提供技术支持与协助。

（3）保护工作部门应当定期组织开展本行业、本领域关键信息基础设施网络安全检查检测，指导监督运营者及时整改安全隐患、完善安全措施。

（4）未经国家网信部门、国务院公安部门批准或者保护工作部门、运营者授权，任何个人和组织不得对关键信息基础设施实施漏洞探测、渗透性测试等可能影响或者危害关键信息基础设施安全的活动。

4. 法律责任

（1）运营者对保护工作部门开展的关键信息基础设施网络安全检查检测工作，以及公安、国家安全、保密行政管理、密码管理等有关部门依法开展的关键信息基础设施网络安全检查工作不予配合的，根据本条例规定承担相应法律责任。

（2）关键信息基础设施发生重大和特别重大网络安全事件，经调查确定为责任事故的，除应当查明运营者责任并依法予以追究外，还应查明相关网络安全服务机构及有关部门的责任，对有失职、渎职及其他违法行为的，依法追究责任。

典型案例

高危的"数据采集与监视系统"

【基本案情】2020年6月，广州警方在日常检查中发现，广州某能源公司所使用"数据采集与监视系统"存在高危风险隐患，若发生网络安全事件，可能直接导致相关工业设备运行失控，进而发生工业生产安全事故。由于该系统于2019年底已中病毒，但至今仍未清除，且相关安全技术措施履行未能达到法律要求，同时存在网络安全管理制度缺失的情况。针对上述违法行为，广州警方依法对该公司作出行政处罚，并责令其限期改正。

【案例分析】关键信息基础设施是指面向公众提供网络信息服务或支撑能源、通信、金融、交通、公用事业等重要行业运行的信息系统，这些系统一旦发生网络安全事故，将会对人民生命财产造成严重威胁。因此，关键信息基础设施运营单位尤其需要重视网络安全工作，运营者必须依法严格落实网络安全等级保护，制定网络安全管理制度，确保系统安全与系统建设同步规划、同步建设、同步使用，定期开展应急演练和检测评估，确保信息系统安全稳定运行。

学习单元 5 《计算机软件保护条例》相关知识

一、适用范围

中国公民、法人或者其他组织对其所开发的软件，不论是否发表，依照本条例享有著作权；外国人、无国籍人的软件首先在中国境内发行的，依照本条例享有著作权；外国人、无国籍人的软件，依照其开发者所属国或者经常居住地国同中国签订的协议或者依照中国参加的国际条约享有的著作权，受本条例保护。

二、相关内容

1. 软件著作权

（1）软件著作权人享有发表权、署名权、修改权、复制权、发行权、出租权、信息网络传播权、翻译权等应当由软件著作权人享有的权利。

（2）软件著作权属于软件开发者，如无相反证明，在软件上署名的自然人、法人或者其他组织为开发者。

（3）由两个以上的自然人、法人或者其他组织合作开发的软件，其著作权的归属由合作开发者签订书面合同约定。

（4）若无书面合同或者合同未作明确约定，合作开发的软件可以分割使用的，开发者对各自开发的部分可以单独享有著作权；但是，行使著作权时，不得扩展到合作开发的软件整体的著作权。

（5）合作开发的软件不能分割使用的，其著作权由各合作开发者共同享有，通过协商一致行使；不能协商一致，又无正当理由的，任何一方不得阻止他方行使除转让权以外的其他权利，但是所得收益应当合理分配给所有合作开发者。

（6）接受他人委托开发的软件，其著作权的归属由委托人与受托人签订书面合同约定；无书面合同或者合同未作明确约定的，其著作权由受托人享有。

（7）由国家机关下达任务开发的软件，著作权的归属与行使由项目任务书或者合同规定；项目任务书或者合同中未作明确规定的，软件著作权由接受任务的法人或者其他组织享有。

（8）软件著作权自软件开发完成之日起产生。自然人的软件著作权，保护期为自然人终生及其死亡后50年，截止于自然人死亡后第50年的12月31日；软件是合作开发的，截止于最后死亡的自然人死亡后第50年的12月31日。

法人或者其他组织的软件著作权，保护期为50年，截止于软件首次发表后第50年的12月31日，但软件自开发完成之日起50年内未发表的，本条例不再保护。

2. 软件著作权的许可使用和转让

（1）许可他人行使软件著作权的，应当订立许可使用合同。许可使用合同中软件著作权人未明确许可的权利，被许可人不得行使。

（2）许可他人专有行使软件著作权的，当事人应当订立书面合同。没有订立书面合同或者合同中未明确约定为专有许可的，被许可行使的权利应当视为非专有权利。

3. 法律责任

（1）除《中华人民共和国著作权法》或者本条例另有规定外，有侵权行为的，应当根据情况，承担停止侵害、消除影响、赔礼道歉、赔偿损失等民事责任。

（2）软件复制品的出版者、制作者不能证明其出版、制作有合法授权的，或者软件复制品的发行者、出租者不能证明其发行、出租的复制品有合法来源的，应当承担法律责任。

思考题

1. 哪些信息是任何组织或者个人不得利用电信网络制作、复制、发布和传播的？
2. 设置、使用无线电台（站）应符合什么要求？
3. 计算机信息系统有哪些安全保护制度？

4. 运营者应履行的关键信息基础设施安全保护责任与义务有哪些?
5. 关键信息基础设施安全保护工作部门的职责任务有哪些?
6. 根据《计算机软件保护条例》的规定,著作权法保护的计算机软件有哪些类型?
7. 根据《计算机软件保护条例》的规定,软件著作权人享有哪些权利?

附录　信息、通信专业英语基本词汇

一、短语与单词

5G mobile communication network architecture	5G 移动通信网络架构
agriculture internet of things	农业物联网
amplifier	放大器
analog electronics	模拟电子技术
analog-to-digital conversion	模（拟）数（字）转换
anonymous authentication	匿名认证
anonymous transmission	匿名传输
architecture	体系结构
architecture of IoT system	物联网系统架构
artificial general intelligence	通用人工智能
autonomous vehicle	自动驾驶汽车
bandwidth	带宽
bandwidth allocation	带宽分配
base station	基站
basic principles of electronics	电子基础原理
big data	大数据
black box	黑箱
block chain	区块链
block storage	块存储
business process	业务流程
capacitor	电容器
cellular network	蜂窝网络
circuit board	电路板
circuit design	电路设计
cloud bridge	云桥

cloud computing	云计算
cloud desktop	云桌面
cloud operating system	云操作系统
cloud-based client operating system hypertext link	基于云的客户端操作系统超文本链接
colocated cloud computing	同位云计算
communication network technology	通信网络技术
communication protocol	通信协议
computer science	计算机科学
confidence scoring schema	置信评分模式
consensus mechanism	共识机制
consumption-based pricing model	基于消费的定价模型
content management system	内容管理系统
context-aware	上下文感知
contract with	与……签订合同
cooperative storage cloud	协同存储云
core network	核心网络
cryptocurrency	数字加密货币
customer relationship management as a service	客户关系管理即服务
data backup	数据备份
data classification	数据分类
data communication	数据通信
data encryption	数据加密
data mining	数据挖掘
data plan	数据套餐
data protection	数据保护
data rate	数据速率
data transmission	数据传输
data warehouse	数据仓库
database cluster system	数据库集群系统
dataset	数据集
decentralization	分散化

deep learning algorithm	深度学习算法
digital electronics	数字电子技术
digital signal	数字信号
digital signal processing	数字信号处理
digital signature	数字签名
diode	二极管
distributed storage	分布式存储
electromagnetic field	电磁场
electronic communication	电子通信
electronic components	电子元件
electronic feeding station	电子饲喂站
electronic instrumentation	电子仪器仪表
electronic technology	电子技术
electronic testing	电子测试
embedded system	嵌入式系统
error correction	错误纠正
expert system	专家系统
export restriction	出口限制
external cloud	外部云
facility agriculture	设施农业
fiber optic communication	光纤通信
firewall	防火墙
fork	分叉
hash function	哈希函数
human intelligence	人类智能
identity management	身份管理
image recognition	图像识别
immutable	不可变的
inductor	电感器
industrial automation	工业自动化
information acquisition system	信息采集系统

information interaction	信息交互
information model	信息模型
information sensing	信息感知
integrated circuits	集成电路
interconnection model	连接模式
internal cloud	内部云
internet of things	物联网
ip address	IP 地址
key-aggregate crypto system faulty equipment	密钥聚合密码
latency	延迟
local drive	本地驱动器
machine vision	机器视觉
machine-based image processing	基于机器的图像处理
massive data management	海量数据管理
massive MIMO	大规模 MIMO
medical image analysis	医学图像分析
merkle tree	梅克尔树
microcontroller	微控制器
millimeter wave	毫米波
mining	挖矿
mobile communication	移动通信
mobile communication network	移动通信网络
mobile network	移动网络
natural disaster proof backup	防自然灾难备份
network administrator	网络管理员
network congestion	网络拥塞
network connectivity	网络连通性
network coverage	网络覆盖范围
network expansion	网络扩展
network infrastructure	网络基础设施
network maintenance	网络维护

network monitoring	网络监控
network operator	网络运营商
network optimization	网络优化
network protocol	网络协议
network reliability	网络可靠性
network scalability	网络可扩展性
network security	网络安全
network slicing	网络切片
network speed	网络速度
network topology	网络拓扑
network troubleshooting	网络故障排除
network upgrade	网络升级
node	节点
object storage	对象存储
on-demand service	按需服务
on-ramp system	入站匝道系统
optical communication	光通信
oscillator	振荡器
packet loss	数据包丢失
peer-to-peer network	点对点网络
platform virtualization environment	平台虚拟环境
power supply	电源
predictive analytic	预测分析
private cloud	私有云
private key	私钥
proof of work	工作量证明
protocol structure	协议体系
public cloud	公共云
public key	公钥
radio frequency	射频
reinforcement learning	强化学习

relational database	关系数据库
resistor	电阻
roaming service	漫游服务
robotics	机器人技术
router	路由器
routing algorithms	路由算法
satellite communication	卫星通信
semantic annotation	语义标注
sensing instrument	传感仪器
sensitive data	敏感数据
sentient system	感觉系统
service mechanism	服务机制
service recommendation	服务推荐
signal strength	信号强度
small cell	小型基站
smart contract	智能合约
social media	社交媒体
soldering	焊接
spatial-temporal data	时空数据
spectrum	光谱
speech recognition	语音识别
storage space	存储空间
strong AI	强人工智能
subnet mask	子网掩码
supervised learning	监督学习
switch	交换机
telecommunication infrastructure	电信基础设施
telecommunications	电信，电信技术
text file	文本文件
the duration of	在……期间
thing association	物品关联

third party	第三方
time-based fee	基于时间收费
token	令牌
transaction	交易
transaction data	业务数据
transistor	晶体管
transmission protocols	传输协议
troubleshooting	故障排除
trusted computing	可信计算
unsupervised learning	无监督学习
virtual health assistant	虚拟健康助理
virtual machine image	虚拟机映像
virtual personal assistant	虚拟个人助理
virtual reality	虚拟现实
voice call	语音通话
voice communication	语音通信
voltage regulator	电压稳压器
wallet	钱包
weak AI	弱人工智能
web mining	网络挖掘
wireless communication	无线通信
wireless communication network	无线通信网络
wireless sensor network	无线传感器网络

二、缩略语

5G（Fifth Generation）	第五代移动通信技术
ADT（Abstract Data Type）	抽象数据类型
AI（Artificial Intelligence）	人工智能
AIaaS（Artificial Intelligence as a Service）	人工智能即服务
ANN（Artificial Neural Network）	人工神经网络
API（Application Programming Interface）	应用程序编程接口

英文缩写	中文
APT (Advanced Persistent Threat)	高级持续性威胁
AR (Augmented Reality)	增强现实
ASCII (American Standard Code for Information Interchange)	美国信息交换标准
ASP (Application Service Provider)	应用服务提供商
AVL (Adelson-Velskii and Landis)	平衡二叉树
BDaaS (Big Data as a Service)	商业智能大数据即服务
BI (Business Intelligence)	商务智能
BST (Binary Search Tree)	二叉搜索树
BYOD (Bring Your Own Device)	自带设备
CaaS (Cloud as a Service)	云即服务
CDN (Content Delivery Network)	内容分发网络
CNN (Convolutional Neural Network)	卷积神经网络
COA (Cloud-Oriented Architecture)	面向云的体系结构
COOP (Continuity Of Operation)	运营连续性
CPU (Central Processing Unit)	中央处理器
CRM (Customer Relationship Management)	客户关系管理
CSS (Cascading Style Sheets)	层叠样式表
CV (Computer Vision)	计算机视觉
DACRS (Distributed Autonomous Corporations Runtime System)	自治系统运行环境
DAO (Decentralized Autonomous Organization)	去中心化自治组织
Dapp (Decentralized Application)	去中心化应用
DDoS (Distributed Denial of Service)	分布式拒绝服务
DEX (Distributed Exchange)	去中心化交易所
DFS (Depth-First Search)	深度优先搜索
DHCP (Dynamic Host Configuration Protocol)	动态主机配置协议
DISA (Defense Information Systems Agency)	国防信息系统局
DL (Deep Learning)	深度学习
DLT (Distributed Ledger Technology)	分布式账簿技术
DNN (Deep Neural Network)	深度神经网络

DNS（Domain Name System）	域名系统
DR（Disaster Recovery）	灾难恢复
DS（Data Structure）	数据结构
DSS（Decision Support System）	决策支持系统
EDA（Event-Driven Architecture）	面向事件的体系结构
	事件驱动体系结构
eMBB（Enhanced Mobile Broadband）	增强移动宽带
FTP（File Transfer Protocol）	文件传输协议
GAN（Generative Adversarial Network）	生成对抗网络
GDPR（General Data Protection Regulation）	普通数据保护条例
GPU（Graphics Processing Unit）	图形处理器
GUI（Graphical User Interface）	图形用户界面
HDD（Hard Disk Drive）	硬盘驱动器
HOA（Hypermedia-Oriented Architecture）	面向超媒体的体系
	超媒体驱动的体系结构
HSM（Hardware Security Modules）	硬件安全模块
HTTP（Hypertext Transfer Protocol）	超文本传输协议
HTTPS（Hypertext Transfer Protocol Secure）	安全超文本传输协议
IA（Information Assurance）	信息保障
ICO（Initial Coin Offering）	首次代币发行
IDS（Intrusion Detection System）	入侵检测系统
IEEE（Institute for Electrical and Electronics Engineers）	电气和电子工程师学会
IIS（Internet Information Services）	互联网信息服务
IPC（Inter-Process Communication）	内部进程通信
IPS（Intrusion Prevention System）	入侵防御系统
JPEG（Joint Photographic Experts Group）	联合图像专家组
KNN（K-Nearest Neighbors）	K近邻算法
IaaS（Infrastructure as a Service）	基础设施即服务
LAN（Local Area Network）	局域网
MAU（Multi station Access Unit）	多站访问单元
MEC（Multi-Access Edge Computing）	多接入边缘计算

MFA (Multi-Factor Authentication)	多因素身份验证
MiFi (Mobile wireless Fidelity)	移动无线保真
MIMO (Multiple Input Multiple Output)	多输入多输出
ML (Machine Learning)	机器学习
mMTC (massive Machine Type of Communication)	海量机器类通信
NASA (National Aeronautics and Space Administration)	美国航空航天局
NDIS (Network Driver Interface Specification)	网络驱动器接口标准
NFC (Near Field Communication)	近场通信
NFV (Network Functions Virtualization)	网络功能虚拟化
NLP (Natural Language Processing)	自然语言处理
NSTC (National Science and Technology Council)	国家科学技术委员会
OLTP (Online Transaction Processing)	联机事务处理
OS (Operating System)	操作系统
P2P (Peer-to-Peer)	对等网络
PaaS (Platform as a Service)	平台即服务
PII (Personally Identifiable Information)	个人身份信息
PoS (Proof of Stake)	权益证明机制
PoW (Proof of Work)	工作量证明机制
Qos (Quality of Service)	服务质量
RAM (Random Access Memory)	随机存取存储器
RDP (Remote Desktop Protocol)	远程桌面协议
RFID (Radio Frequency Identification)	射频识别
RL (Reinforcement Learning)	强化学习
RNN (Recurrent Neural Network)	循环神经网络
ROA (Resource-Oriented Architecture)	面向资源的体系结构
	资源驱动的体系结构
RPA (Robotic Process Automation)	机器人流程自动化
RPC (Remote Procedure Call)	远程过程调用
SaaS (Software as a Service)	软件即服务
SAN (Storage Area Network)	存储域网
SDN (Software Defined Network)	软件定义网络

SIEM（Security Information and Event Management）	安全信息与事件管理
SNA（System Network Architecture）	系统网络体系
SOA（Service-Oriented Architecture）	面向服务的体系结构
	服务导向的体系结构
SOC（Security Operations Center）	安全运营中心
SQL（Structured Query Language）	结构化查询语言
SQLi（SQL Injection）	SQL 注入攻击
SSD（Solid State Drive）	固态硬盘
SSL（Secure Sockets Layer）	安全套接层
TLS（Transport Layer Security）	传输层安全
SVM（Support Vector Machine）	支持向量机
TCP（Transmission Control Protocol）	传输控制协议
TCP/IP（Transmission Control Protocol/Internet Protocol）	传输控制协议/因特网协议
TDI（Transport Driver Interface）	传输驱动程序接口
UDP（User Datagram Protocol）	用户数据报协议
UE（User Equipment）	用户设备
UI（User Interface）	用户界面
URI（Uniform Resource Identifier）	结构统一资源定位符
URL（Uniform Resource Locator）	统一资源定位器
	统一资源定位符
URLLC（Ultra-Reliable Low Latency Communications）	超高可靠低时延通信
UX（User Experience）	用户体验
VPN（Virtual Private Network）	虚拟私有网络
VR（Virtual Reality）	虚拟现实
WAF（Web Application Firewall）	Web 应用程序防火墙
WAN（Wide Area Network）	广域网
WLAN（Wireless Local Area Network）	无线局域网